FENTI
JISHU
YU
YINGYONG

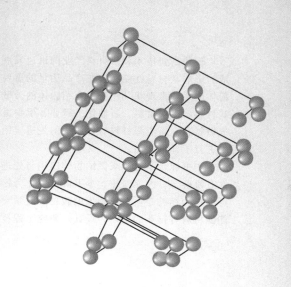

粉体技术与应用

U0261248

陶珍东　　徐红燕　　王介强　　编著

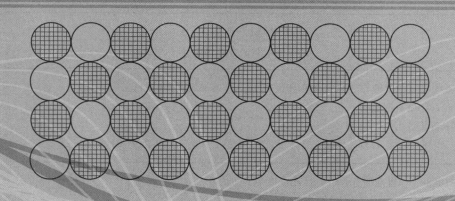

化学工业出版社

·北京·

现代高新技术和新材料产业的迅速发展，对现代粉体技术和粉体应用领域更加重视，粉体应用技术已成为影响新材料性能和工业产品质量的重要因素。全书内容包括：介绍粉体特别是微纳粉体的特性、微纳粉体应用技术现状及趋势；介绍粉体的分散与团聚及粒子的表面改性与复合技术；分别介绍微纳粉体在建筑材料、涂层材料、石油化工行业、生物医药领域、机械工程与汽车领域、催化剂材料、电子和磁性材料、气敏材料、新能源材料等领域中的先进应用原理与技术；同时，还对粉尘危害的机理及防治处理原理与技术进行了详细介绍。

本书综合了近年来微纳粉体应用与先进技术，体现新的理论研究和技术开发成果，力求理论性与实用性有机融合，内容新颖。本书既可以作为粉体材料与工程相关行业工程技术人员和研究人员的参考书，也可以作为相关专业在校师生的教材或教学参考书，还可供建材、石油化工、生物医药、新型功能材料、新能源材料等行业的生产、设计、研究工程技术人员参考。

图书在版编目（CIP）数据

粉体技术与应用/陶珍东，徐红燕，王介强编著．—北京：
化学工业出版社，2017.10
ISBN 978-7-122-30492-6

Ⅰ.①粉…　Ⅱ.①陶…②徐…③王…　Ⅲ.①粉末法
Ⅳ.①TB44

中国版本图书馆 CIP 数据核字（2017）第 206685 号

责任编辑：朱　彤　　　　　　　　　文字编辑：李　玥
责任校对：宋　玮　　　　　　　　　装帧设计：张　辉

出版发行：化学工业出版社（北京市东城区青年湖南街 13 号　邮政编码 100011）
印　　刷：三河市航远印刷有限公司
装　　订：三河市宇新装订厂
787mm×1092mm　1/16　印张 11¾　字数 285 千字　2019 年 1 月北京第 1 版第 1 次印刷

购书咨询：010-64518888　　售后服务：010-64518899
网　　址：http://www.cip.com.cn
凡购买本书，如有缺损质量问题，本社销售中心负责调换。

定　　价：55.00 元　　　　　　　　　　　　　　　　版权所有　违者必究

前言
FOREWORD

　　微纳粉体在冶金、化工、建材、石油、医药、食品、涂料、航空航天、生物工程、机械制造、新能源等许多工业领域的应用日益广泛，在提高和改善材料性能方面具有非常重要的作用。随着科学技术的不断发展，微纳粉体在新型复合材料及功能材料的开发方面展现了广阔的应用前景。

　　随着微纳粉体制备技术的成熟，微纳粉体的应用技术已成为影响新材料性能和工业产品质量的重要因素。 微纳粉体应用技术的研究是今后微纳粉体技术的研究方向之一，其重点是研究微纳粉体在国民经济各领域的应用并解决应用中所伴随的各种问题，如分散性能、相容性能、均化混合性能、固相烧结性能、流动性能、输送性能、包装性能及使用方式等。 在功能材料、生物医药、航天等尖端科技领域，除上述应用性能外，更深入地对粉体改性与复合技术的研究显得尤为重要。

　　本书在介绍微纳粉体性质特点的基础上，着眼于微纳粉体应用，根据不同领域制备加工过程的特点，结合各自的工艺过程，立足于不同生产过程中的粉体作用原理，重点介绍粉体的应用方法和新的应用技术。 全书分为12章：第1章介绍粉体特别是微纳粉体的特性、微纳粉体在各工业领域中的作用、微纳粉体应用技术的发展历史、现状及趋势；第2章介绍粉体的团聚与分散机理以及分散方法与技术、粉体的表面改性原理及改性与复合方法和技术；第3～11章分别介绍微纳粉体在建筑材料、涂层材料、石油化工材料、生物医药材料、机械制造、催化剂材料、电子和磁性材料、气敏材料、新能源材料等领域中的应用原理与技术；第12章介绍粉尘危害的机理及防治处理原理与技术。

　　本书由陶珍东、徐红燕、王介强编著。 其中，第1、3、5、12章由陶珍东编写；第2、4章由王介强教授编写；第6、7、9、10章由徐红燕副教授编写。 同时，第8章由周媛媛博士编写，第11章由李丽博士编写。 陶珍东教授负责全书统稿和审稿。 青岛大学张军博士为本书提供了大量参考资料，谨表示衷心感谢。 另外，本书在编写过程中参考了大量相关资料文献，在此，谨向这些文献的作者们表示诚挚的谢意。

　　由于我们水平有限，难免有疏漏之处，殷切希望广大读者批评、指正。

编著者

2018 年 2 月

目 录
CONTENTS

| 第1章 | 绪论 | 1 |

1.1 ▶ 微纳粉体技术的研究内容及范畴 ………………………………… 1
1.2 ▶ 微纳粉体的特性 ……………………………………………………… 1
　　1.2.1　微米及亚微米粉体的特性 ……………………………………… 2
　　1.2.2　纳米粉体的特性 ………………………………………………… 2
1.3 ▶ 微纳粉体及微纳技术在国民经济的作用及地位 ………………… 4
1.4 ▶ 微纳粉体技术发展简史和现状 …………………………………… 5
1.5 ▶ 微纳粉体技术发展趋势 …………………………………………… 7
参考文献 ………………………………………………………………………… 7

| 第2章 | 微纳粉体的分散与团聚及粒子的表面改性与复合技术 | 8 |

2.1 ▶ 微纳粉体的分散 …………………………………………………… 8
2.2 ▶ 微纳米粒子的分散与团聚 ………………………………………… 9
　　2.2.1　分散稳定性表征方法及评价 …………………………………… 9
　　2.2.2　超细粉体产生团聚的原因 ……………………………………… 9
　　2.2.3　超细粉体团聚与解聚的基本原理与途径 …………………… 10
2.3 ▶ 超细粉体用表面改性剂 …………………………………………… 15
2.4 ▶ 微米及亚微米粉体表面改性方法 ………………………………… 17
　　2.4.1　包覆改性 ………………………………………………………… 17
　　2.4.2　沉积(淀)改性 …………………………………………………… 17
　　2.4.3　微胶囊改性 ……………………………………………………… 17
　　2.4.4　表面化学改性 …………………………………………………… 18
　　2.4.5　机械化学改性 …………………………………………………… 18
2.5 ▶ 纳米材料的表面改性 ……………………………………………… 20
　　2.5.1　水溶液沉积干燥法 ……………………………………………… 21
　　2.5.2　表面活性剂法 …………………………………………………… 21
　　2.5.3　偶联剂法 ………………………………………………………… 21
　　2.5.4　聚合物包膜法(微胶囊法) …………………………………… 21

参考文献 ·· 22

| 第3章 | 微纳粉体在建筑材料中的应用技术 | 24 |

3.1 ▶ 微纳粉体在水泥生产中的应用 ·· 24
　　3.1.1 粉体粒度对水泥熟料煅烧过程的影响 ·· 24
　　3.1.2 水泥颗粒粒度对水化性能的影响 ·· 28
　　3.1.3 混合材料的微细化对水泥性能的影响 ·· 30
3.2 ▶ 微纳粉体在混凝土中的应用 ·· 32
　　3.2.1 硅粉及其在混凝土中的应用 ·· 32
　　3.2.2 纳米 SiO_2 应用于混凝土 ·· 32
　　3.2.3 纳米级碳纤维环氧树脂复合材料在混凝土中的应用 ·········· 32
　　3.2.4 纳米 $CaCO_3$ 粉在混凝土中的应用 ·· 33
　　3.2.5 纳米技术在高性能、高耐久性混凝土中的应用 ·········· 33
　　3.2.6 纳米粉体技术改善混凝土功能 ·· 34
3.3 ▶ 微纳粉体在建筑涂料中的应用 ·· 37
　　3.3.1 粉体细度对建筑涂料光学性能的影响 ·· 37
　　3.3.2 粉体细度对填料空间位隔能力的影响 ·· 39
　　3.3.3 粉体细度对涂料分散性的影响 ·· 40
　　3.3.4 粉体细度对涂料流变性的影响 ·· 41
3.4 ▶ 微纳粉体在陶瓷生产中的应用 ·· 46
　　3.4.1 坯料的超细研磨 ·· 46
　　3.4.2 色釉料的超细粉碎 ·· 46
　　3.4.3 釉料细度对釉层结构的影响 ·· 47
　　3.4.4 釉料细度对陶瓷产品性能的影响 ·· 48
　　3.4.5 纳米粉体在特种陶瓷中的应用 ·· 49
　　3.4.6 超细粉体在建筑卫生陶瓷中的应用前景 ·· 51
参考文献 ·· 52

| 第4章 | 微纳粉体在涂层材料中的应用技术 | 54 |

4.1 ▶ 涂层材料 ·· 54
　　4.1.1 微纳粉体涂层材料的特点 ·· 54
　　4.1.2 微纳粉体涂层材料的种类 ·· 55
　　4.1.3 微纳粉体涂层材料的制备方法 ·· 57
　　4.1.4 干法制备微纳米粒子涂层的方法 ·· 60
4.2 ▶ 微纳粉体材料涂层的成分与性能设计 ·· 61
　　4.2.1 涂层设计的一般原则 ·· 61
　　4.2.2 表面涂层材料的成分与性能设计 ·· 62
　　4.2.3 微纳粉体涂层材料的组成、性能与应用 ·· 64
4.3 ▶ 微纳粉涂层材料的发展方向 ·· 69

参考文献 ··· 70

第5章 微纳粉体材料在石油化工中的应用技术　　71

5.1 ▶ 微纳粉体材料在润滑油中的应用 ················· 71
　　5.1.1　固体润滑剂添加剂与纳米粒子 ··············· 71
　　5.1.2　纳米材料在其他润滑体系中的应用 ········· 74
　　5.1.3　纳米材料润滑作用机理 ······················· 74
5.2 ▶ 微纳米材料与改性塑料 ···························· 76
　　5.2.1　纳米材料与塑料复合材料 ···················· 76
　　5.2.2　聚合物基纳米复合材料的制备方法 ········· 76
　　5.2.3　聚合物基纳米复合材料的功能特性 ········· 78
5.3 ▶ 微纳粉体材料改性化学纤维 ······················ 79
　　5.3.1　抗紫外线型化纤 ································ 79
　　5.3.2　抗菌、抑菌、除臭型化纤 ···················· 81
　　5.3.3　反射红外线（抗红外线）型化纤 ··········· 83
　　5.3.4　导电型及其他功能性化纤 ···················· 83
参考文献 ··· 84

第6章 微纳粉体在生物医药领域中的应用技术　　85

6.1 ▶ 纳米银在抗菌材料中的应用 ······················ 85
　　6.1.1　银用于抗菌杀菌的历史 ······················ 85
　　6.1.2　银应用于现代医学的形式 ···················· 85
　　6.1.3　纳米银的抗菌机理 ···························· 86
　　6.1.4　纳米银抗菌剂的应用情况 ···················· 87
6.2 ▶ 生物纳米材料 ···································· 90
　　6.2.1　纳米微粒在生物医学上的应用 ··············· 90
　　6.2.2　纳米管在生物医学上的应用 ················· 92
6.3 ▶ 药物载体 ··· 93
　　6.3.1　纳米药物载体研究 ···························· 94
　　6.3.2　纳米药物载体的未来 ························· 96
6.4 ▶ 医用纳米材料 ····································· 96
　　6.4.1　粉体的基本概念和性质 ······················ 96
　　6.4.2　粉体性质对制剂工艺的影响 ················· 97
6.5 ▶ 展望 ··· 102
参考文献 ·· 102

第7章 微纳粉体在机械工程与汽车领域中的应用技术　　103

7.1 ▶ 微纳粉体在机械领域的应用 ······················ 103

7. 1. 1　纳米技术在机械制造中的应用 ·································· 104

7. 1. 2　纳米技术在机械零、 器件中的应用 ·························· 105

7. 2 ▶ 微纳粉体在汽车行业的应用 ································ 109

7. 2. 1　纳米材料在汽车涂料中的应用 ···························· 109

7. 2. 2　在汽车面漆涂层的应用 ·································· 111

7. 3 ▶ 纳米汽油和汽车润滑剂 ·································· 112

7. 3. 1　纳米乳化剂 ·· 112

7. 3. 2　纳米润滑剂 ·· 112

7. 3. 3　汽车尾气净化 ······································ 113

7. 3. 4　纳米发动机和电池 ·································· 113

7. 3. 5　纳米材料在汽车轮胎的应用 ···························· 113

7. 3. 6　纳米改性塑料在汽车上的应用 ·························· 114

参考文献 ··· 115

第8章　微纳粉体的光催化特性及应用技术　　116

8. 1 ▶ 半导体光催化的原理 ·································· 116

8. 1. 1　光催化反应原理 ···································· 116

8. 1. 2　半导体光催化性能的影响因素 ·························· 117

8. 2 ▶ 半导体光催化材料 ·································· 119

8. 2. 1　传统半导体光催化材料 ································ 119

8. 2. 2　新型光催化材料 ···································· 120

8. 3 ▶ 光催化应用技术 ···································· 124

8. 3. 1　在环保方面的应用 ·································· 124

8. 3. 2　在能源方面的应用 ·································· 125

8. 3. 3　在有机合成方面的应用 ································ 125

8. 3. 4　在医疗卫生方面的应用 ································ 125

8. 3. 5　在金属防腐方面的应用 ································ 125

参考文献 ··· 126

第9章　微纳粉体在电子材料工业中的应用技术　　128

9. 1 ▶ 纳米电子技术 ······································ 128

9. 1. 1　纳米结构的微加工技术 ································ 128

9. 1. 2　纳米电子材料的应用 ·································· 129

9. 2 ▶ 纳米光电子技术 ···································· 133

9. 2. 1　纳米激光器 ·· 133

9. 2. 2　紫外纳米激光器 ···································· 133

9. 2. 3　微型激光器 ·· 133

9. 2. 4　纳米光电探测器 ···································· 135

9.3 ▶ 纳米磁性学 ……………………………………………………………… 136
    9.3.1 巨磁电阻材料 …………………………………………… 137
    9.3.2 磁制冷材料 ……………………………………………… 137
    9.3.3 纳米微晶软磁材料 ……………………………………… 137
    9.3.4 纳米微晶稀土永磁材料 ………………………………… 137
    9.3.5 在磁记录方面的应用 …………………………………… 138
参考文献 …………………………………………………………………… 138

第10章   微纳粉体在气敏材料领域的应用技术   141

10.1 ▶ 金属氧化物的气敏性 …………………………………………… 141
    10.1.1 金属氧化物气敏性工作原理 ………………………… 141
    10.1.2 金属氧化物在气敏传感器上的应用 ………………… 143
10.2 ▶ 复合金属氧化物的气敏性 ……………………………………… 144
10.3 ▶ 贵金属负载金属氧化物的气敏性 ……………………………… 147
10.4 ▶ 有机-无机复合材料的气敏性 ………………………………… 148
    10.4.1 酞菁-无机复合气敏材料的研究进展 ……………… 149
    10.4.2 聚苯胺-无机复合材料的研究进展 ………………… 149
    10.4.3 聚吡咯-无机复合材料的研究进展 ………………… 150
参考文献 …………………………………………………………………… 150

第11章   微纳粉体在能源领域中的应用技术   153

11.1 ▶ 锂离子电池 ……………………………………………………… 153
    11.1.1 锂离子电池简介 ……………………………………… 154
    11.1.2 微纳粉体作为锂离子电池材料的研究进展 ………… 154
11.2 ▶ 超级电容器 ……………………………………………………… 160
    11.2.1 超级电容器的发展 …………………………………… 160
    11.2.2 微纳粉体作为超级电容器电极材料的研究进展 …… 162
11.3 ▶ 染料敏化太阳能电池 …………………………………………… 165
    11.3.1 染料敏化太阳能电池概述 …………………………… 165
    11.3.2 染料敏化太阳能电池的结构与原理 ………………… 167
    11.3.3 微纳粉体作为染料敏化太阳能电池材料的进展 …… 168
    11.3.4 几类有潜力的染料敏化太阳能电池 ………………… 171
11.4 ▶ 结语 ……………………………………………………………… 172
参考文献 …………………………………………………………………… 172

第12章   微纳粉体的危害处理以及防治措施   174

12.1 ▶ 粉尘的来源 ……………………………………………………… 174

　　　　12.1.1　粉尘的危害机理 ·· 174
　　　　12.1.2　粉尘对人体的致病作用 ····································· 175
12.2 ▶ **粉尘危害的防治措施**·· 177
　　　　12.2.1　技术革新 ·· 177
　　　　12.2.2　消除或减弱粉尘发生源 ····································· 177
　　　　12.2.3　限制、抑制粉尘和粉尘扩散 ····························· 177
　　　　12.2.4　通风除尘 ·· 177
　　　　12.2.5　增设吸尘净化设备 ··· 178
　　　　12.2.6　个人防护 ·· 178
参考文献 ·· 178

绪　论

1.1　微纳粉体技术的研究内容及范畴

微纳粉体技术是指微纳粉体的制备与使用的相关技术，系近几十年发展起来的一门新技术，其研究内容包括微纳粉体的制备技术，分级技术，分离技术，干燥技术，输送、混合及均化技术，表面改性技术，粒子复合技术，检测技术，制造及储运过程中的安全技术，包装、运输及应用技术等。

微纳粉体技术涉及化工、材料、医药、生物工程、食品、军工、航天、电子、机械、控制、力学、物理、化学、光学、电磁学、机械力化学、理论力学、流体力学、空气动力学等众多学科和领域，综合性强、涉及面宽，是典型的多学科交叉新领域，许多现象尚无完整、成熟的理论解释，许多技术问题有待进一步研究探索。

微纳粉体的一些基本概念尚无严格的统一定义。国外对"微纳"使用的词有"ultra fine"、"superfine"、"very fine"等。有人将粒径小于 $100\mu m$ 的粉体定义为微纳粉体；有人定义粒径 $10\sim30\mu m$ 的粉体为微纳粉体，也有人定义粒径小于 $1\mu m$ 的粉体为微纳粉体。

我国关于微纳粉体的概念中，"微纳"、"超微"、"微纳微"等均有使用。为了避免给读者带来混乱，本书统一使用"微纳"一词。粉体粒径分布范围很宽，粒径的表示方法各不相同。根据我国微纳粉体技术领域的现状，本书定义粒径小于 $30\mu m$ 的粉体为微纳粉体。

微纳粉体通常分为微米级、亚微米级及纳米级粉体。粒径大于 $1\mu m$ 的粉体称为微米级粉体；粒径为 $0.1\sim1\mu m$ 的粉体称为亚微米级粉体；粒径为 $0.001\sim0.1\mu m$（$1\sim100nm$）的粉体称为纳米级粉体。

1.2　微纳粉体的特性

材料经微纳处理后，尤其是处于亚微米、纳米状态时，其粒子尺度介于原子、分子与块（粒）状材料之间，故有人称之为物质的第四状态。随着材料的微纳化，其表面分子排列及电子分布结构和晶体结构均发生变化，产生了块（粒）状结构所不具有的奇特的表面效应、小尺寸效应、量子效应和宏观量子隧道效应等，从而呈现出常规块状材料所不具有的一系列优异的物理、化学及表面与界面性质。

1.2.1　微米及亚微米粉体的特性

对于粒径为微米、亚微米粉体，其物理化学性质虽与块状材料相差不大，但其比表面积大，表面能大，表面活性高，表面与界面性质发生很大变化。因此，药品、食品、营养品及化妆品等经微纳处理达到微米级、亚微米级后，极易被人体或皮肤直接吸收，大大增加其功效。涂料中的固体成分以及染料经微纳处理后，由于其表面活性提高，界面特性得以改善，因而使其黏附力、均匀性及表面光泽性等大大提高。水泥经微纳处理后，由于固体粉粒的表面特性及活性提高，可显著提高其早期强度。火药经微纳处理后，由于表面能提高，表面活性增大，可进一步提高其燃烧速率和爆炸性。

然而，微纳粉体表面能大，表面活性高，单个微纳颗粒往往处于不稳定状态，颗粒之间往往会互相吸引，颗粒之间具有强烈的聚附作用，这会导致微纳粉体的比表面积减小，表面与界面特性趋于大块状材料，从而影响其使用效果。为了充分利用微纳粉体的表面与界面特性，必须采取一系列措施，使微纳粉体处于良好、充分的分散状态，以获得良好的使用效果。

对于单一的微米、亚微米材料，虽然其物理化学特性与同种块状材料相差不大，但当将两种性质不同的微米、亚微米材料进行复合制成复合微米、亚微米材料时，其性质将发生显著变化，表现出与原材料完全不同的特性，如熔点下降、化学活性提高、催化效果增强等，并可由此制备出性能奇特的新型功能材料。

1.2.2　纳米粉体的特性

纳米材料的性质既不同于原子，又区别于结晶体，可以说它是一种不同于本体材料的新材料，其物理化学性质与块状材料有明显差异。在结构上，大多数纳米粒子呈现出理想单晶，如在纳米 Ni-Cu 粒子中存在孪晶界、层错、位错及亚稳相，也有呈非晶态或亚稳态的纳米粒子。纳米粒子的表面层结构不同于内部的完整结构，粒子内部原子间距一般比块状材料小，但也有例外情况。纳米粒子只包含有限数目的晶胞，不再具有周期性的条件，其表面振动模式占有较大比重，表面原子的热运动比内部激烈，表面原子能量一般为内部原子的 1.5~2 倍。德拜温度随粒子半径减小而下降，导致纳米粒子的电能层级结构与块状材料不同，系由电中性和电子运动受束缚等原因所致。当小颗粒尺寸进入纳米级时，其本身及由其构成的纳米固体主要有以下三个方面的效应，并由此派生出块状材料不具备的许多特殊性质。

（1）小尺寸效应　当微纳粒子的尺寸与光波波长、德布罗意波长以及超导态的相干长度、透射深度等物理特征尺寸相当或更小时，周期性的边界条件将被破坏，声、光、电磁、热力学等特性均会呈现新的尺寸效应，如光吸收显著增加并产生吸收峰的等离子共振频移、磁有序态向磁无序态、超导相向正常相的转变等。有人曾用装备有电视录像的高速电子显微镜对微纳金颗粒（$d=2nm$）结构的非稳定性进行观察，并记录颗粒形态的实时变化，发现颗粒形态可以在单晶与多晶、孪晶之间进行连续的转变，这与通常的催化相变明显不同，并据此提出了准熔化相的概念。纳米微粒的这些小尺寸效应为实用技术开辟了新领域。例如，强磁性纳米颗粒（Fe-Co 合金、氧化铁等）尺寸为单磁畴临界尺寸时，具有极高的矫顽力，可制成磁性卡、磁性钥匙、磁性车票等。超顺磁性的纳米微粒还可以制成磁性液体，广泛应用于电声器件、阻尼器件、旋转密封、润滑、选矿等领域。纳米微粒的熔点远低于块状材料，例如，2nm 的金颗粒熔点为 600K，而块状金为 1337K，此特性为粉末冶金工业提供了新工艺。利用等离子共振频率随颗粒尺寸变化的性质，可以通过改变颗粒尺寸来控制吸收边的位移，制造具有一定频宽的微波吸收纳米材料，用于电磁波屏蔽、隐身飞机等。

（2）表面与界面效应　微纳粉体颗粒尺寸小，表面积大，位于表面的原子占相当大的比例。随着粒径减小，表面积急剧变大，引起表面原子数迅速增加。例如，粒径为 10nm 时，比表面积为 90m²/g；粒径为 5nm 时，比表面积为 180m²/g；粒径小到 2nm 时，比表面积猛增到 450m²/g。如此高的比表面积使处于表面的原子数越来越多，大大增强了粒子的活性。例如，粒径小于 5μm 的赤磷在空气中会自燃，某些纳米级金属在空气中也会燃烧，且颜色发生明显变化。无机材料的纳米粒子暴露在大气中会吸附气体，并与气体进行反应。粒子表面活性高的本质原因在于它缺少近邻配位的表面原子，极不稳定，故极易与其他原子结合。这种表面原子的活性不但引起纳米粒子表面原子结构的变化，同时也引起表面电子自旋结构和电子能谱的变化。图 1-1 为简单立方晶格结构的原子以接近圆（或球）形配置的微纳粒子。可以看出，处于表面的原子（A、B、C、D、E）的配位数明显少于处于内部的原子，如 E 原子的配位数为 3；B、C、D 原子的配位数仅为 2，A 原子的配位数仅为 1。它们均处于不稳定状态，配位数越少，越易与其他原子结合。

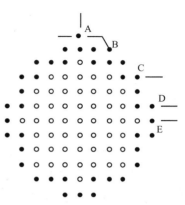

图 1-1　简单立方晶格结构的原子以接近圆（或球）形配置的微纳粒子

（3）量子尺寸效应　早在 1963 年，有人就对微纳粒子的量子尺寸效应进行了理论研究。半个世纪以来，量子尺寸效应在微电子学和光电子学中一直占有显赫的地位，根据这一效应已经设计出了许多具有优越特性的器件。该效应的核心问题是，材料中电子的能级或能带与组成材料的颗粒尺寸有密切的关系。对于宏观大块金属，通常用准连续能级描述金属的电子态。半导体的能带结构在半导体器件设计中十分重要。最近的研究表明，随着半导体颗粒尺寸的减小，价带和导带之间的能隙有增大的趋势，这意味着即使是同一种材料，其光吸收或发光带的特征波长也不同。1993 年，美国贝尔实验室在硒化镉中发现，随着颗粒尺寸的减小，发光颜色从红色变成绿色进而变成蓝色，即发光带波长从 690nm 移向 480nm。这种发光带或吸收带由长波长移向短波长的现象称为"蓝移"（blue shift）。能隙随颗粒尺寸减小而增大并发生"蓝移"的现象称为量子尺寸效应。1994 年，美国加利福尼亚比克利实验室利用量子尺寸效应制备出了硒化镉可调谐的发光管，通过控制纳米硒化镉的颗粒尺寸实现红、绿、蓝之间的变化，这一成就突出了纳米颗粒在微电子学和光电子学中的重要地位。日本科学家久保给量子尺寸效应下了如下定义：当粒子尺寸减小到最低值时，费米能级附近的电子能级由准连续能级变为离散能级的现象，并提出了能级间距和金属颗粒直径的关系式：

$$\delta = \frac{1}{3} \times \frac{E_F}{N} \tag{1-1}$$

式中　δ——能级间距；

　　　E_F——费米能级；

　　　N——总电子数。

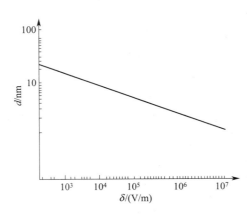

图 1-2　粒径与能级间距的关系

图 1-2 表示了金属粒子能级间距随粒径减小而增大的关系。宏观物体包含无限个原子，即大粒子或宏观物体的能级间距几乎为零；而纳米微粒包含的原子数有限，N 值很小，导致能级间距发生了分裂。块状金属的电子内能谱为准连续能带，而当能级间距大于热能、磁能、静磁能、静电能、光子能量或超导的凝聚态能时，必须考虑量子效应，这就导致纳米微粒磁、光、声、热、电以及超导电性与宏观特性的显著不同。例如，颗粒的磁化率、比热容与所含电子的奇偶性有关，会产生光谱线的频移、介电常数的变化等。近年来，人们还发现，纳米微粒在含有奇数或偶数电子时，显示出不同的催化性质。

上述三个效应是纳米微粒与纳米固体的基本特性。它使纳米微粒和纳米固体呈现出许多奇异的物理、化学性质，出现一些"反常现象"。例如，金属多为导体，但纳米金属微粒在低温下由于量子尺寸效应会出现电绝缘性；钛酸铅、铅酸钡和钛酸锶等是典型的铁电体，但当尺寸达到纳米数量级就会变成顺电体；铁磁性物质达到纳米尺寸（约 5nm）时，由于多磁畴变成单磁畴显示出极高的矫顽力；由粒径为十几纳米的氮化硅微粒组成纳米陶瓷时，已不具有典型的共价键特征，界面键结构出现部分畸形，在交流电下电阻变小；化学惰性的金属铂制成纳米微粒（铂黑）后会成为活性极好的催化剂。金属的纳米微粒光反射能力显著下降，通常可低于 1%；由于小尺寸和表面效应使纳米微粒表现出极强的光吸收能力。颗粒粒径为 6nm 的铁晶体的断裂强度比多晶铁提高 12 倍；纳米铜晶体自扩散是传统晶体的 $10^{16} \sim 10^{19}$ 倍，是晶界扩散的 10^3 倍；纳米金属铜的比热容是传统铜的 2 倍；纳米固体铅的热膨胀系数提高 1 倍；纳米银晶体作为稀释制冷剂的热交换器效率较传统材料高 30%。

1.3　微纳粉体及微纳技术在国民经济的作用及地位

微纳粉体本身是一种功能材料，为新型功能材料的复合与开发展现了广阔的应用前景，在国民经济各领域中起着极其重要的作用。

在军事、航空、航天及电子领域，利用微纳粉体可制造隐身材料用于隐身飞机、隐身舰船和坦克等。利用微纳陶瓷粉体可制成超硬塑性抗冲击材料，可用其制造坦克和装甲车复合板，这种复合板较普通坦克钢板的质量减小 30%~50%，而抗冲击强度提高 1~3 倍，是一种极好的新型复合材料；将固体氧化剂、炸药及催化剂微纳化处理后制成的推进剂的燃烧速率较普通推进剂提高 1~10 倍，这十分有利于制造高性能火箭及导弹。在电子领域，微纳氧化铁粉可制造出高性能磁性材料；微纳高纯氧化硅可制造高性能电阻材料；用高纯微纳石墨粉体可制造出高性能的显像管及电子对抗材料。

在化工领域，催化剂微纳化处理后可使石油的裂解速率提高 1~5 倍；赤磷微纳化后不仅可制成高性能燃烧机，并可与其他有机物反应合成新的阻燃材料。涂料、染料中固体成分微纳化后可制成高性能、高附着力的新型产品。在造纸、塑料及橡胶产品中，其固体填料（如重质碳酸钙、氧化钙、氧化硅等）微纳化后可生产出高性能的铜版纸、塑料及橡胶产品。在化纤、纺织行业，微纳氧化钛、氧化硅的加入可以提高产品的质量及光滑度。

在生物医药领域，微纳技术的使用更为广泛。研究表明，医药有效成分微纳化处理后，外用或内服时可大大提高其吸收率、利用率及疗效，而且还可在适当条件下改变剂型，如微米、亚微米及纳米药粉可制成针剂。在医疗诊断方面，将微纳粉经适当处理后可注入或服入人体内进行各种病理诊断。

在中药方面，中药材微纳化后不仅可提高吸收率、疗效及利用率，而且还可避免传统繁杂的饮片煎煮服用方式，便于服用。

在保健食品行业，微纳粉体技术的使用也非常广泛，如茶叶、灵芝、孢子、花粉、螺旋藻、蔬菜、水果、珍珠、蚕丝、人参、贝壳、蛇、蚂蚁、甲鱼、动物和鱼类的鲜骨及脏器等的微纳化可成为纯天然高吸收率的新型保健食品。

日用化工行业是最早使用微纳粉体的行业之一，如化妆品、护肤品中的口红、粉饼、护肤膏、面膜、肥皂、牙膏、洗发液与沐浴液等产品中都含有大量的微纳固体粉末。钛白粉、碳酸钙、蚕丝、色素、颜料等，一般都希望越细越好。以口红为例，其中固体填料越细，黏附力越强，涂于嘴唇上越不易掉色。在皮革工业中，加入微纳蚕丝粉可制出高性能、高光滑度皮革。炭黑微纳化后可制得高质量复印墨粉。

纳米材料可用于结构材料与功能材料。直接用纳米粉体制成纳米固体工艺上十分困难，且价格昂贵。微米-纳米复合化已成为结构材料的发展方向之一。例如，Al_2O_3 的断裂强度仅为 560MPa，将微米 Al_2O_3 与纳米 SiC 于 180℃ 下热压后在 1300℃ Ar 气氛中退火 2h，其断裂强度可提高至 1540MPa，并可改善其脆性，甚至可制成陶瓷弹簧、刀具等。又如 $Al_{87}Ni_{10}Ce_3$，采用熔融悬淬工艺制备成非晶合金带，再经退火获得纳米微晶 α-Al 脱溶析出，弥散于非晶态的基底中，从而具有十分优异的力学性能，在室温条件下其抗张强度可高达 1.6GPa，为非晶材料的 1.5 倍左右，为通常脱溶硬化合金的 3 倍左右；在 300℃ 下，抗张强度依然高达 1GPa，比通常最好的合金高 20 倍。纳米陶瓷粉与高分子材料复合，可显著改善工程塑料的力学性能。利用纳米材料特殊的磁、光、电等性质开发出的众多新元器件涉及国民经济、国防的许多方面，从而衍生出新的高科技产业群，在信息、能源、医学、轻工、农业、航天、航空、交通等众多领域发挥着重要作用。

综上所述，微纳粉体技术在国民经济各领域都有着广泛的用途，对提高产品质量起着十分重要的作用。

1.4 微纳粉体技术发展简史和现状

微纳粉体技术是 20 世纪 60 年代末 70 年代初随着现代科学技术的发展而发展起来的一门跨学科、跨行业的高新技术，同时也是经典粉体制备和应用技术的发展和创新。

众所周知，粉碎的历史很悠久，可以追溯到 16 世纪以前。19 世纪中叶开发出的新概念磨机，包括许多压碎机和研磨机，如旋转碾碎机和管式球磨机等至今仍被广泛使用。再如，喷射磨、振动磨也有 50～70 年历史。

自 20 世纪 70 年代至今，粉碎工艺不断改进，新型设备不断诞生，硬件和软件都取得了突破性进展，一个新型的技术领域——微纳粉体技术领域逐渐形成并趋于完善。

微纳粉体研究最初侧重微纳粉体的制备，重点集中在粉碎技术及设备的研究开发。20 世纪 70 年代以前，粉碎设备大多只能使物料粉碎至 325 目以下，而现代科学技术往往需要粉体粒径细至 500～1250 目，有的甚至需要粒径达亚微米或纳米，这是古老传统的粉碎技术及设备所无法实现的。因此，人们首先将重点集中在如何能获得更细粉体的技术及设备的研究上。微纳粉体制备技术及设备的研究主要从两个方面进行：①研究机械粉碎设备及相关技术；②通过化学或物理化学相结合的技术来制备微纳粉体。通过近几十年的研究开发，分别开发出了新型气流粉碎机、高效搅拌研磨机、旋转碾碎机、液流粉碎机、高速撞击式粉碎机、冷冻粉碎机等数十种类型的微纳粉碎设备。目前，采用机械粉碎法可以将物料粉碎到微米或亚微米，然而很难获得纳米级粉体。不同粉碎机械的粉碎极限也不同，一般地，气流粉碎的极限处于微米级而湿法研磨的粉碎极限可达到亚微米级。化学法、物理法及物理化学法可制得微米、亚微米和纳米级粉体，近年来，许多方法已付诸工业化应用。纳米级粉体主要是采用这类方法制备。这类方法的优点是可通过改变工艺条件来控制产品粒度。最近的研究结果表明，采用高效研磨设备也可制得纳米级产品，打破了机械法只能制备微米或亚微米级材料的界限。

随着科学技术的发展，对微纳粉体的性能提出了越来越高的要求，例如要求微纳粉体必须具有良好的分散性，与其他物料混合使用时要求具有良好的相容性。为此，微纳粉体的表面改性研究逐渐形成微纳粉体技术的另一分支——表面科学技术。微纳粉体表面改性研究包括表面改性剂研究和表面改性技术及改性设备的研究，涉及化学、物理、结构、力学、电学、磁学、光学等多学科的有关基础理论及技术。目前，这方面的许多技术及设备尚不十分成熟，有待进一步完善。

为了提高微纳粉体的性能，满足催化材料、隐身材料及复合轻质超硬材料等高新技术领域的特殊要求，微纳粉体的复合粒子制造与使用技术应运而生。微纳粉体的复合技术及与之配套的设备研究成为热点之一。研究表明，采用特殊方法将两种或更多种微纳粉体复合于一体后，其使用特性显著提高，明显优于单一微纳粉体的性能。微纳粉体的复合粒子制造技术包括化学法、物理法、物理化学法及新近发展起来的机械化学法等。微纳粉体复合粒子的组成与制造，统称为粒子设计，这一领域目前正处于研究开发阶段，是一个全新的领域，对新型功能材料的发展具有十分重要的意义，但其大规模工业应用尚待进一步研究。

随着微纳粉体制备技术的成熟，微纳粉体的应用技术研究逐步成为重要的研究内容，以纳米材料为例，目前其制备技术有些已十分成熟，但其大规模工业应用仍存在许多尚待解决的问题，因而限制了纳米材料的发展。自 20 世纪 90 年代以后，世界各国投入了大量人力、物力开展微纳粉体的应用研究，其目的在于解决纳米粉体应用中所出现的各种问题，如在复合材料制造过程中出现的烧结质量问题；医药、食品、化工生产过程中的结块、吸湿、均化、输送、包装以及安全问题等。

如前所述，我国微纳粉体技术研究起步较晚。20 世纪 80 年代末，许多单位都投入了大量人力、物力在进行研究开发和利用。然而研究开发和利用的重点大多只是基于国外引进设备和技术，或在此基础上进行一些改进，低水平重复研究较多，独立自主地进行系统理论和应用研究工作相对薄弱，人力、物力分散，缺乏统一组织和协作攻关。通过多年的微纳粉体技术各领域的不断探索研究，目前，我国有些方面的研究工作与国外相比已处于较先进水平，易燃易爆材料的微纳粉体制备与应用及刚柔混合材料的微纳化等居国际先进水平。但总体水平与先进国家相比尚有一定差距。这主要表现在硬件和软件方面，例如，有关微纳粉体技术的基础理论工作开展甚少，缺乏全面系统的理论研究。微纳粉体制备及分级的设备品种与档次，尤其是自动控制、机电一体化方面与国外差距较大。再如，用于制造微纳研磨设备的材料及制造工艺与国外相比尚有一定差距。微纳粉体的表面改性工作，我国已开展了一定研究，而复合微纳粒子制备技术则刚刚起步，与先进国家相比差距较大。因此，我国科技工作者必须了解国外现状，努力工作，迎头赶上世界先进水平，为我国微纳粉体事业的发展，为国民经济建设做出贡献。

1.5　微纳粉体技术发展趋势

微纳粉体技术是一门跨学科跨行业的新兴技术，今后的发展仍将主要集中在微纳粉体的制备、性能以及应用三个方面。微纳粉体制备技术主要在于研究新的制备原理、新的制备方法及新的制备设备，目的在于：

① 制备粒度更细、分布更窄更均匀、分散性更好、表面特性更优越的微纳粉体；
② 提高设备的生产能力，降低生产能耗；
③ 改善关键部件的耐磨性，延长使用寿命，同时避免对产品的污染；
④ 简化生产工艺，提高自动化水平，稳定产品质量，安全可靠生产。

另外，探求微纳粉体制备的新概念、新原理、新方法，突破传统概念，使微纳粉体制造与分级等技术获得突破性进展。

微纳粉体性能研究的目的在于通过粒子设计对粒子进行改性或复合处理，使粒子达到所需的理想性能，研究重点是一方面探寻粒子改性或复合的机理，研究出合适的理论，进而用该理论来指导粒子设计；另一方面，研究开发粒子改性或复合的新方法、新工艺和新设备，使制备出的粒子性能稳定可靠，并可用于工业化生产。另外，力求研究出新的高性能复合微纳粉体，使之具有多功能性，以提高其使用性能与价值。

微纳粉体的应用研究是今后微纳粉体技术的主要研究内容，其重点是研究微纳粉体在国民经济各领域中的应用并解决应用中所伴随的各种问题，如性能、分散、相容性、均化、混合、输送、包装及使用方式等。另外，开拓微纳粉体应用的新领域，进而引起某些技术领域的变革或革命。例如，微纳粉体技术应用到中医药领域后取消了传统的饮片煎煮服用方式，引起了中医药的革命；茶叶微纳化后冲饮使传统的泡饮方式彻底变革；纳米陶瓷、碳化钨、碳化硅等的研究成功，使烧结温度大大降低，进而可制造出超硬、超耐磨、超塑性新材料。

参 考 文 献

[1] 李凤生. 超细粉体技术 [M]. 北京：国防工业出版社，2000.
[2] 张君德. 超微粉体制备与应用技术 [M]. 北京：中国石化出版社，2001.
[3] 张君德，牟季美. 纳米材料与纳米结构 [M]. 北京：科学出版社，2015.
[4] 盖国胜. 超微粉体技术 [M]. 北京：化学工业出版社，2004.
[5] 郑水林. 超微粉体加工技术与应用 [M]. 北京：化学工业出版社，2005.
[6] 许并社. 纳米材料及应用技术 [M]. 北京：化学工业出版社，2005.
[7] 张中太，林元华，唐子龙等. 纳米材料及其技术的应用前景 [J]. 材料工程，2002，(3)：42-48.
[8] 铁生年，马丽莉. 纳米粉体材料应用技术研究进展 [J]. 青海师范大学学报（自然科学版），2011，(4)：10-21.
[9] 冯异，赵军武，齐晓霞. 纳米材料及其应用研究进展 [J]. 工具技术，2006，40 (10)：10-15.

第 2 章 微纳粉体的分散与团聚及粒子的表面改性与复合技术

▶▶

2.1 微纳粉体的分散

微纳粉体的分散技术是超细粉体及输送中最关键技术之一。例如，在微纳粉体制备过程中"粉碎与反粉碎"过程实际上是粉碎过程中新生粒子的分散与团聚问题，它对最终产品的细度起着至关重要的作用。如果在粉碎过程中能及时使新产生的微粒良好地分散，并分离出去，则最终产品的粒度细，而且粉碎过程的能耗低，达到所需粒度产品的粉碎时间短。再如，在分级处理时，超细粉体的分散性好坏直接影响着分级效果和分级产品细度和均匀性。分散性越好则分级效果越好；反之亦然。此外，超细粉体极易团聚，分散性很差的超细粉体在实际使用过程中十分困难，往往失去了超细粉体的许多优越性，使其效能不能充分发挥，而且分散性差的超细粉体给输送、混合、均化和包装都带来极大不便。

要解决微纳粉体的分散性问题，最有效的方法是对超细粉体的表面进行改性处理，经适当表面改性处理的超细粉体其分散性会大大提高。对超细粉体的表面进行适当改性处理后，还可提高其"活性"和使用性。例如，可提高超细粉体与其他成分的相容性、稳定性和物理化学稳定性，以及催化性、润湿性、电学性、电子学性、光学性和流变性等，并能保证使用性能的一致和重复。对超细粉体表面进行改性处理是提高超细粉体的分散性和使用性的一个重要手段和至关重要的技术途径。超细粉体表面经过适当改性后，可大大拓宽其应用领域和使用价值。可广泛地用于化工、材料、军工、航天、电子及日用化工等领域。

研究表明，适当的两种或两种以上的超细粒子进行表面包覆或复合处理后，可以提高超细粉体的使用效果，制造出高性能的结构复合材料。单一的超细粉体使用时往往只表现出一种功能，而复合超细粉体使用时往往具有多种功能，是一种新型的多功能材料。尤其是催化领域，复合超细粒子催化效果往往较单一粒子催化效果有大幅度提高。更重要的是，由几种性能不同的超细粒子（如微米-亚微米-纳米粒子）制成的复合超细粒子，再经进一步深加工后可制备出性能十分优异的新型复合材料。对于某些单一的超细粉体，如果对其进一步深加工，工艺上十分困难，因此大大限制了其使用性。如果将两种超细粉体复合后再进行深加工，这一问题就可很好地解决。这一点对于开拓纳米材料的应用领域十分重要，因为直接用纳米粉体制成纳米固体工艺十分困难，而且价格昂贵，但与微米和亚微米材料复合化后使用，上述问题都能得到很好解决。超细粒子的复合技术对于开拓超细粉体的应用领域和应用前景十分重要。

2.2 微纳米粒子的分散与团聚

2.2.1 分散稳定性表征方法及评价

超细粉体的分散性与稳定性通常是指超细粉体以干态存在时的分散性与稳定性和在液体介质中的分散性与稳定性。有关超细粉体在干态时分散稳定性的表征方法及评价在许多文献中都有介绍，本节重点介绍超细粉体在液体介质中的分散稳定性表征方法及评价问题。超细粒子在液体分散系中的稳定性包括以下两个方面内容：

① 超细粒子在液相中的沉降速率，若超细粒子沉降速率慢，则可以认为粒子在液相中的悬浮时间长，分散体系的稳定性好。

② 粒子在分散系中若粒径不随时间的增加而增大，可以认为分散体系的稳定性好。

根据稳定性两个方面的含义，对超细粒子的稳定性最常用的表征方法有流变法和沉降法。流变法的优点是快速，缺点是不能直接观察分散体系的状态。沉降法可通过测定沉降体积和沉降速率来确定胶体分散的稳定性。若沉降体积大，沉降时间短，则分散性差；若沉降体积小，沉降时间长，则分散性好。由于沉降体积法耗用时间较长，速度较慢，故一般采用测定沉降速率的方法。新近人们也采用 Zeta 电位和浊度作为评判超细粉体在水中分散稳定性的标准。通常认为体系中 Zeta 电位绝对值越高，浊度越大，则分散体系越稳定，超细粉体的分散性就越好。Zeta 电位用电泳仪测定，浊度采用浊度仪测定。

浊度法测试原理：光线通过分散体系时，从侧面看光路呈现乳光，如体系对入射光无选择性吸收时，其乳光强度可用入射光通过单位厚度体系后光强度的损失即浊度 τ 来表示。假定令 L 代表含有散射质点的厚度，I_0 为入射光强，I 为透射光强，则

$$\tau = \frac{1}{L}\ln I_0/I \tag{2-1}$$

乳光实际上是胶体颗粒在光的电磁场作用下，向各方向发出的散射光，根据 Mie 的光散射理论，单分散体系的稀溶液，对于半径为 a 的球形颗粒，浊度 τ 为

$$\tau = K'N_p\pi a^2 \quad \text{或} \quad N_p = \tau/\pi a^2 K' \tag{2-2}$$

式中　　N_p——单位体积介质中所含颗粒的数目；

　　　　K'——光散射系数。

对于同一样品颗粒形成的分散体系，其 K' 及 a 相同，故 τ 随 N_p 的变化而变化。反过来可根据测出的浊度 τ 的变化知 N_p 的变化，从而判断出分散稳定性的优劣。对于同一样品，体积、浓度、分散介质、不同分散剂的分散体系，在容器中沉降同一段时间后，从上层取同样体积的分散液，测定其浊度。如果浊度越大，则说明该样品分散体系中沉降的粒子越少，该分散剂对颗粒的分散稳定性良好。另外，人们也经常采用测量超细粉体在水中的分散体系的黏度变化情况来判别体系的稳定程度及分散性。通常体系中的黏度越低，则体系越稳定，超细粉体在体系中的分散性就越好。

2.2.2 超细粉体产生团聚的原因

物料经超细化后呈现出与原物料不同的许多性质，最典型的特征是比表面积增大，表面能升

高。如铜粉从 $100\mu m$ 超细化到 $1\mu m$ 时，其比表面积从 $4.2\times10^3\,\mathrm{cm}^2/\mathrm{g}$ 增大到 $4.2\times10^5\,\mathrm{cm}^2/\mathrm{g}$，表面能从 $0.94J$ 增大到 $94J$，增大值达 100 倍。同时，表面原子或离子数的比例也大大提高，因而使其表面活性增加，颗粒之间吸引力增大。由于外表杂质如水的存在也易引起超细粒子团聚。另外，超细粉体在粉碎过程中表面静电很高，以及粒子和粒子在相互碰撞过程中也易互相吸引而聚集。引起超细粉体产生团聚的原因，大致可归纳为如下四个主要方面：

① 材料在超细过程中，由于冲击、摩擦及粒径的减小，在新生的超细粒子的表面积累了大量的正电荷或负电荷，由于新生微粒的形状各异，极不规则，新生粒子的表面电荷极易集中在颗粒的拐角及凸起处。这些颗粒的表面凸起处有的带正电荷，有的带负电荷。这些带电粒子极不稳定，为了趋于稳定，它们互相吸引，尖角处互相接触连接，使颗粒产生团聚，形成如图 2-1 所示的结构。此过程的主要作用是静电库仑力。

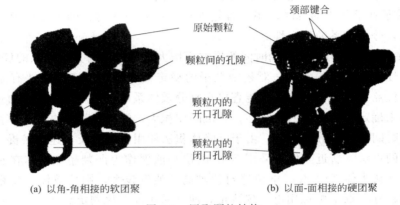

图 2-1　团聚颗粒结构

② 材料在粉碎过程中，吸收了大量的机械能或热能，因而使新生的超细颗粒表面具有相当高的表面能，粒子处于极不稳定状态。粒子为了降低表面能，使其趋于稳定状态，往往通过相互聚集靠拢而达到稳定状态，因而引起粒子团聚。

③ 当材料超细化达到一定粒径以下时，颗粒之间的距离极短，颗粒之间的范德华引力远远大于颗粒自身的重力。因此，这种超细颗粒往往互相吸引团聚。

④ 由于超细粒子之间表面的氢键、液桥及其他化学键作用，也易导致粒子之间互相黏附聚集。

2.2.3　超细粉体团聚与解聚的基本原理与途径

2.2.3.1　干态超细粉体的团聚与解聚问题

由于颗粒间普遍存在着范德华力和库仑力，固体的微细化过程实质上是小粒子的内部结合力不断被破坏，体系总能量不断增加的过程。因此从热力学角度来看，粉体有自发凝集的倾向，而且颗粒粒径越小，团聚就越严重。

设凝集前分散状态粉体的总表面积为 A_0，凝集后总表面积为 A_c，单位面积的表面自由能为 r_0，则凝聚前分散状态粉体总表面能 G_0 为：

$$G_0 = r_0 A_0 \tag{2-3}$$

凝集状态粉体总表面能 G_C 为：

$$G_C = r_0 A_C \tag{2-4}$$

由分散状态变为凝集状态总表面自由能的变化 ΔG 为：

$$\Delta G = G_C - G_0 = r_0(A_C - A_0) \tag{2-5}$$

显然，$A_C < A_0$，$\Delta G < 0$，因此凝集状态比分散状态稳定，分散的粒子总是趋向于凝集以达到稳定状态。实现超细粉体凝集的主要推动力是范德华引力，两个分子的范德华吸引位能 ϕ_A 可表示为

$$\phi_A = -\lambda / X^6 \tag{2-6}$$

式中　X——分子间距；

　　　λ——涉及分子极化率，特征频率的引力常数。

对两个直径为 D 的同种物质球形颗粒可导出 ϕ_A 在表面间距 $a \leqslant D$，$a = 0.01 \sim 0.1 \mu m$ 时为

$$\phi_A = -AD / (24a) \tag{2-7}$$

式中　A——Hamakar 常数，$A = \pi^2 N^2 \lambda$，从而响应的范德华引力为：

$$F = d\phi_A / da = -AD / (24a^2) \tag{2-8}$$

由式(2-8) 可见，F 与颗粒直径 D 成正比，而颗粒所受重力正比于 D^3，因此当 D 减少至某一值时，必将有范德华引力大于其所受重力。据计算，粒径小于 $10 \mu m$ 的颗粒间的范德华引力要比其重力大几十倍以上。因此，这样凝聚的颗粒是不会因其重力而分离的，这说明在一般状态下，粉体的分散程度主要取决于颗粒间的范德华力。

图 2-2 给出了干粉颗粒存在的三种状态，一是原始颗粒，即一次颗粒；二是颗粒间的硬团聚，这种团聚是由于颗粒间的范德华力和库仑力以及化学键合的作用力等多种作用力所引起，另外与粉体的制备工艺及过程控制也有关；三是颗粒间的软团聚，它主要是由颗粒间的范德华力和库仑力所致。这两种团聚状态在粉体颗粒间普遍存在，其中软团聚［见图 2-2(c)］可以通过一般的化学作用或机械作用来消除。而硬团聚［见图 2-2(b)］由于颗粒间结合紧密，只通过一般的化学作用是不够的，必须采用大功率的超声波或球磨等机械方式来解聚。

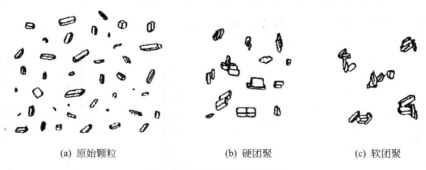

(a) 原始颗粒　　　　　　(b) 硬团聚　　　　　　(c) 软团聚

图 2-2　干粉颗粒的几种状态

2.2.3.2　超细颗粒在液体介质中的行为

颗粒在液体介质中的相互作用力非常复杂，除了范德华力和库仑力外，还有溶剂化力、毛细管力、憎水力等，它们与液体介质性质直接相关。

颗粒在液体介质中由于吸附了一层极性物质，形成溶剂化层，当颗粒相互靠近时，溶剂化层重叠，便产生排斥力，即所谓的溶剂化。

如果颗粒表面被介质良好润湿，当两个颗粒接近到一定的距离时，在其颈部形成液桥(liquid bridge)；在液桥中存在着一定的压力差，使颗粒互相吸引，这便是存在于颗粒间的

毛细管力。

吸附是超细颗粒在液体介质中的一种很重要的行为，物质自异相内部富集于界面上的现象称为吸附现象，从而产生一系列很重要的现象，如润湿等，故研究其吸附机理显得很重要。表面活性剂在固液界面上的吸附，即是界面现象的一种，其吸附机理大致可分为以下几种方式：

（1）离子交换吸附　吸附于固体表面的反离子与被同电性的表面活性离子所取代，见图 2-3。

（2）离子对吸附　表面活性剂粒子吸附于具有相反电荷的未被离子占据的固体表面位置上，见图 2-4。

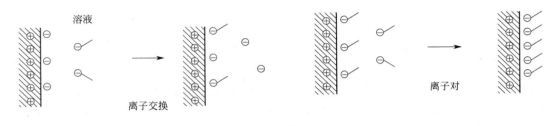

图 2-3　离子交换吸附　　　　　　　　　　图 2-4　离子对吸附

（3）氢键吸附　表面活性剂分子或离子与固体表面极性基团形成氢键而吸附，见图 2-5。

（4）π 电子极化吸附　吸附剂分子中含有富电子的芳香核时，与吸附剂表面的强正电性位置相互吸引而发生吸附。

（5）London 引力（色散）吸附　在各类吸附类型中皆存在，为其他吸附的补充。

（6）憎水作用吸附　表面活性剂亲油基在水介质中易相互连接成憎水链（hydrophobic bonding），与逃离水的趋势随浓度增大到一定程度时，可能与已吸附于表面的其他表面活性剂分子聚集而吸附或以聚集状态吸附于表面，见图 2-6。

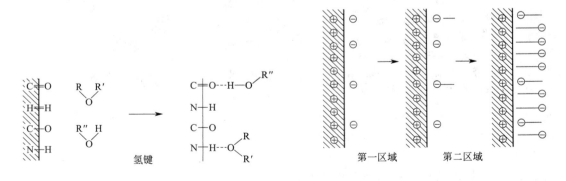

图 2-5　氢键吸附　　　　　　　　　　图 2-6　憎水作用吸附

由于吸附机理的不同，导致颗粒在水介质中分散性各异。

2.2.3.3　超细颗粒在液体介质中的表面电荷与 Zeta 电位

所有的粉体颗粒在液体介质中都是带有电荷的，其表面电荷的来源大致有以下几个方面：①电离；②离子吸附；③晶格取代等。

颗粒在液体介质中的表面带电情况，直接影响颗粒在液体介质中的分散行为。

Zeta 电位（Zeta potential），又称为电动电位或电动电势（ζ-电位或 ζ-电势），是指剪切面（shear plane）的电位，是表征胶体分散系稳定性的重要指标。

由于分散粒子表面带有电荷而吸引周围的反号离子，这些反号离子在两相界面呈扩散状态分布而形成扩散双电层。根据 Stern 双电层理论可将双电层分为两部分，即 Stern 层和扩散层。Stern 层定义为吸附在电极表面的一层离子（IHP 或 OHP）电荷中心组成的一个平面层，此平面层相对远离界面的流体中的某点的电位称为 Stern 电位。稳定层 [stationary layer，包括 Stern 层和滑动面（slipping plane）以内的部分扩散层] 与扩散层内分散介质（dispersion medium）发生相对移动时的界面是滑动面（slipping plane），该处对远离界面的流体中的某点的电位称为 Zeta 电位或电动电位（ζ-电位），即 Zeta 电位是连续相与附着在分散粒子上的流体稳定层之间的电势差。它可以通过电动现象直接测定。

颗粒带着固定层运动，故它运动时表现的是动电位，各颗粒都带同号的动电位，即带同号的净电荷，相互排斥，防止颗粒间的团聚，使颗粒保持分散状态。可见颗粒的 Zeta 电位非常重要。当颗粒的 Zeta 电位绝对值最大时，颗粒的双电层表现为最大斥力，使颗粒分散；当颗粒的 Zeta 电位等于零时（即等电点 IEP），颗粒间的吸引力大于双电层之间的排斥力，颗粒团聚而沉降。

2.2.3.4　超细粒子在液体介质中的分散问题

由于超细颗粒具有极大的表面积和较高的比表面能，在制备和后处理过程中极易发生粒子团聚，形成二次粒子，使粒径变大，使其实际应用效果变差。因此，将超细粉体分散在介质中制成高稳定性、低黏度的悬浮体显得尤为重要。由于无机粉体大多数为极性物质，且表面多有羟基，因此，此类分散体系为极性分散相（无机粉体）与极性分散介质（水）。

无机粉体在水中的分散包括以下三个步骤：①粉体聚集体被水润湿；②聚集体在机械力作用下被打开成独立的原生粒子或较小聚集体；③将原生粒子或较小聚集体稳定，阻止其再聚集。实践中，深刻理解这一过程对于解决超细粉体在液相介质中的分散问题十分重要。

（1）润湿问题　粉体润湿过程的目的是使粒子表面上吸附的空气逐渐被分散介质取代。影响粒子湿润性能的因素有很多种，如粒子形状、表面化学极性、表面吸附的空气量、分散介质的极性等，良好的润湿性能可以使粒子迅速地与分散介质互相接触，有助于粒子的分散。

润湿过程表面能的变化可用 Young 公式描述：

$$\sigma_s = \sigma_1 \cos\theta + \sigma_{sl} \tag{2-9}$$

式中　σ_s——固体的表面张力；

σ_1——液体的表面张力；

σ_{sl}——固-液界面张力。

利用该公式可表示润湿的能量变化。浸渍润湿功 W_1 为：

$$W_1 = \sigma_s \sigma_{sl} = \sigma_1 \cos\theta \tag{2-10}$$

式(2-10) 可作为热力学的评价，式中 $\sigma_1 \cos\theta$ 越大，越易润湿。但 Young 公式使用时也有一定的局限性。

水体系中，不同极性粉体的分散情况并不相同。对于强极性粉体而言，易于润湿，也易于分散稳定；而弱极性粉体正相反，难于润湿。润湿是超细粉体在液体介质中分散性好坏的关键控制步骤。

当清洁的固体表面被液体润湿时，通常会放出热，这种热称为润湿热。润湿过程可以看成是固-气界面的消失和固-液界面的形成，其单位为 J/m^2。润湿热可表示为：

$$Q = U_1\cos\theta + T\sigma_1\sin\theta\,\frac{d\theta}{dT} \tag{2-11}$$

式(2-11) 右边参数均可测定。如测得接触角 θ 和液体的表面张力及 θ 的温度系数，则可得润湿热 Q。润湿热描述了液体对固体的润湿程度。显然，润湿热 Q 越大，润湿越好。因此，只有选择合适的分散剂，使粉体润湿过程中润湿热最大，超细颗粒的最优分散才成为可能。

润湿效率可以用润湿效率公式计算。

Capelle 的润湿效率公式：

$$BS = \sigma_{sg} - \sigma_{sl} = \sigma_{gl}\cos\theta \tag{2-12}$$

式中　　　BS——润湿效率；

σ_{sg}、σ_{sl}、σ_{gl}——固-气界面张力、固-液界面张力、液-气界面张力；

　　　　　θ——接触角。

T. C. Patton 的液体渗入粉体孔隙内的平均速率 u 为

$$u = \frac{\sigma_{lg}\cos\theta}{0.1\eta} \times \frac{R}{4L} \tag{2-13}$$

式中　u——液体渗入平均速率；

　　　η——液体黏度；

　　　R——毛细管半径；

　　　L——孔隙长度。

根据式(2-12) 或式(2-13) 发现加入润湿剂，可降低固-液界面张力 σ_{sl}，减少接触角，增大 $\sigma_{gl}\cos\theta$ 值可以提高润湿效率和润湿速率，便于超细粉体的分散处理。

(2) 聚集体的分散问题　粉体粒子聚集体的分散可通过机械作用（剪切、压碾、高速搅拌等）将粒子分散。同时随着聚集体分散为更小的粒子，使得更大的表面积暴露在分散介质中，周围分散介质的数量将减少，分散体系的黏度增加，导致剪应力增大。

对破碎的聚集体如不采取适当的手段阻止原生粒子再团聚，团聚体将不能彻底分散。因此为获得良好的分散效果，一定要在分散过程中使每一个新形成的粒子表面迅速被介质润湿，即被分散介质所隔离，以防止其重新聚集。此外，要求具有足够高的能量以防止粒子间相互接触重新团聚。

由于超细粒子的粒径近似于胶体粒子，所以可以用胶体的稳定理论来近似探讨超细粒子在液体介质中的分散性。胶体的稳定或聚沉取决于胶粒之间的排斥力和吸引力。前者是稳定的主要因素，而后者则为聚沉的主要因素。根据这两种力产生的原因及其相互作用的情况，建立起胶体的三大稳定理论：DLVO 理论、空间位阻稳定理论、空缺稳定理论。在这里仅介绍 DLVO 理论。

DLVO 理论是 1941 年由前苏联的德尔加昆和朗道（Darjaguin and Landon）以及 1948 年由荷兰的维韦和奥弗比克（Verwey and Overbeek）分别独立提出来的。DLVO 理论主要是通过粒子的双电层理论来解释分散体系稳定的机理及影响稳定性的因素。根据双电层模型，因颗粒表面带电荷，颗粒被离子氛包围（如图 2-7 所示）。

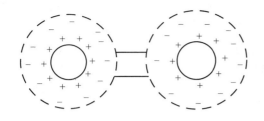

图 2-7　离子氛

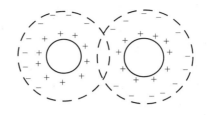

图 2-8　离子氛重叠

图 2-7 中胶粒带正电，线圈表示正电荷的作用范围。由于离子氛中反离子的屏蔽效应，线圈以外不受胶粒电荷的影响，因此，当两个粒子趋近而离子氛尚未接触时，粒子间并无排斥作用；当粒子相互接近到离子氛发生重叠时（见图 2-8），处于重叠区中的离子浓度显然较大，破坏了原来电荷分布的对称性，引起了离子氛中电荷的重新分布，即离子从浓度较大区间向未重叠区间扩散，使带正电的粒子受到斥力而相互脱离，这种斥力是粒子间距离的指数函数。

胶粒之间的总位能 U 可以用其斥力位能 U_R 和吸引位能 U_A 之和来表示，以颗粒间排斥能、吸引能及总位能对颗粒之间的距离作图，得出位能曲线如图 2-9 所示。位能曲线上出现一峰值 U_{max}，称为位垒，只要位垒足够高，颗粒的运动无法克服它，则胶体就保持稳定。

由图 2-9 可知，当两粒子相距较远时，离子氛尚未重叠，粒子间"远距离"的吸引力起支配作用，即引力占优势，曲线在横轴以下，总位能为负值；随着距离的缩短，离子氛重叠，此时斥力开始出现，总位能逐渐上升为正值，斥力也随距离变小而增大，至一定距离时出现一个峰 $U_{R,max}$。位能上升至最大值，意

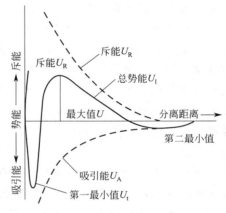

图 2-9　斥力位能、吸引位能及总位能曲线

味着两粒子间不能进一步靠近，或者说它们碰撞后又会分离开来。如越过位能峰，位能即迅速下降，说明当粒子间距离很近时，离子氛产生的斥力，正是微粒颗粒避免团聚的重要因素，离子氛所产生斥力的大小取决于双电层厚度。因此，可通过向分散系中加入能电解的物质如六偏磷酸钠、氯化钠、硝酸钠于悬浮液中来降低电位 V_{el}；也可以加入与颗粒表面电荷相同的离子表面活性剂，因为它的吸附会导致表面动电位 ζ 增大，从而使体系稳定性提高。

2.3　超细粉体用表面改性剂

超细粉体的表面改性，主要是依靠改性剂（或处理剂）在超细粉体表面的吸附、反应、包覆或成膜等来实现的。因此，表面改性剂的种类及性质对粉体表面改性或表面处理的效果具有决定性的作用。

超细粉体的表面处理往往都有特定的应用背景或应用领域。因此，选用表面改性剂必须考虑被处理物料的应用对象。例如，用于高聚物复合材料、塑料及橡胶中的无机矿物填料的

表面处理时，所选用的表面改性剂既要能够与矿物表面吸附或反应、覆盖于矿物表面，又要与有机高聚物有较强的化学键合作用。因此，从分子结构上说，用于无机矿物填料表面改性的改性剂，应该是一类具有一个以上能与无机矿物表面的官能团和一个以上能与有机高聚物结合的基团。由于粉体表面改性涉及的应用领域很多，可用作表面改性剂的物质也是很多的。以下只介绍塑料、橡胶、胶黏剂等高分子材料及涂料中应用的无机填料和颜料所用的表面改性剂以及药品（缓释）胶囊所用的包衣材料。

（1）偶联剂　偶联剂是具有两性结构的物质。按其化学结构可分为硅烷类、钛酸酯类、锆铝酸盐及络合物等几种。其分子中的一部分基团可与粉体表面的各种官能团反应，形成强有力的化学键；另一部分基团可与有机高聚物发生某些化学反应或物理缠结，从而将两种性质差异很大的材料牢固地结合起来，使无机填料和有机高聚物分子之间产生具有特殊功能的"分子桥"。

偶联剂适用于各种不同的有机高聚物和无机填料的复合材料体系。用偶联剂进行表面处理后的无机填料，抑制了填料体系"相"的分离，增大填充量，并可较好地保持分散均匀，从而改善了制品的综合性能，特别是抗张强度、冲击强度、柔韧性和挠曲强度等。

（2）表面活性剂　表面活性剂可分为阴离子、阳离子和非离子型等。高级脂肪酸及其盐、醇类、胺类及酯类等表面活性剂是主要的表面改性（处理）剂之一。其分子的一端为长链烷基，结构与聚合物分子结构相近，特别是与聚烯烃分子结构近似，因而和聚烯烃等有机物有一定的相容性。分子的另一端为羧基、醚基、氨基等极性基团，可与无机填料粒子表面发生物理化学吸附或化学反应，覆盖于填料粒子表面。因此，用高级脂肪酸及其盐等表面活性剂处理无机填料类似于偶联剂的作用，可提高无机填料与聚合物分子的亲和性，改善制品的综合性能。

（3）有机聚合物　有机聚合物与有机高聚物的基质具有相同或相似的分子结构。如聚丙烯和聚乙烯蜡，用于无机填料的表面改性剂，在聚烯烃类复合材料中得到广泛应用。

（4）不饱和有机酸　带有双键的不饱和有机酸对含有碱金属离子的无机矿物填料进行表面处理，效果较好。不饱和有机酸由于价格便宜，来源广泛，处理效果好，是一种新型的表面处理剂。

（5）超分散剂　超分散剂是一种新型的聚合物的分散助剂，主要用于提高颜料、填料在非水介质，如油墨、涂料、陶瓷原料及塑料等中的分散度。超分散剂的分子量一般为1000～2000，其分子结构一般含有性能不同的两个部分，其中一部分为锚固基团，可通过离子对、氢键、范德华引力等作用以单点或多点的形式紧密地结合在颗粒表面上；另一部分具有一定长度的聚合物链。当吸附或覆盖了超分散剂的颗粒相互靠近时，由于溶剂化链的空间障碍而使颗粒相互弹开，从而实现颗粒在非水介质中的分散和稳定。

（6）金属化合物及其盐　氧化钛、氧化铬、氧化铁、氧化锆等金属氧化物及其盐（如硫酸氧钛、四氯化钛）可用于云母的表面改性以及制备珠光云母。Al_2O_3、SiO_2等可用于颜料（如TiO_2）等的表面处理，以提高颜料的保光和耐候性，改善着色力和遮盖力等性能。

（7）有机硅　高分子有机硅又称硅油或硅表面活性剂，是以硅氧键链（Si—O—Si）为骨架，硅原子上皆有有机基团的一类聚合物。其无机骨架有很高的结构稳定性和使有机侧基表面呈现理想的柔曲性。覆盖于骨架外的有机基团则决定了其分子的表面活性和其他功能。绝大多数有机硅都有低表面能的侧基，特别是烷烃基中表面能最低的甲基。有机硅除了用于无机填料或颜料（如高岭土、碳酸钙、滑石、水合氧化铝等）的表面活性剂外，还因其化学稳定性、透过性、不与药物发生反应和良好的生物相容性而成为最早用于药物包覆的高分子材料。

（8）丙烯酸树脂　丙烯酸树脂是甲基丙烯酸共聚物和甲基烯酸酯共聚物的统称，它具有无生理毒性，物理化学性质稳定；能形成坚韧连续的薄膜，且包膜后的剂型对光、热、湿度稳定；易于服用，无味、无臭、无色，与主药无相互作用；渗透性和溶解性好，且包膜过程不易黏结等特性。因此，常用作药品的包膜材料。

（9）高级脂肪酸及其盐　早期无机类超细粉体（如氧化铁红、铁黑、铁黄）的表面改性通常采用高级脂肪酸及其盐。最常见的是硬脂酸及硬脂酸盐，硬脂酸锌是最典型的一种表面改性剂。因为这类物质的分子结构中，一端为长链烷基（C16～C18），另一端是羧基及其金属盐，它们可与无机超细粉体的表面官能团发生化学反应。其作用机理与偶联剂十分相似。可改善无机超细粉体聚合物分子的亲和性、加工性及最终产品的力学性。

另外，高级脂肪酸的胺类、酯类也可作为无机超细粉体的表面改性剂。

2.4　微米及亚微米粉体表面改性方法

在超细粉体的制备分级及应用过程中，为提高超细粉体的分散性而进行的分散处理，为提高超细粉体的活性及相容性而进行的活化处理以及为提高超细粉体的使用功能而进行的粒子复合处理，通常统称为超细粉体的表面改性处理。超细粉体的表面改性方法很多，分类也各不相同。最主要的有：包覆改性法、表面化学改性法、机械化学改性法、沉积表面改性法以及新近发展的微胶囊改性法。以下重点介绍表面化学改性法和机械化学改性法，对其他方法只做简要介绍。

2.4.1　包覆改性

包覆改性是一种较早使用的传统的改性方法，它是利用高聚物或树脂等对粉体表面进行"包覆"而达到表面改性的方法。如利用酚醛树脂或呋喃树脂等包覆石英砂以提高精细铸造速度和质量，又保证模具和模芯生产中得到高抗卷壳和抗开裂性能；用呋喃树脂包覆的石英砂用于油井钻探可提高油井产量。

2.4.2　沉积（淀）改性

该法在二氧化钛及其他无机粉体的表面改性中较常采用，它是利用化学反应并将其生成物沉积在被改性粉体的表面，使形成一层极薄的包覆改性层，以改变超细粉体的表面特性，使其达到所需的使用要求。

2.4.3　微胶囊改性

微胶囊改性是现代医药领域最先采用的一种新技术。其目的在于使药物超细粉的药效实现缓释效应。该方法是在超细颗粒的表面包覆一层均匀并具有一定厚度的薄膜层。在微胶囊中，通常将被包覆的粉体（或微液滴）称为芯物质或核心物质（core material），外表的包膜为膜物质（wall materials）。膜的作用在于控制调节芯物的溶解、释放、挥发、变色、成分迁移、混合或与其他物质的反应速率及时间，起到"阀门"的隔离控制调节作用，以备按照所需的要求保存备用，也可对有毒有害物质起到隐蔽作用。据资料报道，微胶囊的直径大多在 $0.5\sim100\mu m$ 范围。膜壁厚度约为 $0.05\sim10\mu m$。微胶囊的制备方法有化学法、物理法和物理化学法。

2.4.4　表面化学改性

表面化学改性方法，是利用有机物分子中的官能团在无机颗粒（填料或颜料）表面的吸附或化学反应对颗粒表面进行局部包覆，使颗粒表面有机化而达到表面改性的方法。这是目前无机填料或颜料所采用的主要的表面改性方法。除利用表面官能团改性外，这种方法还包括利用自由基反应、螯合反应、溶胶吸附以及偶联剂处理等进行表面改性处理。

表面化学改性所用的改性剂种类繁多，如硅烷偶联剂、钛酸酯偶联剂、锆铝酸盐偶联剂、有机铬偶联剂、高级脂肪酸及其盐、磷酸酯、不饱和有机酸、有机铵盐及其他类型表面活性剂等。

2.4.5　机械化学改性

采用机械化学法对超细粉体进行表面改性处理，日本东京大学 H. Honda 教授与奈良株式会社合作进行过大量研究。国内南京理工大学超细粉体与表面科学技术研究所在这方面也进行了大量研究。该方法是采用机械作用激活超细粉体和表面活性剂（或更细的另一种用于包覆或复合的超细粉体），使其界面间发生化学作用，以达到化学改性的效果，进而增加表面改性剂与被改性超细粉体间的结合力。该方法的实质是将机械能转变成了化学能，因而称之为机械化学效应改性。对被改性的超细粉体及改性剂混合物进行高速机械搅拌、冲击、研磨或球磨等都可实现机械化学改性。机械化学改性既可在干态也可在湿态下进行，影响机械化学改性效果的主要因素是：所采用的改性机械在进行改性处理时的搅拌、研磨、冲击的强度、作用的时间及改性时的温度等。

机械化学改性实质上是将在常温下互无黏性，也不发生化学反应的两种超细粉体，通过外加的机械作用力，使一种较细的超细颗粒均匀地分布于另一种较粗的超细颗粒外，并使颗粒间发生化学作用，增加其结合力。

干式冲击混合工艺制备单层粒子包覆粉体，是以粒径为 $10\mu m$ 左右的聚乙烯为芯核，以粒径为 $0.3\sim0.9\mu m$ 的 SiO_2 为外包覆材料。其中 SiO_2 的密度为 $2.01g/cm^3$，而聚乙烯粒子的密度为 $0.92g/cm^3$。其设备方法及设备如下所述。

该方法的制备工艺分两步完成，工艺流程为：

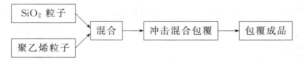

第一步：将被包覆的聚乙烯粉体与外包覆用粉体 SiO_2 加入离心式涡轮旋转混合机内（见图 2-10），物料在该混合器内，在常温下，以 1000r/min 的转速混合 10min，通过粗细粒子的混合使其相互黏结，相互作用，形成互相包覆粘连的混合物。

对于质量比为 35%、粒度为 $0.3\mu m$ 的 SiO_2 与质量比为 65%、粒度为 $5.2\mu m$ 的聚乙烯在常温下采用上述混合机混合 10min 后，制得的包覆颗粒的 SEM 照片如图 2-11 所示。图中显示出，SiO_2 微粒散乱地黏附于较粗的聚乙烯颗粒外表，但排列不均匀，局部仍未被 SiO_2 所包覆。

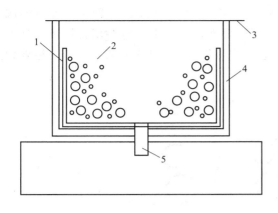

图 2-10　离心式涡轮旋转混合机

1—旋转容器（壁）；2—粉体（黑点代表

粒子 SiO₂，圆圈代表被包覆的聚乙烯粒子）；

3—上盖；4—固定机壳；5—转子

0183　20KV

图 2-11　经离心式涡轮旋转混合

10min 后，获得的包覆颗粒的 SEM 照片

从图 2-11 可以看出，SiO_2 微粒在聚乙烯颗粒的表面只是一种有限扩散聚集，不是形成单层粒子均匀包覆。当继续延长混合时间时，实验发现中心颗粒或形成或产生断面。因此，采用这种混合机无法制得单粒子层包覆颗粒，必须采用下一步的冲击混合机来实现这一目的。

第二步：将经第一步混合处理的粉体加入干式冲击混合机内（见图 2-12）进行进一步处理，目的在于使黏附于聚乙烯颗粒外表面的 SiO_2 微粒成单粒层均匀分布于聚乙烯颗粒的外表，并使它们之间产生机械化学过程，以使界面之间紧密地结合在一起。

预混的粉体由加料口加入机器中央，转盘高速旋转产生的离心力将粉体甩向四周，并与 16000r/min 高速运动的搅拌齿发生高速碰撞。此时，粉体受到搅拌齿连续不断的强烈机械冲击。转盘外圈的粉体通过循环通道重新进入混合机中央再次进行冲击混合，使该过程不断重复。由于粉体表面不断受到强机械冲击，使聚乙烯外表的 SiO_2 细粒紧密地黏合于聚乙烯的表面，并均匀单层排列。粉体以 300～500 次/min 的速度循环，循环时间很短，这意味着粉体在很短时间内受到了大量冲击，该速度依赖于转子的转速。粉体在该机内冲击混合 10min，

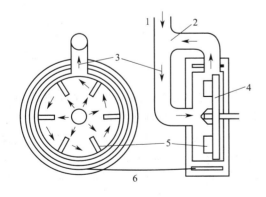

图 2-12　干式冲击式混合机（HYBRIDIIER）

内部结构及粉体运动轨迹示意

1—加料口；2—循环通道；3—粉体运动轨迹；

4—转盘；5—搅拌齿；6—夹套

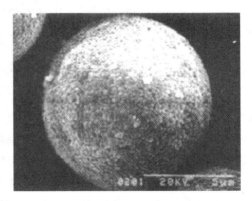

图 2-13　经干式冲击混合机进一步冲击

混合 10min 后，获得的包覆

颗粒的 SEM 照片

系统内最高温度为55℃。该上述过程处理后的粉体的 SEM 照片如图 2-13 所示（粉体的成分及粒度与图 2-11 相同）。对比图 2-11 和图 2-13 可以发现，SiO_2 细微粒在聚乙烯颗粒外表进行了重排，而且形成了带有某种特殊晶格的序态，均匀致密地形成单粒覆盖层。上述处理过程可以用图 2-14 来描述。

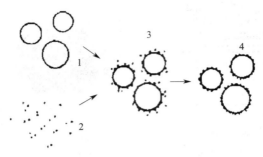

图 2-14　超细粉体冲击混合处理包覆过程
1—母粒子（芯核）；2—包覆粒子；3—相互作用混合物；4—复合粒子（单层粒子包覆粉体）

2.5 纳米材料的表面改性

　　纳米材料粒径极小，比表面积和表面能极大，如果不进行表面化学改性并与微纳粉碎处理相结合就很难添加到其他材料中去。尽管纳米材料性能优异，但因为没有进行合适的表面化学改性和后续补充微纳粉碎处理，致使这些纳米材料根本无法添加到工程塑料中，导致产品大量积压。因此，越来越多的科学工作者认识到纳米材料的制备、表面化学改性和微纳粉碎三项技术是紧密配合不可分的，而表面化学改性更为重要。纳米材料表面化学改性涉及的应用行业很广，品种很多，如化纤、制膜、化妆品、塑料、橡胶和涂料等行业。下面以典型的纳米材料——纳米 TiO_2 为例，介绍纳米材料改性的问题（见图 2-15）。

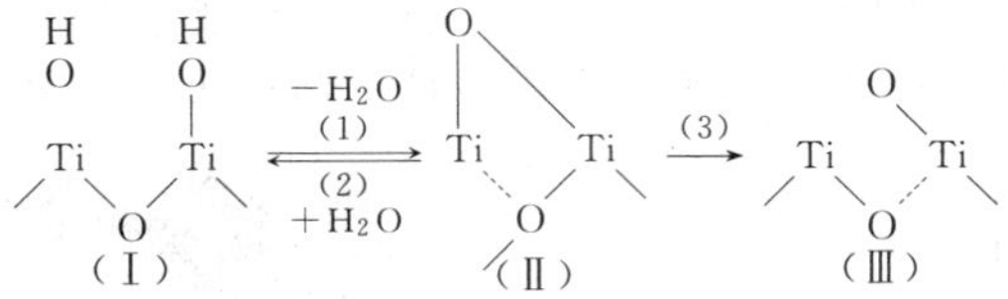

图 2-15　纳米 TiO_2 表面改性示意

　　二氧化钛的性质由组成的钛和氧原子及其结构所决定。按 Sanderson 的部分电荷值分类，通常氧原子的部分电荷值在 $-0.10 \sim 0.50$ 范围，可认为是两性氧化物。因此，在相应的环境中，二氧化钛可以起到广义酸和碱的作用。他们的表面部分电荷以及表面羟基的酸碱性均受到由羟基引起的多种表面特性的影响。相对于其他颜料的金属氧化物，TiO_2 中 Ti—O 键的极性极大，表面吸附的水因极化发生解离，容易形成羟基。这种表面羟基可提高二氧化钛作为吸附剂的性能，为表面改性提供方便。二氧化钛的比表面积及其羟基量随处理温度升高而迅速下降。

　　纳米二氧化钛的表面改性可分为物理改性和化学改性两种。由于物理改性的方法耗能高，设备复杂而难以推广。在工业上广泛应用的是化学改性方法，现分述如下。

2.5.1　水溶液沉积干燥法

此法常用于纳米二氧化钛的无机物包膜处理，即在纳米二氧化钛表面沉积一层金属氧化物或含水金属氧化物，以降低其化学活性，提高耐候性。通常的包膜厚度为 $40\sim50\text{Å}$（$1\text{Å}=0.1\text{nm}$），并在 $150\sim160\text{℃}$ 下干燥处理。研究表明，Al_2O_3 包膜可增加二氧化钛表面的正电荷，并提高其亲油性。用 SiO_2 处理，可抑制 Al_2O_3 处理的特性，增加耐候性，而且可明显降低其吸油值。由致密 Al_2O_3 和水合氧化铝复合包膜的金红石型纳米二氧化钛，具有优良抗氧化性、高光泽和良好的分散性。常用的纳米二氧化钛无机包膜的类型、组成和用途见表 2-1。

表 2-1　常用的纳米二氧化钛无机包膜的类型、组成和用途

类　型	用　途	组　成			
		Al_2O_3	SiO_2	TiO_2	ZnO
$Al_2O_3 \cdot SiO_2 \cdot ZnO \cdot TiO_2$	高光泽、高耐候性	$2\sim4$			$0.5\sim1$
$Al_2O_3 \cdot TiO_2$	高光泽、高耐候性	$2\sim4$			
$Al_2O_3 \cdot SiO_2 \cdot TiO_2$	通用	$2\sim3$	$0.5\sim1$	$0.5\sim1$	
$Al_2O_3 \cdot$ 高密度 SiO_2	高耐候性	$2\sim3$	$3\sim7$		
$Al_2O_3 \cdot SiO_2$	中浓度乳液用	$2\sim4$	$2\sim4$		
	高浓度乳液用	$2\sim4$	$5\sim8$		

2.5.2　表面活性剂法

根据纳米二氧化钛粒子表面电荷的性质，可采用阳离子或阴离子型表面活性剂，在其表面形成碳氢链向外伸展的包覆层。例如，用水合氧化铝包覆的纳米二氧化钛，由于 Al_2O_3 的等电点较高，在中性水分散体系中该粒子表面呈正电性，若在其中加入阴离子表面活性剂，尤其是能与粒子表面的 Al 形成不溶性盐的表面活性剂，可使二氧化钛表面亲油化。此外，将纳米二氧化钛分散体与表面处理剂或其溶液的乳液混合，通过三种方式可对纳米二氧化钛表面进行亲油处理：①加入阴离子表面活性剂，使氢键破坏；②加入凝结剂，使表面电荷中和；③加热脱除溶剂，使乳液破坏。

2.5.3　偶联剂法

利用钛或硅系列的偶联剂处理纳米二氧化钛和黏结剂组成的分散体系，不仅改善了分散体系的分散性和稳定性，而且可提高纳米二氧化钛颜料的白度和遮盖力。例如，硅烷可与纳米二氧化钛表面羟基迅速反应，在粒子表面形成硅烷的单分子膜：

$$Ti-OH + X_n SiR_{4-n} \longrightarrow Ti-OSiR_{4-n} + HX$$

实验证明，在纳米二氧化钛表面上吸附两个三甲基硅烷基，就可将该表面转变为亲油表面。

2.5.4　聚合物包膜法（微胶囊法）

由聚合物包膜处理纳米二氧化钛的方法可分为两类：一类是纳米二氧化钛表面吸附单体并使其发生聚合（离子型聚合或自由基聚合）；另一类是将聚合物溶解在适当的溶剂中，当纳米二氧化钛加入后聚合物逐渐被吸附在纳米二氧化钛粒子表面，排除溶剂

形成包膜。

参 考 文 献

[1] 高濂等. 纳米粉体的分散及表面改性 [M]. 北京：化学工业出版社，2003.

[2] 郑水林. 粉体表面改性 [M]. 北京：中国建材工业出版社，2011.

[3] 刘娟. 氨基磺酸系高效减水剂 AH 的分散机理研究 [J]. 湖北广播电视大学学报，2011, 31（11）：159-160.

[4] 王超，张根忠，江成军等. 不同分散剂对纳米铁粉分散性能的影响 [J]. 铸造技术，2007, 28（5）：614-617.

[5] 郑仕远，吴奇才，周朝霞等. 超细粉体的水性超分散剂研究进展 [J]. 涂料工业，2011, 41（5）：74-79.

[6] 陶珍东. 超细粉体干式分级中的预分散 [J]. 山东建材学院学报，1993, 7（3）：51-55.

[7] 杨永康，何勇，铁旭初等. 超细粉体在液体中的分散 [J]. 建材技术与应用，2006,（5）：17-20.

[8] 张清岑，刘小鹤，刘建平. 超细滑石粉在水介质中的分散机理研究 [J]. 矿产综合利用，20033,（1）：18-22.

[9] 孙德四，张清辉. 超细氧化铁红颜料粉体的表面改性机理研究 [J]. IM&P 化工矿物与加工，2005,（2）：10-13.

[10] 袁凤英，秦清风. 超细炸药粉体团聚-分散机理研究 [J]. 火工品，2003,（2）：32-34.

[11] 王纪霞，张秋禹，王振华. 单分散二氧化硅微球的制备及粉体分散方法的研究进展 [J]. 材料科学与工程学报，2008, 26（5）：798-801.

[12] 王青宁，黄聪聪，雷扬等. 淀粉糖苷表面活性剂对超细粉体分散性能的研究 [J]. 矿物岩石，20133, 33（2）：1-6.

[13] 周洪兆，朱慎林. 分散剂对超细硫酸钡粉体制备的影响 [J]. 机械工程材料，2005, 29（4）：17-19.

[14] 章登宏，谢湘华，房毅等. 分散剂在 $BaTiO_3$ 浆料中的分散机理 [J]. 材料开发与应用，2010,（8）：64-67.

[15] 王春晓，刘文忠，李杰等. 聚合物分散剂的性能评价和分散机理的研究方法 [J]. 河北化工，2004,（4）：12-16.

[16] 陆文雄，张月星，杨瑞海等. 聚羧酸系高效减水剂的合成及其分散机理的试验研究 [J]. 混凝土，2006,（11）：42-44.

[17] 胡建华，汪长春，杨武利. 聚羧酸系高效减水剂的合成与分散机理研究 [J]. 复旦学报：自然科学版，2000, 39（4）：463-466.

[18] 彭家惠，瞿金东，张建新. 聚羧酸系减水剂在石膏颗粒表面的吸附特性及其吸附-分散机理 [J]. 四川大学学报：工程科学版，2008, 40（1）：91-95.

[19] 李辉，张裕忠. 锂电池浆料超剪切分散机理与实验研究 [J]. 轻工机械，2010, 28（6）：28-31.

[20] 李启厚，黄异龄，王红军等. 粒径≤2μm 的超细粉体颗粒分散方式探讨 [J]. 粉末冶金材料科学与工程，2007, 12（5）：284-288.

[21] 夏启斌，李忠，邱显扬等. 六偏磷酸钠对蛇纹石的分散机理研究 [J]. 矿冶工程，2001, 22（2）：51-54.

[22] 李国栋. 纳米粉体表面结构与分散机理研究 [J]. 襄樊学院学报，2002, 23（5）：50-54.

[23] 刘冰，范润华，孙家涛. 纳米陶瓷粉体的分散 [J]. 江苏陶瓷，2004, 37（4）：3-5.

[24] 樊恒辉，李洪良，赵高文. 黏性土的物理化学及矿物学性质与分散机理 [J]. 岩土工程学报，2012, 34（9）：1740-1745.

[25] 唐聪明，李新利. 水性体系分散剂的研究进展 [J]. 四川化工，2005, 8（3）：26-28.

[26] 任俊，卢寿慈. 亲水性及疏水性颗粒在水中的分散行为研究 [J]. 中国粉体技术，1999, 5（2）：6-9.

[27] 付学勇. 颜料分散机理的探讨及新的分散方法 [J]. 涂料工业，2010, 40（7）：67-69.

[28] 李凯奇，曾玉凤，王万祥等. 一种新型分散剂的性能及分散机理 [J]. 非金属矿，1999, 22（5）：30-31.

[29] 乔木，李振荣，初小葵等. 纳米陶瓷粉体的分散 [J]. 中国陶瓷，2010, 46（3）：13-17.

[30] 贝丽娜，汪瑾. 纳米 ZrO_2 表面的 PMMA 接枝改性及其分散性 [J]. 沈阳化工学院学报，2010, 28（2）：261-264.

[31] 李茂春，刘程. 碳酸钙表面改性研究进展 [J]. 聚氯乙烯，2010, 38（8）：5-8.

[32] 余双平，邓淑华，黄慧民等. 超微粉体的表面改性技术进展 [J]. 广东工业大学学报，2003, 20（2）：70-76.

[33] 铁生年，李星. 超细粉体表面改性研究进展 [J]. 青海大学学报，2010, 28（2）：16-21.

[34] 郑水林. 非金属矿物粉体表面改性技术进展 [J]. 中国非金属矿工业导刊，2010,（1）：3-10.

[35] 冯彩梅，王为民. 粉体表面改性技术及其效果评估 [J]. 现代技术陶瓷，2004,（2）：23-26.

[36] 刘雪东，卓震. 机械化学法粉体表面改性技术的发展与应用 [J]. 江苏石油化工学院学报，2004, 14（4）：32-35.

[37] 郑水林. 无机粉体表面改性技术发展现状与趋势 [J]. 无机盐工业，2011, 43（5）：1-6.

[38] 汤国虎，叶巧明，连红芳. 无机纳米粉体表面改性研究现状 [J]. 材料导报，2003, 17（9）：38-41.

[39] 陈加娜，叶红齐，谢辉玲. 超细粉体表面包覆技术综述 [J]. 安徽化工，2006,（2）：12-15.

［40］ 胡楠，何力军，钟景明等. 超细铝粉表面改性的各种方法及其研究进展［J］. 材料保护，2011，44（5）：45-49.

［41］ 李艳玲，毛如增，吴立军. 超细氢氧化镁阻粉体表面改性研究［J］. 中国粉体技术，2007，（3）：29-32.

［42］ 张大兴，翁玲. 二氧化钛粉体的表面改性研究［J］. 化学与黏合，2011，33（1）：21-24.

［43］ 乔木，李振荣，初小葵等. 纳米陶瓷粉体的分散［J］. 中国陶瓷，2010，46（3）：13-17.

［44］ 刘波，庄志强，刘勇. 粉体的表面修饰与表面包覆方法的研究［J］. 中国陶瓷工业，2004，11（1）：50-55.

［45］ 杨毅，李风生，刘宏英. 金属铝粉表面纳米膜包覆［J］. 中国有色金属学报，2005，15（5）：716-720.

［46］ 贝丽娜，汪瑾. 纳米 ZrO_2 表面的 PMMA 接枝改性及其分散性［J］. 沈阳化工学院学报，2010，28（2）：261-264.

［47］ 鲁良洁，李竟先. 纳米二氧化钛表面改性与应用研究进展［J］. 无机盐工业，2007，39（10）：1-4.

［48］ 黄文信，张宁，才庆魁等. 碳化硅粉体表面改性研究进展［J］. 中国非金属矿工业导刊，2010，（4）：13-16.

［49］ 李茂春，刘程. 碳酸钙表面改性研究进展［J］. 聚氯乙烯，2010，38（8）：5-8.

［50］ 郑水林. 碳酸钙粉体表面改性技术现状与发展趋势［J］. 中国非金属矿工业导刊，2007，（2）：3-6.

微纳粉体在建筑材料中的应用技术

3.1 微纳粉体在水泥生产中的应用

水泥生产的关键工序是"二磨一烧",即生料粉磨、熟料煅烧和水泥粉磨。在整个生产过程中,物料的化学组成和粉体的粒度始终是影响各工序质量的重要因素。本节重点讨论粉体的粒度对水泥生产过程的影响。

3.1.1 粉体粒度对水泥熟料煅烧过程的影响

在影响水泥质量的诸多因素中,水泥熟料相组成和结构是决定性因素,而熟料煅烧质量的优劣除了取决于煅烧过程的热工制度外,生料质量具有至关重要的影响。水泥熟料的煅烧过程分为生料预热分解、固相反应和熟料结粒等阶段,物料的细度(即颗粒粒度)不仅决定各阶段的反应完全程度,也在很大程度上影响过程的速度。

3.1.1.1 生料细度对碳酸钙分解过程的影响

生料进入窑尾预热系统后,首先与出窑废气进行热交换使之不断升温加热。进入分解炉后,在900℃左右的温度下发生碳酸钙分解反应:

$$CaCO_3 \longrightarrow CaO + CO_2 \uparrow \tag{3-1}$$

根据碳酸钙分解动力学理论,碳酸钙分解反应过程包括五个步骤:①热能从环境传至颗粒表面;②热能通过分解生成的CaO层传至颗粒内部CaO和$CaCO_3$核的交界面,电厂供给碳酸钙分解所需要的热量;③在两相交界面上进行碳酸钙分解反应;④分解释出的CO_2气体通过CaO层达到颗粒表面,这是颗粒内部的质量传递,称内扩散;⑤CO_2由颗粒表面向外部环境扩散,称外扩散。

传质过程、传热过程和分解反应过程均会影响反应速率,但对于不同大小的碳酸钙颗粒,各过程的影响程度是不同的。研究表明,当碳酸钙颗粒的粒径为1.0cm左右时,整个分解过程阻力最大的是热能向颗粒表面、分解面传热及CO_2的扩散过程,即传热和传质过程占主导地位,而化学过程为次要地位;当粒径为0.2cm左右时,传热、传质的物理过程与分解反应化学过程的速率大致相等;当碳酸钙颗粒尺寸小于30μm时,颗粒的比表面积增大,其传热、传质面积也大,同时传热、传质的距离缩短,即传热、传质非常快,化学反应过程成为相对较慢的过程。因而，分解速率或者分解所需的时间取决于化学反应所需时间，即反应生成的 CO_2 通过表面 CaO 层的扩散是整个碳酸钙分解过程中的速度控制过程。图 3-1 表示了不同大小的 $CaCO_3$ 颗粒的分解率-时间曲线，由曲线的斜率即可确定其分解速率常数。$CaCO_3$ 颗粒的分解时间与粒径的关系如图 3-2 所示。

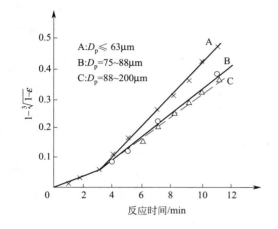

图 3-1　不同尺寸的 $CaCO_3$ 颗粒的分解速率常数

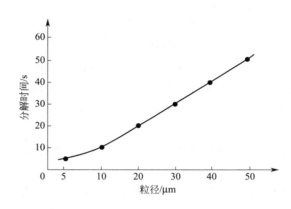

图 3-2　$CaCO_3$ 颗粒的分解时间与粒径的关系

表 3-1 给出了不同尺寸的 $CaCO_3$ 颗粒的分解过程的 DTA 测定结果。

表 3-1　不同尺寸的 $CaCO_3$ 颗粒分解过程的 DTA 测定结果

编　　号	石灰石试样粒度/μm	分解吸热峰/℃	失重起始温度/℃	失重结束温度/℃
1	0～63	808.19	739.91	720.70
2	63～91	815.52	741.14	825.77
3	91～125	816.13	738.57	831.15
4	125～154	813.73	734.66	826.24
5	154～180	818.14	735.93	832.56

可以看出，$CaCO_3$ 颗粒的粒径越大，分解温度越高；分解初始温度和分解结束温度均随粒径增大而显著提高。显然，减小 $CaCO_3$ 的颗粒尺寸尤其是减少大颗粒的含量有助于大大提高其分解反应速率。

表 3-2 表示了某水泥预分解窑尾双列预热器的入窑生料分解率和熟料煅烧煤耗与生料细度的关系。

表 3-2　入窑生料分解率和熟料煅烧煤耗与生料细度的关系

0.2mm 筛余/%	标准煤耗/(kg/t 熟料)	分解率/%	
		A 列	B 列
2.2	100	92.50	92.87
2.7	102	92.18	92.17
3.2	104	91.86	91.83

表 3-2 中数据表明，生料中粗颗粒含量越高，生料的入窑分解率越低；熟料烧成热耗越高。

3.1.1.2　生料细度对熟料烧成过程的影响

硅酸盐水泥熟料的烧成过程主要为非均相固相反应，反应首先通过颗粒间的接触点或面进行，随后是反应物通过产物层进行扩散迁移。生料越细，物料的颗粒尺寸越小，比表面积越大，反应界面和扩散界面增加，反应产物层厚度减少，使扩散和反应能力增强，固相反应进行得越快，各熟料矿物分布越均匀。当生料中含有较多的粗颗粒时，由于固相反应进行得不完全，使熟料的亚微观结构均匀性变差，出现了矿物群结构，即熟料矿物形成不规则聚集，而且矿物颗粒之间存在明显的界线。这是由于物料的颗粒尺寸增大，比表面积减小，组分间的接触面积降低，反应产物层厚度增加，使扩散和反应能力减弱，固相反应进行缓慢，各熟料矿物分布不均匀。

在水泥熟料煅烧过程中，由于固体质点（原子、离子或分子）间的作用力较大，即使在液相存在的情形下离子的迁移速率也极慢，因而固相反应速率很慢。在多数情况下，固相反应发生在两种组分的界面上，为非均相反应。对于颗粒状物料，反应首先通过颗粒间的接触点或接触面进行，随后反应物通过产物层进行扩散迁移。因此，固相反应一般包括界面上的反应和物质迁移两个过程。温度较低时，固态物质化学活性较低，扩散、迁移速率慢，故固相反应通常需在较高温度下进行。由于反应发生在非均相系统，伴随着反应的进行，反应物和产物的物理化学性质将会发生变化，并导致固体内温度和反应物浓度及其物性的变化，从而对传热和传质以及化学反应过程产生重要影响。

所以，生料颗粒的大小对熟料形成过程具有重要影响。从熟料煅烧角度来说，生料磨得越细，比表面积越大，组分间的接触面越大，同时表面质点的自由能也越大，使扩散和反应能力增强，因而反应速率越快。实验表明，当生料中粒度大于 0.2mm 的颗粒占 4.6%，煅烧温度为 1400℃时，熟料中游离氧化钙的含量为 4.7%；而当生料中大于 0.2mm 的颗粒减小至 0.6% 时，在同样的煅烧温度下，熟料中游离氧化钙的含量可减小至 1.5% 以下。

从固相反应动力学角度讲，由于离子在固体中的扩散速率非常慢，颗粒尺寸越大，质点扩散阻力也越大。随着反应的进行，反应产物在颗粒表面形成包裹层，其扩散越困难。所以，颗粒内部难以发生固相反应。这是出窑熟料中存在游离 SiO_2 和游离 CaO 的原因之一。

SiO_2 与 CaO 是在 900~1200℃ 以上的高温条件下开始反应的，此时 $CaCO_3$ 中的 CO_2 逸出后，所生成的 CaO 表面孔隙率多且疏松，而 SiO_2 颗粒密实，因此 SiO_2 在 CaO 晶格中的扩散速率比 CaO 在 SiO_2 晶格中的扩散速率低得多。可以说 SiO_2 相是煅烧过程中决定生料反应活性的主要因素，所以，尽可能减小 SiO_2 颗粒尺寸是提高窑内固相反应速率和反应程度的重要措施。

1979 年 Christensen 等通过实验及严谨的理论分析和计算，提出了 SiO_2 和 CaO 反应基质理论，指出水泥熟料煅烧过程中形成了有不同粒径的 C_2S 基质，然后与 CaO 作用，形成 C_3S。这种观点得到学者们的普遍认可。细颗粒 SiO_2 所形成的 C_2S 基质粒径小，与 CaO 反应生成 C_3S 的转化率高，反应所生成的 C_3S 晶格小；而粗颗粒 SiO_2 所形成的 C_2S 基质粒径大，与 CaO 反应生成的 C_3S 粒径大、晶格尺寸大，且转化率低。计算结果表明，细颗粒石英所生成的 C_2S 基质与 CaO 反应生成 C_3S 的转化率为 0.89，而粗颗粒的转化率仅为 0.15，计算过程中还提出了 SiO_2 颗粒由细变粗的转化率逐步变化的转换系数。

按照上述理论，在相同 SiO_2 含量的生料中，当生料中 SiO_2 粗颗粒含量较多时，由于转化率低，所生成的 C_2S 量多，C_3S 量少，易生成大晶格的 C_2S 和 C_3S 熟料；而生料中 SiO_2 细颗粒含量较多时，因其转化率高，所形成的 C_3S 量多，C_2S 量相应减少，易生成小晶格

C_2S 和 C_3S 的熟料。

在熟料烧结形成阿利特的过程中，C_2S 与游离氧化钙首先溶解于液相中，以 Ca^{2+} 扩散与硅酸根离子、C_2S 反应，形成硅酸三钙，即 $C_2S + CaO \longrightarrow C_3S$。该过程与液相形成温度、液相量、液相黏度以及氧化钙、硅酸二钙溶解于液相溶解速率、离子扩散速率等因素有关。生料磨得较细时，颗粒尺寸小，组分均匀，由固相反应产生的硅酸二钙晶体分布均匀，尺寸越细小，硅酸二钙在液相中的溶解速率越高，有利于硅酸三钙的形成。反之，生料较粗时，成分不均匀，硅酸二钙晶体分布不均，尺寸偏大，硅酸二钙溶解于液相的溶解速率受到影响，最终使得硅酸三钙的形成数量降低。表 3-3 表示了熟料 f-CaO 含量与生料细度的关系。

表 3-3　熟料中 f-CaO 含量与生料细度的关系

编　号	80μm 筛余/%	筛余物中 f-SiO$_2$ 含量/%			熟料 f-CaO 含量/%		
		0.08mm	0.08~0.2mm	0.2mm	1350℃	1400℃	1450℃
A1	10.1	0.82	0.60	0.22	3.84	1.99	0.77
A2	16.0	1.36	0.88	0.48	4.36	3.21	1.32
A3	19.8	1.64	0.82	0.82	4.76	3.71	1.48
A4	25.2	2.06	1.00	1.06	5.05	3.83	2.01
A5	29.0	2.34	1.09	1.25	5.95	4.86	2.40

当然，生料细度并非越细越好。生料细度不仅直接关系生料磨的电耗及产量，更会影响窑的产量与热耗。随着新型干法工艺和熟料煅烧技术的不断发展，窑内煅烧能力持续提高。大量生产实践表明，生料过细时存在如下弊病：细粉在预热器传热中相对粗粉并无明显的预热优势，相反，细颗粒在管道中的停留时间短，在预热器中又不容易与热气流分离，更容易从某级预热器飞逸至上一级预热器，同时将接收到的热量带至上一级，增加了热耗；细粉易于进入废气处理系统，增加了废气中的粉尘量，既浪费热能，也浪费电能；在生料储存过程中，细粉容易结团，不利于库内均化，也不利于在预热器内的分离传热以及窑内的传热与煅烧。另外，生料粒度分布要求与水泥截然不同，生料的颗粒分布越窄越好。因为生料细粉在制备过程中不仅浪费能量，还会对熟料煅烧过程产生上述不利影响；而生料粗粒则会增加煅烧困难，导致熟料中残存较高的 f-CaO。国内外大量实践证明，生料颗粒粒径小于 $200\mu m$ 时就能满足熟料煅烧需要，其含量远比小于 $90\mu m$ 的颗粒含量更为重要。

3.1.1.3　煤粉细度对燃烧过程的影响

在氧气充足的条件下，煤粉的燃烧速率及燃烬率取决于其细度。在分解炉内，煤粉的快速燃烧会使炉内温度快速上升，从而使入分解炉的生料在较高温度下进行传热分解，提高生料分解速率和分解率；在回转窑内，煤粉较细时，其燃烧速率快，完全燃烧的时间大大缩短，火力较集中，有助于提高烧成带的温度，从而促进 C_3S 矿物的形成和晶体发育。而煤粉较粗时，势必延长其燃烧时间，使窑内火焰拉长，烧成带温度不够，导致熟料烧成不充分或矿物晶体发育不完善，从而影响熟料性能。图 3-3 表示了煤粉燃烧时间与其细度的关系。曲线表明，粒径＞$80\mu m$ 的煤粉颗粒含量增大时，其燃烧时间显著延长。图 3-4 为不同细度的煤粉随温度的失重曲线。可以看出，细颗粒煤粉比粗颗粒煤粉的着火温度低得多，且可在较低温度下达到完全燃烧。出现该现象的原因可能与细颗粒煤粉的活化能降低有关，如图 3-5 所示。

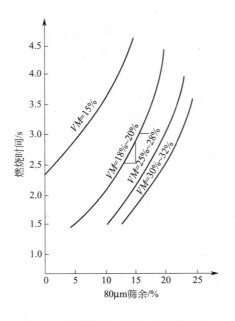

图 3-3　煤粉燃烧时间与细度的关系

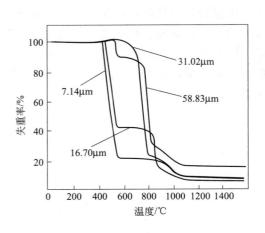

图 3-4　不同细度的煤粉的燃烧特性

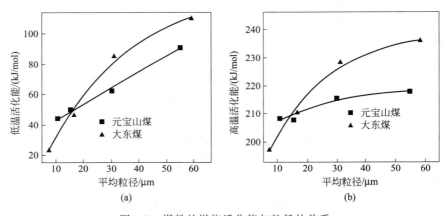

图 3-5　煤粉的燃烧活化能与粒径的关系

另外，煤灰的化学组成与生料不同，其 SiO_2 和 Al_2O_3 含量较高，而 CaO 含量较低。当煤粉颗粒较粗时，燃烧之后形成的灰分颗粒也较大，因而造成局部化学组成不均匀，灰分颗粒中的 SiO_2 和 Al_2O_3 无法与足够的 CaO 发生固相反应，同样会导致固相反应不充分，使出窑熟料中的 f-SiO_2 和 f-CaO 增多。

3.1.2　水泥颗粒粒度对水化性能的影响

3.1.2.1　对标准稠度需水量的影响

通常，水泥细度越高，其标准稠度需水量越大，其中粒径$<10\mu m$ 的颗粒对标准稠度需水量的影响最大。实质上，水泥的标准稠度需水量即是水泥浆体达到一定流动性时所需要的水量。欲使水泥浆体具有较好的流动性，须使每个颗粒表面都包覆一层一定厚度的水膜。因细小颗粒的比表面积大，相同质量时，在这些细小颗粒表面形成水膜所需要的水量比大颗粒

所需水量大得多，所以，当粒径<10μm的颗粒含量较大时，水泥的标准稠度需水量明显增大。

3.1.2.2　对凝结时间的影响

水泥的凝结实质上是水泥水化至一定程度时水化产物在三度空间内形成连续的网络结构时的浆体状态。凝结时间越短，意味着形成上述网络结构的速率越快。显然，水泥中细颗粒的含量越高，水化速率越快，因而，凝结时间也就越短。但应该指出的是，凝结快的水泥其早期和后期强度未必高。原因是凝结太快时，虽能在较短的时间内形成连续的产物网络，但此情形下的水化产物结构均匀性较差，即存在较多的结构缺陷，使得以后很难形成均匀致密的水泥石结构。一般情况下，凝结时间与标准稠度需水量具有较强的相关性，即水泥标准稠度需水量大时，其凝结相应变快。因此，其他条件相同时，如果10μm以下的颗粒含量较大时，会缩短凝结时间；反之，若不改变其他条件，适当提高小于10μm的颗粒含量，可使水泥的凝结时间有所加快。

3.1.2.3　对水泥强度的影响

水泥与水拌和后，其强度的发展与其水化速率有直接关系。在熟料的矿物组成一定的情况下，水化速率主要取决于水泥的颗粒尺寸。图3-6为球形颗粒的水化深度示意图，其中阴影部分表示已水化的部分。假定在水化过程中始终保持球形，根据水化程度的定义，水化程度α与水化深度h之间存在如下关系：

$$\alpha = 1 - (1 - 2h/d_m)^3 \qquad (3\text{-}2)$$

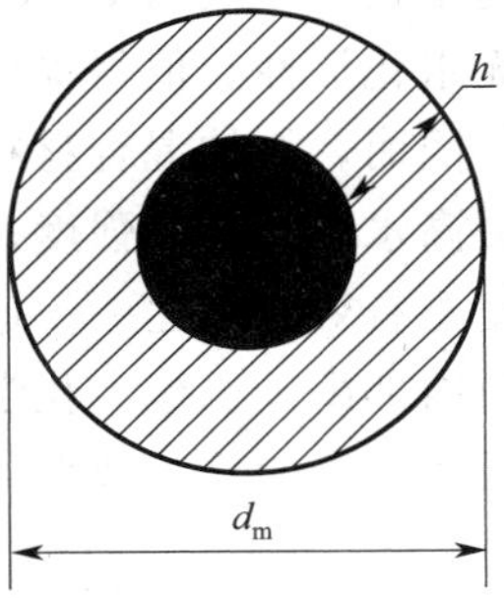

图 3-6　颗粒的水化深度示意

上式表明，当水化深度相同时，颗粒粒径越小，则水化程度越高；反之亦然。

用结合水法测定的各熟料矿物单独水化不同龄期时的水化程度和水化深度分别见表3-4和表3-5。

表 3-4　熟料矿物的水化程度　　　　　　　　　单位：%

矿物	水化时间				
	3d	7d	28d	3个月	6个月
C_3S	33.2	42.3	65.5	92.2	93.1
C_2S	6.7	9.6	10.3	27.0	27.4
C_3A	78.1	76.4	79.7	88.3	90.8
C_4AF	64.3	66.0	68.8	86.5	89.4

表 3-5　熟料矿物的水化深度 $(d_m=50\mu m)$　　　　　单位：μm

矿物	3d	7d	28d	3个月	6个月
C_3S	3.1	4.2	7.5	14.3	14.7
C_2S	0.6	0.8	0.9	2.5	2.8
C_3A	9.9	9.6	10.3	12.8	13.7
C_4AF	7.3	7.6	8.0	12.2	13.2

根据表中数据及大量试验结果，可以得出水泥颗粒尺寸与水化程度的关系如下：粒径<10μm的颗粒水化最快；粒径为3～30μm的颗粒是水泥的主要活性部分；粒径>50μm

的颗粒水化缓慢；粒径＞90μm 的颗粒只在表面发生水化，仅起微骨料作用。水泥比表面积与水泥有效利用率（按一年龄期计）的关系是：300m²/kg 时，只有 44% 可水化发挥作用；700m²/kg 时，有效利用率可达 80% 左右；1000m²/kg 时，有效利用率可达 90%～95%。

因此，欲提高水泥强度特别是早期强度，必须尽可能提高水泥细度，增大细颗粒含量。但应该注意，从水泥粉磨能耗与水泥拌和需水量及各龄期强度的均衡发展等方面综合考虑，不能片面强调细颗粒的含量，要求水泥有合理的粒度分布。

3.1.3 混合材料的微细化对水泥性能的影响

水泥混合材料是除纯硅酸盐水泥外的其他各种水泥的重要组分。混合材料的加入可以提高水泥产量，降低水泥成本，同时还可以调节水泥标号，改善水泥的某些性能。水泥混合材料按其水化和水硬活性分为活性混合材料（如粒化高炉矿渣、粉煤灰、火山灰等）和非活性混合材料（如石灰石、废砖瓦等）两种，前者具有潜在的水化活性，与水泥拌和后可与熟料矿物水化后形成的 Ca(OH)₂ 反应形成水化硅酸钙和水化铝酸钙；而后者水化活性极低或几乎无水化活性。值得提出的是，即使是活性混合材料，其水化活性与水泥熟料相比也相差很大，因而，掺加混合材料后的水泥力学性能尤其是早期力学强度会受到不同程度的影响。为了提高水泥的早期强度，必须努力提高混合材料的活性。提高混合材料的细度即减小其颗粒粒度是有效途径之一。通过超细粉磨获得的超细混合材料粉体颗粒表面能显著增大，同时，颗粒内部由于机械力化学作用产生许多微观缺陷，也会促进其活性的提高，加快与水泥浆体中其他组分的反应速率。

3.2.3.1 矿渣细度对水泥性能的影响

粒化高炉矿渣（简称为矿渣）由于具有较高的潜在水化活性，已被高度认可，是不可多得的理想的水泥混合材料。但不同细度矿渣粉体的水化活性差异很大，因此，矿渣的细度对水泥性能具有重要的影响。图 3-7 表示了矿渣比表面积对水泥不同龄期强度的影响。

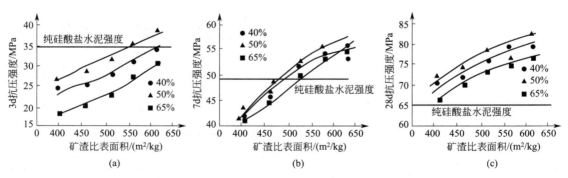

图 3-7 矿渣比表面积对水泥强度的影响

由图 3-7(a) 中的强度曲线可以看出，虽然掺入矿渣后水泥砂浆的 3d 强度大多低于纯硅酸盐水泥的同龄期强度，但随着矿渣细度的提高，3d 强度明显提高。矿渣比表面积为 550m²/kg、掺入量为 40% 时，水泥的 3d 强度与纯硅酸盐水泥强度相近；矿渣比表面积为 600m²/kg 时，掺入量高达 50% 时，水泥的 3d 强度与纯硅酸盐水泥强度相近。图 3-7(b) 的强度曲线表明，矿渣比表面积大于 550m²/kg 时，各矿渣掺入量的水泥 7d 强度均高于纯硅酸盐水泥的同龄期强度。图 3-7(c) 的强度曲线表明，矿渣比表面积大于 550m²/kg 时，各矿渣掺入量的水泥 28d 强度比纯硅酸盐水泥的同龄期强度提高 20%～30%。

超细矿渣作为水泥混合材料之所以能够明显改善水泥的力学性能，主要有以下两方面原因：①高比表面积的超细矿渣粉具有较高的表面能，使其水化反应活性大大提高；②超细粉磨过程中的机械力作用使其玻璃体结构解体，内部形成了许多缺陷，致使 Si—O、Al—O 等键断裂，更易于吸收水泥熟料水化时产生的 $Ca(OH)_2$ 反应形成水化硅酸钙和水化铝酸钙；并可在 SO_4^{2-} 的激发下形成空间网络结构更佳的钙矾石。

3.2.3.2　粉煤灰细度对水泥性能的影响

火力发电厂排出的粉煤灰的主要化学成分为 SiO_2 和 Al_2O_3，具有较高的潜在水化活性，因而也作为水泥混合材料广泛应用。与粒化高炉矿渣类似，其水化活性也与其细度有密切关系。

周士琼等研究了掺入不同细度的粉煤灰（掺入量均为 30%）的水泥性能，试验结果见表 3-6。

表 3-6　粉煤灰细度对水泥性能的影响

编号	粉煤灰比表面积 /(m²/kg)	粉煤灰平均粒径/μm	水泥标准稠度需水量比/%	28d 抗压强度比/%	在去离子水中的 Zeta 电位/mV
A	370	27.16	96	98	−27.35
B	761	9.31	93	108	−35.57
C	819	6.05	89	112	−80.67

表中数据表明，当粉煤灰的比表面积为 370m²/kg 时，水泥强度略低于纯硅酸盐水泥；但粉煤灰的比表面积为 819m²/kg 时，水泥 28d 抗压强度提高 12%。

掺入超细粉煤灰除可明显改善水泥力学性能外，水泥的流动性能也有明显改善。随着粉煤灰细度的提高，水泥标准稠度需水量也比纯硅酸盐水泥明显降低。这说明超细粉煤灰还具有明显的减水作用。这可从粉煤灰的颗粒形貌得到解释。如图 3-8 所示，大部分粉煤灰颗粒呈大小不等、光滑的玻璃圆球状微珠，这些微珠在水泥浆体中均匀分散（Zeta 电位绝对值越大，则其分散性越好），具有强烈的"滚珠效应"，因而显著改善水泥浆体的流动性，起到了减水效果。

 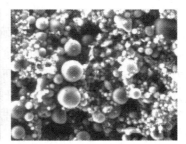

(a) 超细粉煤灰　　　　　(b) 普通粉煤灰

图 3-8　粉煤灰的 SEM 照片

3.2 微纳粉体在混凝土中的应用

随着社会工业化的深入发展和我国基础建设的广泛开展，水泥混凝土作为一种传统的建筑材料，其产量和用量都在不断增加，高性能混凝土已成为水泥基复合材料领域中的研究热点。同时，许多特殊领域要求水泥混凝土具有一定的功能性，如希望其具有吸声、防冻、高强且高韧性等功能。纳米材料由于具有小尺寸效应、量子效应、表面及界面效应等优异特性，因而能够在结构或功能上赋予其所添加体系许多不同于传统材料的性能。利用纳米技术开发新型的混凝土可大幅度提高混凝土的强度、施工性能和耐久性能。

将纳米矿粉（如纳米 SiO_2、纳米硅粉、纳米碳纤维等）作为外掺料引入到普通水泥混凝土中，可对其微观结构进行改性。纳米矿粉不但可以填充水泥的空隙，更重要的是由于纳米矿粉的火山灰活性，使之与水泥浆体中的 $Ca(OH)_2$ 进一步反应，改善混凝土中水泥浆体的结构和性能、水泥浆体与骨料的界面结构和性能，从而使混凝土的强度、韧性、抗渗性和耐久性能得以提高。

3.2.1 硅粉及其在混凝土中的应用

硅粉又称硅灰，是铁合金厂在冶炼硅铁合金或半导体硅时从烟尘中收集的一种飞灰，主要成分是 SiO_2，平均粒径 100nm 左右，实质上是纳米级颗粒、亚微米级颗粒及少量微米级颗粒组成的混合物，具有优越的火山灰性能。

研究表明，硅粉的填充作用和火山灰作用使之成为一种有效的附加胶凝材料，能增强混凝土的物理力学性能。用不同量硅粉替代混凝土中的水泥，并外掺高效减水剂，使 W/(C+SF)（W、C 和 SF 分别表示水、水泥和硅粉）及坍落度保持与基准混凝土一致，则含 SF 的混凝土的抗压强度高于基准混凝土，28d 强度提高 5%～35%。硅灰和高效减水剂双掺可起到节约水泥、提高强度的双重效果。以硅灰代替混凝土中的部分水泥还能降低水化热而不降低强度，配制用于大体积混凝土工程的高强低热的高性能混凝土。另外，掺入硅灰还可提高混凝土的抗水、抗 Cl^- 渗透、抗电化学腐蚀性能，从而提高其耐久性。

3.2.2 纳米 SiO_2 应用于混凝土

研究表明，纳米 SiO_2 具有较高的火山灰活性。重庆大学对纳米 SiO_2 材料在水泥基材料中的应用进行了可行性研究，得到的结论是水泥基材料中掺入纳米 SiO_2 后，其强度和流动性都有所提高，但掺量不宜过高。浙江工业大学、哈尔滨工业大学及原沈阳建筑工程学院进行了用纳米 SiO_2 和硅灰对水泥基材料的改性研究，结果表明，纳米 SiO_2 材料能明显降低水泥浆体的结构缺陷，提高水泥硬化浆体的强度。福州大学将纳米 SiO_2 掺入到粉煤灰混凝土中，并对其物理力学性能进行了试验研究。研究结果表明，掺加纳米 SiO_2 可提高粉煤灰混凝土 7d 和 28d 抗压强度和抗折强度。上述研究成果证明，将纳米材料掺入普通混凝土中，可以改善混凝土的微观结构，从而改善混凝土的物理力学性能。总的来说，有关纳米 SiO_2 在水泥混凝土中应用的研究还处于探索阶段，国内外相关的报道不多，试验结果也较离散。

3.2.3 纳米级碳纤维环氧树脂复合材料在混凝土中的应用

将纳米级碳纤维环氧树脂复合材料用于水泥混凝土中，不仅可以提高混凝土的抗压、抗拉和弯曲强度，而且可提高其耐久性。有人在混凝土混合料中掺入一定量的纳米级碳纤维环氧树脂复合材料，使之均匀分散在混凝土中，利用纳米级碳纤维环氧树脂复合材料的导电性能，测试电阻的变化，建立电阻与荷载之间的模型，从而可以预测混凝土结构的破坏。

碳纤维是一种力学性能优异的新材料，其密度不到钢的 1/4。碳纤维树脂复合材料（CFRP）的比强度可达到 2000MPa 以上，而 A3 钢的比强度仅为 59MPa 左右，其比模量也比钢高。CFRP 的抗拉强度一般＞3500MPa，是钢的 7～9 倍，抗拉弹性模量为 23000～43000MPa，也高于钢。

3.2.4　纳米 $CaCO_3$ 粉在混凝土中的应用

在混凝土中掺入纳米 $CaCO_3$ 粉体，可在纳米 $CaCO_3$ 颗粒表面形成 C—S—H 凝胶并键合，钙矾石也可在 $CaCO_3$ 颗粒表面生成，形成以纳米 $CaCO_3$ 颗粒为核心的刺猬状结构。可见，将纳米 $CaCO_3$ 粉体应用于混凝土中可改善水泥硬化浆体的微观结构。

3.2.5　纳米技术在高性能、高耐久性混凝土中的应用

高性能混凝土（high performance concrete）要求混凝土具有高强度、优良的施工性能、体积稳定性能和耐久性能。高性能混凝土的生产主要是利用混凝土外加剂对普通混凝土进行改性，利用纳米技术和纳米材料开发新型的混凝土外加剂，增加混凝土外加剂的品种，提高混凝土外加剂的性能和对混凝土改性的效果，并减少副作用。利用纳米技术开发硅酸盐系胶凝材料的超细粉碎技术和颗粒球形化技术以及可实用化的先进技术，可大幅度提高水泥熟料的水化率，在保证混凝土强度的前提下，降低水泥用量 20%～25%，因而产生巨大的经济效益，并降低资源负荷和环境负荷。

利用纳米矿粉不但可以填充水泥的空隙，提高混凝土的流动度，更重要的是可改善混凝土中水泥石与骨料的界面结构，使混凝土强度、抗渗性与耐久性均得以提高。纳米矿粉主要包括纳米 SiO_2、纳米 $CaCO_3$ 和纳米硅粉等。据有关文献报道，当纳米矿粉的掺量为水泥用量的 1%～3%，并在高速混拌机中与其他混合料干混（或制成溶胶由拌和水带入）后制备的纳米复合水泥混凝土结构材料的水泥硬化浆体的 7d 和 28d 强度比未掺纳米矿粉的水泥硬化浆体强度提高约 50%，且其韧性、耐久性等性能也得到改善。这主要是由于纳米粒子的表面效应和小尺寸效应所致。当颗粒尺寸减小至纳米级时，不仅表面原子数迅速增加，而且纳米粒子的表面积和表面能都会迅速增大，因而其化学活性和催化活性等与普通粒子相比都发生了很大的变化，导致纳米矿粉与水化产物大量键合，并以纳米矿粉为晶核，在其颗粒表面形成水化硅酸钙凝胶相，从而将松散的水化硅酸钙凝胶变成纳米矿粉为核心的网状结构，降低了水泥石的徐变度，提高了水泥硬化浆体的强度和其他性能。

众所周知，混凝土材料脆性高、韧性差，其抗拉应变不到 0.02%，抗压应变仅为 0.2% 左右。利用纳米材料的特性提高混凝土弹性和韧性，在建筑应用中可提高建筑物防震能力及其他相关性能，其主要措施是微观复合化，即引入一定量的柔性物质，如氯丁橡胶等高分子物质或纳米级材料。引入柔性材料可有效改善混凝土的韧性，但往往带来强度和刚度的损失，对高强混凝土来说是不利的。因此，必须寻找一种与水泥混凝土有良好亲和性的柔性高强材料。将水泥制成纳米颗粒，并在水化后形成纳米微水化产物，也有可能改善其韧性。应用纳米技术制备的混凝土材料将成为用途最广、用量最大的建筑材料之一。21 世纪以来，随着混凝土工程的大型化、巨型化、工程环境的超复杂化以及应用领域的不断扩大，对混凝

土材料提出了更高要求，混凝土材料的高性能化和高功能化（high function concrete）是 21 世纪混凝土材料科学和工程技术发展的重点和方向。随着现代材料科学的不断进步，以及纳米技术在各领域的渗透，使得混凝土高强、高性能、多功能和智能化方向发展成为可能。超高耐久性混凝土材料、智能混凝土材料、吸收电波的混凝土幕墙、确保植物生长的混凝土材料、防菌混凝土材料以及净化汽车尾气的混凝土材料等的问世突破了传统混凝土的局限，极大地扩展了混凝土的应用领域，给混凝土行业带来了崭新的生命力。

此外，为了提高混凝土的寿命，防止腐蚀老化，可在多孔混凝土中使用浸渍涂覆等技术进行表面处理。在混凝土内进行 Ca、Mg、Al 离子的反应使混凝土内部和表面形成玻璃态，最后形成的涂覆材料是以硅酸盐为主要成分的纳米胶态材料，可使混凝土强度提高 2～10 倍，使用寿命提高 3 倍以上，并提高表面硬度和防水性，可用于建筑、铁路、道路路面、港湾、河川、水坝，也可用于屋顶防水。

日本针对恶劣环境下混凝土的钢筋锈蚀问题，研制了超高耐久性混凝土。掺加专用的耐久性改善剂可以有效阻隔酸性气体的浸透和扩散，抗干缩、抗碳化、耐冻融循环和氯离子渗透等性能大大改善，可以制作出使用寿命为 500 年乃至 1000 年以上的混凝土。

3.2.6 纳米粉体技术改善混凝土功能

迄今为止，绝大部分混凝土只具有单一功能，例如满足力学要求，满足保温隔热要求等。随着建筑的智能化和多功能化，必然要求混凝土是具有多种功能复合的结构材料，即不仅满足力学要求且兼具其他特殊功能。目前，功能型混凝土研究已经崭露头角，显示出了极强的生命力。

3.2.6.1 环境友好混凝土

利用纳米材料量子尺寸效应和光催化效应等性质，使混凝土具备吸收电磁波功能、环境净化功能，分解有毒物质，分解某些微生物，净化空气，净化地表水等，可在空间和地面同时起到保护环境的良好作用。

（1）环保混凝土　纳米锐钛型 TiO_2 是一种优良的光催化纳米材料，受到太阳光中紫外线激发后产生的光生空穴的氧化电位大于 3.0eV，高于一般常用的氧化剂的电极电位，具有很强的氧化性，能够将氧化多种有机物和一些无机有害气体氧化成无机小分子和矿物酸。利用纳米 TiO_2 的这些特性可用于制作具有环保功能的混凝土，如在公路、街道路面混凝土浇筑过程中掺入纳米 TiO_2 可获得良好的除氮氧化物的功能，以除去汽车尾气中所含的氮氧化物，使空气质量得以改善。1998 年，日本大阪实施了"采用光催化剂改善沿路环境事业"的项目，在大阪府道临海线道路两侧建设了光催化净化混凝土墙，起到了降低氮氧化物浓度的作用。日本长崎和美国洛杉矶在交通繁忙的道路两边，铺设光催化净化功能的混凝土地砖，以净化氮氧化物，保障人体的健康。

（2）吸收电磁波的混凝土　随着科学技术的发展，越来越多的电磁辐射设施进入了人类生活和生产的各个领域。据报道，人为的环境电磁能量密度每年增长 7%～14%，客观上已形成电磁辐射污染。利用纳米金属粉末的特殊性能，将其掺入到水泥混凝土中，可以制成具有功能性的电磁屏蔽混凝土。其方法是将纳米金属粉末与混凝土混合料干混均匀后，带入混凝土中，参与水泥的水化过程。用此方法制备的混凝土既能降低混凝土结构的重量，提高混凝土的承载能力和耐冲击性，又有很好的电磁屏蔽功能，甚至可用于制作隐身混凝土等军事建筑。

　　将纳米金属粉末加入到混凝土中，利用纳米金属粉末良好的吸波性能，可制成具有电磁屏蔽功能的混凝土，逃避雷达的侦察；另一方面，纳米金属粉末还可参与水泥的水化过程，提高混凝土的强度和抗冲击能力。因此，这种混凝土不仅强度高、抗冲击性能好，并且还具有很好的隐身效果，可用于军事掩体。

　　据日本专利 JP77027355B "混凝土或砂浆中掺加吸波剂" 报道，在混凝土或砂浆中掺加铁氧体纳米材料，使之具有吸波性。由于铁氧体直接简单地掺入砂浆或混凝土中，难能有效发挥吸波效果，故吸波效果比较差，达不到治理电磁辐射污染作用。

　　有文献报道，将纤维混凝土板或轻质混凝土应用于外墙板中作为建筑用吸波材料，但所能吸收的电磁波频率比较窄，吸波效率比较低，尚不能有效治理电磁辐射污染，该研究尚在起步阶段。

　　近年来，为防止电视影像障碍，提高画面质量，采用了金属纤维、碳纤维、有孔玻璃珠和铁粒子混合的吸收电波混凝土。日本大成建设技术研究所开发了稳定吸收电波的烧结铁酸盐的混凝土幕墙，其主要材料为普通硅酸盐水泥、烧结 Mn-Zn 系铁酸盐骨料、3mm 长沥青基卷发状碳纤维以及多碳酸盐系减水剂和稀酸系树脂乳液和增黏剂。电波吸收范围为 90～450MHz。该项技术在日本东京的高层建筑中试应用，取得了良好的效果。

　　(3) 净水生态环境材料　将高活性纳米净水组分与多孔混凝土复合，利用其多孔性和粗糙特性，使之具有渗流净化水质功能和适应生物生息场所及自然景观效果。净水生态混凝土用于河水、池塘水、地下污水源净化，保护居住生态环境方面具有积极的意义。在海水净化过程中，多孔混凝土对全有机态碳（TOC）的除去率可达 70%。小野田公司将加气混凝土类的多孔质材料作为畜产排泄污水净化和有机肥料化的辅助材料，尤其是持续吸附除去污水中的磷取得了良好效果。此外，加气混凝土颗粒作为药液的载体十分有效。宫崎公司将其用于去除赤潮等异常繁殖的浮游生物。2～5mm 的加气混凝土颗粒吸收双氧水之后，投放到发生浮游生物的海水中，效果非常显著。

　　(4) 净化空气混凝土　空气污染对人类的健康有直接的危害。为了净化各种有害气体，人们研究了各种净化空气材料。按其特性可分类为：物理吸附型、化学吸附型、离子交换型、光催化型和稀土激活型材料，其共同的技术特点都是应用纳米技术和纳米效应提升和强化其空气净化功效。锐钛型纳米 TiO_2 是一种优良的光催化剂，它具有净化空气、杀菌、除臭、表面自洁等特殊功能。在砂浆或混凝土中添加纳米级等组分，制成光催化混凝土，能将空气中的二氧化硫、氮氧化物等对人体有害的污染气体进行分解去除，起到净化空气的作用。日本 1998 年就将其应用于道路工程。用粉煤灰合成小颗粒状人工沸石骨料制作多孔的吸声混凝土，并用水泥与沸石混合加入纳米 TiO_2 粉末制作面层材料。在吸收有害气体的同时，多孔混凝土可以吸收 400～2000Hz 的声波，从而起到减少噪声污染的作用。

　　(5) 抗菌混凝土　抗菌环境材料在日本颇为盛行，它是由纳米级抗菌防霉组分与环境材料复合制成的。最初是为医院防止病毒感染而研制的，以地板材、墙材、地毯、壁纸等产品为主。近年来出现了抗菌防霉混凝土，它是在传统混凝土中掺入纳米级抗菌防霉组分，使混凝土具有抑制霉菌生长和灭菌效果，该混凝土已被应用于畜牧场建筑物。

　　纳米 TiO_2 具有杀灭细菌等微生物的功能，因此在医院病房、手术室及其他生活空间所使用的地面、墙体的混凝土中，可加入纳米 TiO_2，起杀菌、净化空气的作用。

　　(6) 自动调湿混凝土　纳米级天然沸石与建筑砂浆复合可以制成自动调湿建筑砂浆。环境调湿性建筑砂浆的特点是：优先吸附水分，在水蒸气气压低的地方，其吸湿容量大；吸（放）湿性能与温度有关：温度升高时放湿，温度下降时吸湿。这类材料适合对湿度控制要求较高的建筑环境。1991 年，日本目黑雅叙园美术馆首次将环境调湿建材用于内墙，此后，成天山书法美术馆、东京摄影美术馆等相继使用该调湿材料。

（7）生态混凝土　经特殊处理的混凝土表面还可以滋生绿色植物，净化空气美化环境，用于地面工程可具有保水蓄水作用；用于墙面和屋顶工程可隔热降温。

3.2.6.2　智能混凝土

智能材料是 21 世纪极有发展前途的材料。利用纳米技术和纳米材料研制智能混凝土，使之实现"自我诊断""自我调节""自我修复"的研究正在逐步深入。这对提高结构性能，延长结构的寿命、提高安全性和耐久性都具有重要意义。

所谓智能预警混凝土就是利用纳米技术，使混凝土在产生破坏前具有报警功能，避免事故的发生。1992 年，日本研究了用高强度、高弹性碳纤维等三种不同碳纤维制作了具有"自我诊断"功能的智能混凝土。该混凝土根据碳纤维的导电性及测试电阻的变化，建立了电阻与载体之间的模型，可预测混凝土结构的破坏，这一研究对于确保重要混凝土结构的安全具有十分重要的意义。

目前大多数混凝土工程损坏后不易修复，通过纳米技术的机制，调动混凝土自身的原子微区反应，可以实现自我修复，延长工程寿命，提高建筑物的安全性。国内的研究表明，掺有活性掺和料和纳米复合有机纤维的混凝土破坏后其抗拉强度存在自愈合现象；国外研究混凝土裂缝自愈合的方法是在水泥基材料中掺入特殊的修复材料，使混凝土结构在使用过程中发生损伤时，修复材料（黏结剂）进行恢复甚至提高混凝土材料的性能。美国伊利诺伊大学的 Carolyn Dry 采用在空心玻璃纤维中注入缩醛高分子溶液作为黏结剂，埋入混凝土中，制成了自修复智能混凝土。当混凝土结构在使用过程中发生损伤时，空心玻璃纤维中的黏结剂流出愈合损伤，恢复甚至提高混凝土材料的性能。日本学者 H. Hiarshi 采用在水泥基材内复合内含黏结剂的微胶囊（称为液芯胶囊）也制成了自修复智能混凝土。一旦混凝土材料出现损伤裂纹时，该裂纹附近的部分由于拉力作用而使部分胶囊破裂，凝结液流出，使损伤处重新黏合，实现自愈合。

由于纳米材料巨大的比表面积和界面，使得它对外界环境十分敏感，环境的改变会迅速引起表面和界面离子价态和电子运输的变化。纳米材料的这种特性使其成为应用于传感方面极有前途的材料。在混凝土中掺入某种纳米金属氧化物，使混凝土具有较强的导电性能，同时还具有传感作用，也可在混凝土中植入用纳米金属氧化物制成的传感器。聚合物/无机纳米复合材料能应用于混凝土，不仅可提高混凝土的抗压、抗拉强度及韧性和耐久性能，还可利用聚合物/无机纳米复合材料的优异导电性能及测试其电阻的变化，建立电阻与荷载的关系。这种智能混凝土可用于大型、重要土木工程结构的实时和长期健康监测，对及时防范混凝土开裂与破坏，防止重大突发事故的发生具有重要意义。

伴随着人类进入 21 世纪，高性能、高功能化混凝土作为建筑材料领域的高新技术，为传统建材的未来发展注入了新的内容和活力，并提供了全新的机遇。随着建筑业的发展，将混凝土设计成能满足不同环境和功能要求的建筑材料将越来越受到人们的青睐，传统的混凝土材料发展正步入科技创新轨道，其中，纳米技术势必将扮演越来越重要的角色。

有理由相信，在不久的将来，纳米矿粉将成为制备高性能混凝土的又一重要组分。随着纳米科技的发展，如果能将水泥颗粒直接纳米化，并充分认识纳米水泥的水化作用机理后，纳米混凝土的应用领域将更加广阔。

3.3　微纳粉体在建筑涂料中的应用

建筑涂料作为建筑物的装饰、保护材料涂刷在建筑物表面，要求有一定的细度、附着力、遮盖力、耐玷污性、耐洗刷性、耐老化性、耐热性、流平性、较短的干燥时间、适宜的最低成膜温度等。以常规的配方制备的建筑涂料达不到要求的性能时，需要对其进行改性。由于非金属矿物具有其他矿物材料所不具备的多种特性，如可塑性、黏性、高强度和化学稳定性等，因而在制备建筑涂料时，常加入各种非金属矿物粉体，以改善或增强涂料某方面的性能，同时降低涂料的成本。

建筑涂料的细度是指建筑涂料在生产过程中用刮板细度计测出的粗细程度或在干燥成膜后建筑涂料表面的光滑程度，是涂料质量检测的一项重要指标。一般规定，内墙涂料的细度应在 $100\mu m$ 以下。

内墙涂料用作室内装饰时，要求色泽和谐，成膜光滑，目测平坦、舒适，无粗糙触手之感。为此，细度控制十分重要。若细度在 $100\mu m$ 以上，易于产生沉淀，涂刷在内墙上会有粗糙感。而细度在 $100\mu m$ 以下，尤其在 $80\mu m$ 左右则能扩大涂刷面积。

3.3.1　粉体细度对建筑涂料光学性能的影响

涂料用粉体特别是颜料和填料，其粒度对涂层的光学性能影响颇大。所谓光学性能，就是指含有粉体的涂层在入射光（特别是可见光）照射下所产生的各种光学效应，如光的散射（漫反射）、吸收、折射、反射和透射等，它们可分别用散射系数、吸收系数、折射率（折光指数）、反射率和透射率等参数表示。

光学性能是颜料粉体和涂层（特别是装饰性涂层）的重要性能，主要包括彩色颜料的着色力、白色颜料的消色力、颜色色光及明度、透明度和光泽度等。

3.3.1.1　着色力和消色力

彩色颜料的着色力是指这种颜料在白色颜料上着色的能力；而白色颜料的消色力是指这种白色颜料使彩色颜料的颜色变浅的能力。

着色力和消色力与颜料的折射率、粒度、粒度分布、颗粒形状、在涂料基料中的分散均匀程度、颜料-基料的配合形式、涂料的颜料体积浓度、颜料自身的杂质含量等因素有关。许多研究结果表明，在这些因素中，影响最大的是颜料的折射率，颜料粒度次之。例如，在一定的粒度范围内，普通合成氧化铁红颜色的着色力，随其原级粒径变小而增大，当原级粒径为 $0.09\sim0.22\mu m$ 时，其着色力最高，被称为高着色力氧化铁红。当原级粒径为 $0.3\sim0.7\mu m$ 时，其着色力相对变弱，被称为低着色力氧化铁红。合成的氧化铁黄、氧化铁黑、氧化铁棕等合成氧化铁系颜料，也因原级粒径尺寸不同而产生着色力差异。

再如，在一定的粒径范围内，金红石型二氧化钛的消色力随其原级粒径的变大而显著下降。粒径为 $0.15\mu m$ 左右时，消色力达到最大值；当粒径增大至约 $0.4\mu m$ 时，消色力大约降低 40%。不同折射率的各种颜料的着色力或消色力与颜料原级粒径的关系如图 3-9 所示。

3.3.1.2 遮盖力

遮盖力又称不透明度，是颜料的最重要性能之一，对于白色颜料而言，它是与填料相区别的最主要的标志。涂层产生遮盖力的必要条件是遮盖型颜料的折射率大于涂料基料的折射率。决定遮盖力大小的首要因素是颜料折射率与基料折射率之差值，其次为颜料粒度、粒度分布、颗粒形状、分散程度、颜料-基料的配合形式、颜料体积浓度等。

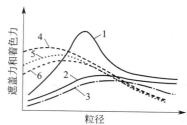

图 3-9　颜料粒度对涂料着
色力和遮盖力的影响
1—高折射率白色颜料；
2—低折射率白色颜料；3—彩色颜料；
4—低折射率、高吸收系数彩色颜料；
5—中折射率、中吸收系数彩色颜料；
6—高折射率、低吸收系数彩色颜料

颜料粒度对遮盖力的影响很大。对白色颜料而言，一般地，当颜料颗粒粒度为可见光波长（380～760nm）的 0.4～0.5 倍时，颗粒对于入射光的散射能力最大，此时，颜料能使涂层具有较高的遮盖力。例如，当二氧化钛颜料的原级粒径为 0.15～0.50μm 时，其遮盖力较高。在此粒径范围内，粒径小者遮盖力相对较低，而粒径大者遮盖力相对较高。所以，对于以遮盖力为基本质量要求的情形（如建筑涂料和要求只涂覆一次便能达到合适不透明度的印铁涂料），一般采用粒径为 0.4～0.5μm 的二氧化钛；而在高装饰性场合，为兼顾遮盖力、消色力和光泽度等因素，一般要采用粒径相对较小（0.15～0.25μm）的二氧化钛。通常，二氧化钛颜料生产商一般都生产大粒径、中等粒径和小粒径 3 种粒级的二氧化钛，以满足涂料生产商的选用要求。

3.3.1.3 透明度

含有颜料的涂层的透明度与颜料的原级粒径关系极大。能使涂层透明的颜料称为透明颜料。显然，这种颜料无遮盖力。

当颜料的原级粒径远小于可见光波长的 0.4～0.5 倍时，因入射光发生衍射和透射，遮盖力大大下降，涂层的透明度增大。从理论上讲，即使是具有遮盖力的颜料，当其粒径小于 100nm 即处于纳米范围时，其遮盖力也不复存在。然而，实际上，由于颜料颗粒不可能100%地分散成单一存在的原级颗粒，总有部分颗粒发生聚集，所以透明颜料的最佳粒径都远小于 100nm，一般为 10～50nm，属于纳米粉体。例如，20 世纪 80 年代开发成功并实现商业化生产的超细二氧化钛，原级粒径一般多为 10～50nm，约为普通遮盖型二氧化钛粒径的 1/10，不仅透明度非常高，而且还具有更高的屏蔽紫外线的能力，已被广泛用于能产生明显的随角异色效应（flip-flop effect）的汽车车身透明涂料、高级木器涂料（木材着色剂）和高级防晒化妆品等。

同样具有很高透明度和屏蔽紫外线能力的合成透明氧化铁红、透明氧化铁黄、透明氧化铁黑、透明氧化铁棕等，其原级粒径为 7～15nm，并具有更强的屏蔽紫外线能力，它们也被更早地广泛用于汽车透明面漆、木材着色剂等，以其较低的成本，取代部分昂贵的纳米级高级有机透明颜料。

近年来开发并投产的纳米级活性氧化锌颜料，粒径为 50～60nm，透明且防紫外线，还具有吸收红外线能力，并且具有杀菌功能，已经用于防晒化妆品和橡胶中，还可用于专用涂料和塑料中，如各种抗紫外线的涂料、杀菌防霉涂料和隐形飞机用的特种涂料等。

3.3.1.4　颜色色光和明度

涂料用粉体的粒度对粉体本身和涂层的颜色色光和明度等都有很大影响。彩色颜料如氧化铁颜料，在一定的粒径范围内，粒径越细，其颜色越浅；反之，则颜色越深。例如，合成氧化铁红彩色颜料的原级粒径由 $0.70\mu m$ 逐渐减小至 $0.09\mu m$ 时，其颜色渐次由深向浅变化。

某公司生产的 3 种分散型氧化铁红颜料中，粒径为 $0.11\mu m$ 的产品颜色呈带黄相的红色，颜色较浅；粒径为 $0.22\mu m$ 的产品呈中性红色；粒径为 $0.40\mu m$ 的产品呈带蓝相的红色，颜色较深。白色颜料二氧化钛的色相也随其粒度不同有某种程度的变化：粒径小者，色调带蓝相；粒径大者，色调带黄相。

白色颜料和填料的明度（即白度）是一项很重要的技术质量指标，现代许多高档次的浅色涂料，要求非金属矿物填料的明度＞90％，因此，一般要求粒径小于 $2\mu m$ 的颗粒含量＞90％，其平均粒径为亚微米。

3.3.1.5　光泽度

现代许多涂层都要求具有很高的光泽，特别是高级轿车面漆，对光泽的要求十分严格，要求涂层的鲜映性（distinctness of image）达到镜子般的水平。

涂层的光泽度与涂层表面的平整度（即光洁度）有关，而平整度又与涂层中分散的颜料和填料等粉体的粒度有关。对于高光泽度涂层，即使表面含有极个别的粗大颗粒，也会影响对入射光的定向反射，从而影响光泽度。高光泽面漆要求颜料、填料等粉体的颗粒粒径＜$0.3\mu m$。

涂料的颜料体积浓度、分散程度、流变性（流平性）以及涂装技术等对涂层表面光泽均有影响。

3.3.2　粉体细度对填料空间位隔能力的影响

研究发现，各种廉价的天然非金属矿物填料以及某些合成无机填料粉体粒径达到亚微米级时，能在一些水性建筑乳胶涂料、水性路标漆、水性纸张涂料等涂料中产生很强的空间位隔能力（spacing），犹如一个个隔离物（spacer），将挤在一起的二氧化钛颗粒隔离开，使之均匀分布于涂层中，如图 3-10 所示。

由于二氧化钛颗粒在三维空间中等距离的理想分布，相当于增多了对入射光的有效散射点，从而增加了二氧化钛颜料的遮盖力，达到了少用二氧化钛即可获得相同遮盖力的目的。20 世纪 70 年代以来，单位涂料所消耗的二氧化钛量逐步下降，与大量应用微细化的无机填料不无关系。据计算，如果涂料中应用的全部二氧化钛颜

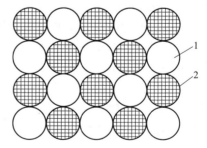

图 3-10　微细化的填料的空间位隔作用
1—亚微米级填料颗粒；2—TiO_2 填料颗粒

料颗粒都能达到较理想的分布，那么世界二氧化钛的需求量将在 20 世纪末的水平上再下降约 14％。

研究证明，大理石粉的平均粒径为 $0.9\mu m$、最大粒径为 $4\sim5\mu m$、明度为 93％～95％、吸油量为 $20\sim21g/100g$ 时，最多可替代 30％二氧化钛（一般为 10％～20％），还可用于替代沉淀碳酸钙和沉淀硫酸钡等价格较高的合成填料；平均粒径为 $1.7\sim9.0\mu m$ 的各种大理石

粉在涂料中都难以起到上述作用。由于颗粒微细化程度极高，一种商品名叫 Calcigloss 的微细化天然大理石粉不仅能取代部分二氧化钛或沉淀碳酸钙和沉淀硫酸钡，还可扩大应用范围，如用于半光丝光涂料、半光路标漆、半光粉末涂料、高光泽乳胶漆、高光泽磁漆、高光泽烘烤漆、高光泽油墨和高光泽粉末涂料。在一种水性路标漆中，采用微细化的重质碳酸钙填料后，使配方中的二氧化钛配合比由 14.8％下降到 10％，降低成本 9％，同时大大缩短干燥时间。

进一步发现，明度高的微细化非金属矿物填料还可在水性彩色建筑涂料和水性路标漆中取代部分昂贵的彩色颜料。例如，一种牌号为 ASP Ultrafine 的水合瓷土，平均粒径为 0.2μm，在有光醇酸建筑涂料中，可替代 12％二氧化钛和 5％～10％蓝色、红色、黄色及棕色的彩色颜料。据称 20 世纪 90 年代，这种水合瓷土在美国高光泽涂料中的用量就以两位数的速度增长。

3.3.3 粉体细度对涂料分散性的影响

粉体分散性的优劣直接影响其光学性能（如着色力、消色力、遮盖力、表面光泽度等）、涂料的流变性（如涂料的储存稳定性、流动性、流平性等）、涂层耐久性、防腐蚀涂层的防腐蚀性、导电涂层的导电性等许多应用性能。对涂料的生产成本也有较大影响。由于涂料分散作业的能耗较高，占制造过程总能耗的比重较大，所以，现代工程技术对粉体物料的基本要求是要具有良好的分散性。

粉体研磨过程中，很多因素会影响其分散性，例如：粉体的质地及密度，颗粒的大小及其分布，颗粒的表面活性和表面亲液性，液相介质的极性，颗粒在介质中形成双电层的能力，颗粒吸附层界面与扩散层界面之间的电位（即 ξ 电位），能控制 ξ 电位的分散剂的种类和效能，以及研磨分散设备所能产生的剪切力的大小等。

粉体粒度对研磨分散性的影响很大，一般地，原级粒度合适、粒径分布范围窄、附聚体或絮凝体质地松软的粉体较易分散，所形成的分散体也较稳定。

以质地较坚硬的天然氧化铁颜料为例，若采用传统的设备粉碎，即使粒径<45μm（325目）的颗粒达到 99.9％，也仍存在有许多不易分散的大颗粒。某氧化铁颜料的粒度分析结果是：<10μm、10～34μm 和>34μm 的颗粒含量分别为 73.7％、20％和 5.7％，在 5.7％的这一粗颗粒级别中，个别颗粒粒度可达到 40μm 甚至 60μm，分散极为困难，这样的天然氧化铁颜料只能用于非装饰性的厚涂层中，而且只能用湿法球磨这样的高能耗研磨分散设备。

相比之下，气流粉碎天然氧化铁的粒度可达 10μm，大多数颗粒为亚微米级，因此相对较容易分散（见表 3-7）。据介绍，在同样条件下，粒径微细化的天然氧化锆的研磨生产能力比粗颗粒高 6～7 倍。

表 3-7　天然氧化铁颜料的分散度对比

分散时间/h	赫格曼刮板细度计读数（0～8 级制）[①]	
	一般粉碎	气流粉碎
1	2.0	5.0
3	3.0	6.0
5	4.0	7.0
7	5.0	7.5
24	5.0	7.5

①读数越大，分散程度越高；液相介质为 25％醇酸溶液。

合成氧化铁颜料虽然原级粒径微细（亚微米级），质地也比较疏松，但在随后的干燥过程中，许多颗粒发生附聚，形成比较难分散的附聚体。为了能使合成氧化铁颜料用高效节能的分散设备（如高速分散机、砂磨机等）进行研磨分散，国外广泛采用解磨式粉碎机（如气流粉碎机）将干燥后的产品再进行一次解磨粉碎，打碎附聚体，使成品细度变细。

例如，一种用苯胺法生产的合成氧化铁黑，其水悬浮液经过滤、水洗和干燥后，附聚体含水 5%，颗粒尺寸达 $100 \sim 500 \mu m$，这样的铁黑直接进行研磨分散，分散难度大，且不易充分发挥其着色力。如果经气流磨粉碎，将附聚体的颗粒细化，达到 $40 \mu m$（筛余量 0.001%），大都为 $30 \mu m$ 以下，不仅大大提高其分散性，而且制品的着色力比未经粉碎的氧化铁黑高 7%，颜色为带蓝相的黑色。

为了提高粉体的分散性，不仅要严格控制粒度分布，尚需对粉体颗粒进行表面化学改性处理，使粉体颗粒表面具有亲水性（疏油性）或亲油性（疏水性）。近年来，为了使粉体（特别是颜料）具有更好的通用性，一般都进行所谓两亲性表面处理，使之既适用于水性系统，又适用于油性（树脂）系统。

为了进一步提高分散性，粉体的许多分散过程需使用适当的分散剂。现代涂料工业应用各种各样的分散剂。近年来，一种称为超细分散剂（super dispersant）的强力分散剂问世，并应用于涂料工业。据介绍，该超细分散剂对于炭黑、超细二氧化钛、透明氧化铁等特别难以分散的纳米粉体具有极佳的分散效果。

3.3.4　粉体细度对涂料流变性的影响

粉体含量相对较高的液相分散体的流变学性能（简称流变性）是最重要的性能之一。所谓流变性，即分散体在外力作用下发生流动和变形的性能。对于固相浓度较高的非牛顿型（假塑性和膨胀性）液相分散体，如涂料、油墨、色浆等，在其制造、储存、施涂和固化成膜过程中，流变性起着重要作用。

流变性包括许多参数，其中分散体的黏度极为重要，它是分散体黏滞性大小的量度，对分散体的流动性影响颇大。

分散体的黏度和屈服值与其颗粒粒径有关。图 3-11 表示了氧化锌颜料在油中形成的非牛顿型分散体的塑性黏度与氧化锌平均粒径的关系。

此外，高固体浓度的分散体，其表观流动性能随粉体粒径减小而下降。液相分散体的储存稳定性受粉体粒径的影响较大。涂料的临界颜料体积浓度以及颜料和填料的吸油量（或吸水量）等指标，也受粉体粒径的影响。

（1）复合纳米 TiO_2 建筑涂料　高档建筑涂料除了必须具有高耐候性、耐玷污性和高保色性以外，还需要具有除臭、杀（抗）菌、防尘及隔热保温等多种功能。由于纳米级 TiO_2 在有光照（包括灯光和日光）作用下具有杀菌、分解有机臭气及自清洁等功能，因此，将 TiO_2 制成纳米颗粒添加到涂料中，可以赋予建筑涂料更佳的功能，有助于提高涂料档次及附加值。

然而，纳米 TiO_2 本身的强极性和颗粒的微细化会导致纳米 TiO_2 难以在非极性介质中分散，在极性介质中又易于团聚，直接影响其优异性能的发挥。当涂料系统的颜料体积浓度（PVC）增加时，TiO_2 粒子互相靠近，甚至互相接触进而发生团聚，使 TiO_2 粒子的光散射性能下降，出现光群集现象。人们试图在涂料配方中加入填料以隔开 TiO_2 粒子，防止产生群集效应，但分布在涂料系统中的这些填料粒子又很难使 TiO_2 达到最高的遮盖力。因为填料粒子一般较粗，也可能是呈聚集体状态，加入配方中以后取代了树脂成分，提高了 TiO_2 体积浓度，但却降低了其散射性能。因此，必须对纳米 TiO_2 进行处理以便获得良好的分散性，从而解决纳米 TiO_2 本身的团聚及其在其他体系中的分散性问题。

纳米 TiO_2 除具有普通 TiO_2 涂料的所有性能以外，还具有很强的屏蔽紫外线能力和优异的透明性，可应用于汽车工业、防晒化妆品、感光材料及文物保护等诸多方面。虽然纳米材料在建材（特别是建筑涂料）方面的应用刚开始，却已经显示出了它的独特魅力。

作为内墙涂料，将 TiO_2 涂在室内建筑物的砖墙或墙纸上，在有太阳光或室内的照明光时，利用纳米 TiO_2 的强氧化分解能力不仅可使室内的恶臭物和油污分解，而且对杀死大肠杆菌有明显效果，有利于室内空气的清新和减少病菌、细菌。

在污染严重的地域，在建筑物外墙壁或高速公路的隔音壁上涂上含有纳米 TiO_2 的建筑涂料，利用太阳光可有效地分解除去空气中的 NO_x。而涂料表面所积聚的 HNO_3 可由雨水冲洗，不会引起 TiO_2 光催化活性的降低。对涂施和未涂纳米 TiO_2 膜的灯具进行的对比实验结果表明，随时间的延长，前者比后者的透光率要高得多（见图 3-12）。

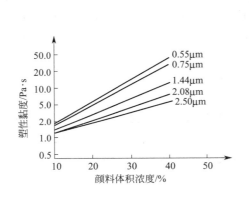

图 3-11　含铅氧化锌颜料在油中的分散体
的塑性黏度与平均粒径的关系

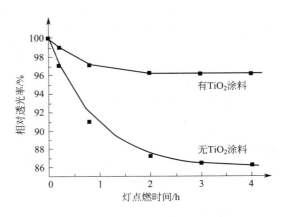

图 3-12　两种灯罩透光率的对比

（2）硅溶胶类建筑涂料　硅溶胶是硅酸的多分子聚合物的胶体溶液，其胶团颗粒微细，粒径为 5～40nm，比乳液的颗粒细得多。硅溶胶用于涂料的突出特点是：一旦成膜即不会再溶解，因而使用硅溶胶作基料生产的涂料可保证具有很好的耐水性。将硅溶胶添入到丙烯酸酯乳液中，加入颜料、填料和助剂等可制成黏结性、透气性、耐水性、抗冻融性和耐候性均优异的硅溶胶建筑涂料。

（3）灰钙粉　灰钙粉是以氧化钙为主要成分，并含有少量氢氧化钙和碳酸钙的白色粉末，其物理化学性能因原材料生石灰及其加工工艺的不同而有所变化。高品位天然石灰石能够加工出白度高、适合于在水性建筑涂料中应用的灰钙粉。我国从 20 世纪 70 年代末开始在建筑涂料中应用灰钙粉，至今已有近 40 多年的历史。以灰钙粉为主要活性填料、以聚乙烯醇类胶液为基料的内墙涂料具有耐水性好、耐洗刷、耐热等特性，曾经颇受欢迎。

然而，灰钙粉中含氢氧化钙而呈较强碱性，若不加处理仅作为一般性填料应用于涂料中，由于氢氧化钙在水中离解出的钙离子会对涂料基料和涂料的增稠体系产生破坏作用，导致涂料储存不稳定乃至报废。至今应用灰钙粉比较成功的涂料是以聚乙烯醇缩甲醛为基料的涂料体系。但按照目前的技术要求，存在两个问题：一是使用甲醛，涂料的有害物质含量难以满足 GB 18582—2008《室内装饰装修材料　内墙涂料中有害物质限量》的要求；二是涂膜的耐洗刷性一般只能保持 70～90 次，难以满足 GB/T 9756—2009《合成树脂乳液内墙涂料》的质量要求。因此，使用灰钙粉时，必须选择合适的涂料增稠体系，并选用合适的基料或者采取措施避免灰钙粉对合成树脂乳液涂料体系的增稠物质和基料的破坏作用。在 VAE 乳液（乙酸乙烯-乙烯乳液）中掺加灰钙粉形成的建筑涂料既不会破乳，也不会影响涂料的耐水性和耐洗刷性。

灰钙粉在涂料中的作用机理：涂料中的灰钙粉分为被水溶解的和未溶解的两部分。被水溶解的灰钙粉被水解成 Ca^{2+} 和 OH^-，涂料施工并干燥成膜后 CaO 处于成膜物质（聚合物）的结构网络中，Ca^{2+} 和空气中的 CO_2 反应生成 $CaCO_3$ 的反应是在聚合物结构网络中"原位"反应，成为聚合物网络结构的一部分，提高了聚合物网络的自身结构强度和对颜料、填料的黏结性能；而未溶解的 $Ca(OH)_2$ 与 CO_2 生成 $CaCO_3$ 的反应也是在有颜料和填料存在条件下进行的，由于生成的 $CaCO_3$ 具有黏结性，所以，这种有颜料、填料存在的"原位"反应所生成的 $CaCO_3$ 能够和成膜聚合物一样会对涂膜中的颜、填料产生黏结作用，相当于在涂膜中新增加了无机基料。涂膜中的灰钙粉与空气中的 CO_2 反应生成 $CaCO_3$，既增强了有机成膜物质的性能，又增加了基料的数量。同时，由于 $CaCO_3$ 具有很好的耐水性（$CaCO_3$ 几乎不溶解于水）和黏结性，从而使涂膜的耐水性、耐洗刷性和硬度得到显著提高。实际上，灰钙粉作为活性填料制备的涂料是一种有机-无机复合涂料。因此，灰钙粉能够显著提高涂料性能的原理在于：灰钙粉提高基料聚合物的自身结构强度和对颜、填料的黏结性能，以及 $Ca(OH)_2$ 和 CO_2 生成的 $CaCO_3$ 对涂膜中的颜、填料产生黏结作用，相当于在涂膜中新增加了无机基料。

（4）膨润土　膨润土的特殊结构决定了它具有很多优良性能，而且价格低廉，因而在建筑涂料行业中得到广泛应用。膨润土中的蒙脱石能与涂料中的有机物相互交联，形成立体网状结构，增加涂料的稠度，改善其悬浮性和防沉性能，因而可用作无机增稠剂和悬浮防沉剂；由于膨润土具有较好的黏结性和遮盖力，在涂料制备中加入可代替部分成膜物，作辅助黏结剂；膨润土-有机复合物一旦生成，脱水后即变为疏水物，因而可提高涂料的耐水性和耐洗刷性，同时可改善涂刷性、流平性等。膨润土应用于建筑涂料在改善涂料性能的同时，还使产品成本明显降低，提高经济效益。

我国膨润土资源丰富，总储量约达 11.25 亿吨，居世界第二位，全国膨润土生产厂家几百家，总产量已达 200 多万吨，为建筑涂料的应用提供了充足的原材料来源，在建筑行业具有广阔的发展前景。

膨润土在建筑涂料中有如下应用。

① 作无机增稠剂　膨润土是以蒙脱石为主要成分的黏土矿物。蒙脱石属于单斜晶系结构，是一种含水的层状铝硅酸盐矿物。由于蒙脱石层间带负电荷，所以蒙脱石像一个带负电荷的大阴离子，可以吸附阳离子、水和有机极性分子。因此，当膨润土分散于水性涂料中时，涂料基团中的有机分子，如聚乙烯醇、聚乙酸乙烯、丙烯酸、羧甲基纤维素、羟乙基纤维素等有机物分子中的—OH、—COOH、—CHRCHROH 等极性基团，可以被蒙脱石层间负电荷所吸引，而插入层间，形成蒙脱石-有机复合物（膨润土-有机复合物）。在涂料介质中，蒙脱石与有机物相互交联，形成膨润土-有机复合物的网状立体结构，又因有机分子进入蒙脱石层间，使膨润土发生膨胀，从而增大了涂料的稠度。因而，膨润土是建筑涂料中较为常用的无机增稠剂，其增稠效果明显，可部分代替有机增稠剂。

② 作辅助黏结剂　膨润土与水混合后具有很好的黏结性，这归因于膨润土亲水、颗粒细小、晶体表面电荷多样化、颗粒的不规则性、羟基与水形成氢键、对微量有机物的吸附和多种聚附形式形成溶胶等诸多因素。由于膨润土具有较好的黏结性和遮盖力，引入建筑涂料中可以代替部分基料和其他填料（如轻质碳酸钙），从而使产品成本降低。膨润土系层状硅酸盐矿物，具有优良的亲水性，与适量的水结合成胶体状，在水中能释放出带电微粒，这种微粒的静电相斥性使之在涂料中具有良好的分散、悬浮、稳定等特性，因此常用于涂料中作分散剂。

③ 作悬浮防沉剂　膨润土在水介质中具有良好的悬浮性和分散性。这是因为膨润土是由硅铝盐的片状晶层结合而成，水能进入其间而使层与层分离，因而膨润土易分散于水中成为极小的蒙脱石颗粒（$<0.2\mu m$）。蒙脱石晶胞带有相同数目的负电荷，彼此同性相斥，在溶液中很难聚附成大颗粒而保持良好的悬浮性；膨润土结构中的羟基在静置的介质中会产生氢键，使涂料成为均匀的胶状物并具有一定的黏度。另外，晶胞带有很多金属阳离子和羟基亲水基，因此表现出了强烈的亲水性和分散性。在建筑涂料中加入适量的膨润土可使生成的涂料不沉淀，不分层，颜色均匀，从而改善涂料的悬浮稳定性，且涂刷性能好。基于此，在配制涂料过程中，常使用膨润土作为改进涂料悬浮性能的防沉剂。

④ 用于生产防水涂料　膨润土-有机复合物生成后具有不可逆性，脱水后即变为疏水物，因而提高了涂料的防水性。此外，膨润土颗粒的晶胞中带有很多金属阳离子和羟基亲水基，具有强烈的亲水性和分散性，因而有乳化作用。基于此，可以制得膨润土乳化沥青防水涂料。

以膨润土、水玻璃和水等为原料制备的水性内墙涂料的试验表明，在水性内墙涂料中加入适量的膨润土制备的涂料比一般涂料分散更均匀（不易沉淀），更耐水，涂膜更平整、光滑、均匀，保色性、耐候性更好。蒙脱石矿物晶体构造属 2∶1 型层状硅酸盐，构造单元层是由两片（Si—Al）—O 四面体和中间一片 $Al(Mg,Fe)$—(O,OH) 八面体组成，结构单元层中存在着阳离子异价类质同象置换，使得蒙脱石晶胞像一个带电的"大阴离子"，具有吸附阳离子的能力，但是阴阳离子间的束缚力较弱，这些阳离子可以交换。正因如此，蒙脱石可与涂料成膜物中的有机分子中的极性基团生成"蒙脱石-有机分子"复合物，这种复合物一旦生成后不可逆转，失水后成为疏水性物质，因而增加了涂膜的耐水性。

以聚乙烯醇（PVA）、轻质碳酸钙、滑石粉、膨润土、适量助剂为原料制成的涂料的试验结果表明，加入膨润土的涂料和未加膨润土的涂料相比，耐水性由 1d 延长至 7d，涂膜牢固不掉粉。高岭土作为涂料添加剂能改善涂料体系的储存稳定性和涂刷性、改善涂层的抗吸潮性和抗冲击性等力学性能、改善颜料的抗浮色和发花性。

（5）高岭土　高岭土有水洗高岭土和煅烧高岭土两种。水洗高岭土成本低，在内墙乳胶漆中适量使用具有改善涂膜手感的效果；煅烧高岭土成本相对较高，但白度高、粒径小，在高档外墙涂料中使用超细煅烧高岭土代替适量的钛白粉，不仅不会降低涂料的遮盖力，还因为能够消除高钛白粉含量的涂膜中的光絮凝作用和增加入射光的有效散射点而使遮盖力有所提高，近年来在外墙涂料中得到较多应用。

通常可用水洗高岭土、钛白粉、碳酸钙、成膜助剂等多次制备建筑涂料。试验发现，使用高岭土制得的涂料在长时间储存后，其表面未发现其他乳胶涂料常见的分水现象。试验还测得，含有 25% 高岭土的乳胶涂料的触变指数为 3.8，而用等量的碳酸钙取代高岭土后制得的乳胶涂料的触变指数为 2.5，这说明含有高岭土的涂料具有良好的触变性和储存稳定性，在施工时不会流挂，并具有良好的流平性。采用高岭土作添加剂有助于满足对涂料提出的日益严格的性能和耐久性方面的要求。当制备低 VOC、高固体分涂料而要求更薄和无疵平滑、光亮的涂膜时，尤其需要高岭土作添加剂。

作为白色填料，高岭土本身并没有遮盖力，但以一定比率加入到涂料中，则可起到增量剂的作用，提高涂料的遮盖力。高岭土添加剂已在几乎所有类型的水性和溶剂型涂料中被用于对多种颜料的改性。有人在一种建筑用醇酸漆中以一种高亮度细粒高岭土添加剂取代 8%～10% 的各色颜料，结果涂料性能几乎未发生任何变化。

用高岭土和碳酸钙在水性涂料中代替 15% 的钛白粉。结果表明，在很大的颜料体积浓度范围内，采用高岭土取代 15% 钛白粉的涂料体系的遮盖力基本没有改变；在相同的用量下，高岭土比碳酸钙具有更佳的遮盖力。

（6）累托石　由于累托石黏土颗粒极细，其铝硅酸盐矿物结构中 Si—O 四面体与 Al—O 八面体片中的羟基或氧原子和有机硅树脂中的烷氧基或环氧树脂中的羟基及环氧基形成氢键，形成交织网状结构，使得累托石矿物与涂料中有机物彼此连接，使体系的黏度和稠度增加，起到防止或减缓涂料中颜填料矿物沉降的作用。

以有机硅树脂、钛白粉等为原料，以钙基累托石取代部分填料制备有机硅树脂涂料，将制得的涂料干燥，成膜后在 200℃ 下烘烤 3h。试验结果表明，钙基累托石用于高温涂料，涂层附着牢固，无起泡脱落现象，且放置过程比较稳定，不沉淀结块，涂层外观质量明显改善。经钠化改性的累托石分散于水中，其电动电位增大，颗粒不易絮凝而具有良好的悬浮效果。以累托石为悬浮剂制备涂料的现场试验证实，累托石在涂料中的悬浮性和触变性好，涂料的流平性、涂刷性、防开裂性、涂层表面强度和耐高温性等指标均优于以膨润土作为悬浮剂配制的涂料。

（7）硅藻土　硅藻土质松多孔，因而具有吸湿和放湿的呼吸功能以及优良的吸附性能。由合成树脂和硅藻土组成涂料，当涂膜表面的温度低于露点时，可迅速吸收大量的湿气或结露水；而当高于露点时，能迅速释放吸收的水分，从而有效地防止墙面和天花板等处产生结露现象，起到自动空调的作用。

据报道，用经高温煅烧后的硅藻土多孔粉分级后制备成内墙涂料，能有效地调节室内空气湿度；将一种经熔融处理的改良水泥混入硅藻土，并按 0.3%～0.5% 的配比往混合物中添加水，把它涂抹在内墙尤其是厕所的墙面上，具有明显的除臭功效。瑞典弗伦高技术公司利用硅藻土本身数千倍于活性炭的超微细孔，研制成功一种能吸收难闻气味的墙壁涂料，把硅藻土加入灰泥中，涂抹在墙上，具有吸臭作用。

除了上述作用之外，在涂料中加入硅藻土，还可控制涂料的光泽度。昆明某研究单位研制成一种硅藻土内墙涂料具有墙面不反光、室内光线柔和的特点，而且内墙颜色可随室温变化而改变。

（8）超细碳酸钙　纳米级碳酸钙由于粒子的超细化，其晶体结构和表面电子结构发生变化，产生了普通细度的碳酸钙所不具有的量子尺寸效应、小尺寸效应、表面效应和宏观量子效应。因此，纳米碳酸钙与建筑涂料的有机结合，对建筑涂料向高质量、高档次等方向发展起着极大的推动作用。但是，由于纳米 $CaCO_3$ 表面极性强，表面能高，容易吸附而发生团聚形成二次粒子，使其粒径变大而失去纳米粒子所具有的特殊功能，从而使涂料性能达不到理想的要求。为了提高纳米粒子在涂料体系中的分散性，增强与其他组分的界面结合力，需要对其表面进行改性，以降低粒子的表面能，提高粒子与有机相的亲和力，减弱粒子的表面极性等。

与未添加纳米 $CaCO_3$ 的传统建筑外墙涂料相比，添加纳米 $CaCO_3$ 的纳米复合涂料在涂料的耐水性、耐洗刷性、耐光性、耐站污性和储存稳定性等方面，具有明显的改善效果，特别是耐洗刷性可达 34000 次。而其价格仅比传统建筑外墙涂料高 5％ 左右，具有较好的性价比，市场前景极好。

3.4 微纳粉体在陶瓷生产中的应用

微细粉体和超细粉体对陶瓷生产过程及产品质量具有重要的影响。氧化物、氮化物、碳化物等高技术陶瓷原料是超细微粉最重要的应用领域之一，可以说，超纯超细粉料是高技术陶瓷的生命之源。例如，用超细陶瓷粉及铀粉制成的地砖、墙砖及洁具，不仅强度高，而且外观致密、美观。用超细无机填料制成的陶瓷涂料强度高、质量轻、黏附力强、色泽均匀、抗老化性能强。利用超细陶瓷粉可制成超硬塑性抗冲击材料，用其制造的坦克和装甲车复合板较普通坦克钢板重量轻 30％～50％，而抗冲击强度较之提高 1～3 倍，是一种极好的新型复合材料。

3.4.1 坯料的超细研磨

随着产品质量的提高，特别是瓷质抛光砖档次的提高，原有坯料细度万孔筛余 0.1％～0.3％ 的控制指标已不能满足要求。现在的指标已达到 325 目筛余 0.1％ 以下。生产中通过控制入磨物料细度和粒度分布、研磨介质球的尺寸和级配、磨机的转速和适当延长研磨时间即可达到上述指标。采用此方法生产的瓷质抛光砖由于物料颗粒微小且各种成分混合均匀，烧成抛光后砖面细腻柔和。

3.4.2 色釉料的超细粉碎

（1）色料的粉碎　色料颗粒尺寸主要包括颗粒的大小和级配，通常用多少目筛的筛余表示，这种表示方法只能衡量颗粒大小，但不能反映颗粒的真实情况，而且筛分分析较费时。激光颗粒分析仪作为快速、精确的颗粒粒度分析仪器，能够迅速而又准确地测定陶瓷颜料的颗粒大小和分布。现代陶瓷生产技术水平和制品质量的不断提高对陶瓷颜料的物理和化学性质的均匀和稳定提出了更高要求，这直接涉及颜料颗粒大小和分布的稳定性。

从陶瓷颜料的呈色角度讲，均匀的呈色是由平均粒径为数微米至数十微米的色料颗粒均匀分布在基釉中，对可见光进行选择性吸收和反射后呈现出颜色。颗粒越细，单位质量的色料所含的颗粒个数越多，对可见光的选择性吸收和反射越强烈。颗粒尺寸越均一，对可见光的选择性吸收和反射的波长范围越窄，颜色也越纯。但是陶瓷色料是加入釉中，并且在高温中煅烧，色料在高温中会受到釉的侵蚀而分解。颗粒大一些，抵抗釉的侵蚀能力就强一些。因此，色料的粒度要根据不同品种、不同颜色而定。

对于锆黄、锆蓝、红棕等品种色料，可以通过超细粉碎将色料粉碎至 $1～2\mu m$，不仅为用户提供方便，还可使色料用量减少 30％～50％，而且色料发色纯正。对于钒蓝、铁锆红、原子红等色料，由于其抗釉侵蚀能力较弱，不需要粒度太细，否则会大大降低其在釉中的发色能力。此类色料粉碎至 325～400 目较为合适。

（2）釉料的粉碎　釉料中含有氧化铝、石英、长石、滑石等难磨、难熔原料，通过电镜分析，在高温釉烧后仍存在残骸，因此将釉料超细粉碎后使用，既可保证釉料熔融后釉层化学成分均匀，又可提高釉的光泽度及平滑度。

（3）抗菌釉　抗菌是指抑制细菌增长和发育的性能；杀菌是指能杀死细菌达到接近无菌状态的性能；具有抗菌、杀菌功能的釉称为抗菌釉；加入釉中能起到抗菌效果的纳米级外加剂称为抗菌剂。抗菌釉制品具有广泛的应用范围，家庭、厨房、卫生间和医院等处均可使用。目前，釉中常用的抗菌剂有无机抗菌剂和光催化抗菌剂。无机抗菌剂是含金属离子的无机化合物，光催化抗菌剂是光催化半导体化合物。对于无机抗菌剂，一般是将抗菌效果好，经特殊加工制造的含金属元素如银、铜引入到陶瓷釉料中，经施釉和烧成后，使之在陶瓷釉层中均匀分散并长期存在。金属元素一般以其特殊的无机盐形式，以磷酸盐或硅酸盐作为载体引入。在高温烧成时应抑制金属离子的高温反应和着色。对于光催化抗菌剂则是将半导体化合物加入到釉料中，使釉具有抗菌作用，例如 TiO_2 光催化抗菌剂作用较弱，但作为永久抗菌剂在有光条件下都可以利用。这两种抗菌剂均需要采用化学制备工艺将抗菌元素结合到载体中。

实践表明，釉料加工过程一方面会影响釉浆的使用性能（如悬浮性、流动性、与坯体的黏附能力等），另一方面会影响产品的质量（包括釉面外观和理化性能）。在研磨过程中无杂质混入的情况下，釉料制备的关键因素是釉浆的细度（包括最大粒径和各级颗粒的分布）。

① 在瓷瓶球磨中和在生产用球磨中研磨的同种釉料施在同种坯体上煅烧后，釉面质量明显不同。一般地，瓷瓶加工的釉料烧后釉面缺陷少，比较光润。对两种釉料的颗粒组成及颗粒形状测定观察后发现，前者颗粒较细、分布范围较窄，形状较圆滑；而后者颗粒较粗、分布范围较宽，多呈尖棱状。

② 一些热稳定性不合格的日用陶瓷产品，往往是由于釉粒太粗，烧成后有残余的石英或转化的方石英存在，它们的膨胀系数大，以致在进行急热急冷试验时无法承受出现的应力而开裂。

③ 据报道，采用同种研磨设备加工釉料后，由于颗粒组成不同，会影响产品的外观质量和理化性能指标。

由此可见，在生产中控制釉料细度固然是不可缺少的检验项目，更应强调与理解其对产品质量的密切关系。

3.4.3　釉料细度对釉层结构的影响

众所周知，釉层绝大部分是玻璃态物质，此外还含有气孔和微细的晶粒（包括残余的和次生的晶体），它的微观结构除取决于其组成外，还和工艺因素有关，其中釉料的细度占有颇为重要的地位。

有人在研究快烧瓷釉中气泡形成的因素时，将长石釉加工成不同颗粒组成的釉浆（见图3-13），观察烧后釉层气泡分布的状况发现，釉浆越细，气泡尺寸越小，气泡总体积减少，而气泡个数则增多，而且细粒釉浆所形成的气泡多数位于坯 -

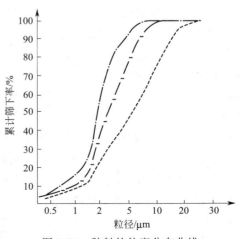

图 3-13　釉料的粒度分布曲线

釉界面附近。XRD 测定结果表明，烧成后粗粒釉层中有残余石英，甚至有方石英，而在细粒釉层中则石英全部熔解于液相中。

可见，釉料细度对釉层结构的影响主要表现为气孔的变化及是否存在石英晶体。

3.4.4 釉料细度对陶瓷产品性能的影响

首先是釉料细度对釉面质量的影响。细粒釉料的曲率半径小，蒸气压高，高温下熔化速率快，因而其熔化温度低于粗粒釉料。此外，烧釉过程中细颗粒几乎全部熔解到液相中，加之细粒釉料形成的气泡小而且多数分布在坯-釉界面处，所以釉面平坦光滑，光泽度高、乳浊性强、针孔少。如果釉料粒度较粗，烧釉时一般不易形成熔融均匀的玻璃体。这样一方面会降低釉的高温流动性，另一方面会增加釉层中出现残余石英以及方石英的可能性，导致釉面产生气泡与针孔。但釉料颗粒过细时也会引起缺陷出现。因为过多的细颗粒会使生釉层在入窑前或开始熔融时大量收缩，产生裂纹，在熔体表面张力的作用下引起缩釉或缺釉。

21 世纪以来，纳米材料、超细粉体等概念越来越受到人们的关注和重视，许多地方政府把利用超细（粉体）技术、纳米（粉体）技术改造传统产业的应用开发项目列为"科技创新工程"的主要项目之一。作为传统产业的建筑卫生陶瓷工业，利用超细粉体技术来改造传统的工艺和开发新的产品，使我国的建筑卫生陶瓷工业由大变强是值得建陶工业界努力探讨的课题。

事实上，超细粉体技术已经被应用在传统的建筑卫生陶瓷工业，其中包括浆料、原料和色料等。

（1）超细浆料 中低档次的建筑卫生陶瓷产品的坯料和釉料的颗粒细度一般以 $63\mu m$（250 目标准筛）为标准；高档建筑卫生陶瓷产品的坯釉料要求颗粒细度必须小于 $45\mu m$（通过 325 目标准筛），并且小于 $20\mu m$ 的颗粒含量＞80%。

（2）超细原料 目前在建筑卫生陶瓷的原料中应用比较多的超细粉体是锆英砂超细粉和高岭土超细粉。锆英砂在建筑卫生陶瓷中主要用作乳浊剂，替代氧化锡，使生产成本降低。作为乳浊剂，它具有较强的乳浊性，可适用于氧化焰和还原焰烧成，它可以提高釉的白度，因而可以扩展劣质或者有色原料的应用范围，还可以提高釉面的耐磨性能和硬度。锆英砂超细粉在建筑卫生陶瓷中的使用方法主要有两种：一种是将锆英砂粉磨成粒度＜$45\mu m$ 的超细粉体，与其他原料配制成熔块，再生产成为熔块釉而被使用；另一种是把锆英砂加工成为粒度＜$5\mu m$ 的超细粉体，直接加入到生料釉中，配成锆乳浊釉使用。

高岭土是建筑卫生陶瓷的基本原料之一，在坯釉中的作用主要是使坯釉的浆料具有悬浮性和稳定性，在坯体中还起到提高可塑性，增加强度的作用，在釉料中，可以提高釉料的附着力，使釉与坯体紧密结合，不易剥落。在普通的建筑卫生陶瓷中，极少使用高岭土的超细粉，在高档产品的釉料使用超细高岭土粉体，主要是提高釉料的附着力和强度，增加釉面的平滑度和白度，降低釉烧温度。高岭土超细粉的使用方法主要有两种：一种是经淘洗而得到的粒度＜$5\mu m$ 的高岭土超细粉，直接加入生料釉中；另一种方法是将高岭土经过煅烧后，再加工成细度＜$5\mu m$ 的超细粉体，然后用于配制生料釉。

（3）超细色料 建筑卫生陶瓷所用的色料，特别是晶体发色颜料，一般都要加工成颗粒度＜$45\mu m$ 的超细粉体，颗粒度的细化可以提高色料的着色能力，增加发色的稳定性，减少颜料的使用量，降低成本，减少产品的色差。超细色料的使用方法就是把色料加工成超细粒度，直接加入到釉料或坯料中使用。

3.4.5　纳米粉体在特种陶瓷中的应用

3.4.5.1　提高材料的机械强度

结构陶瓷是以强度、刚度、韧性、耐磨性、硬度、疲劳强度等力学性能为特征的材料。用纳米陶瓷粉体制备的陶瓷材料能有效减少材料表面的缺陷，获得形态均一、平滑的表面，能增强界面活性，提高材料的单晶强度；能有效地降低应力集中，减少磨损，特别是可有效提高陶瓷材料的韧性。

陶瓷材料的断裂主要是由于材料内部的宏观缺陷（如气孔、粗大颗粒和裂纹等）引起应力集中造成的，陶瓷材料的断裂应力为：

$$\sigma_c = \sigma_0 + K_c / d^{1/2} \tag{3-3}$$

式中，σ_0、K_c 为常数；d 为颗粒直径。

由上式可知，原料越细，材料的强度越高。陶瓷材料的颗粒尺寸与强度的关系一般是随着颗粒尺寸的减小，强度呈指数关系升高。纳米陶瓷粉体可引起材料晶粒和内部气孔或缺陷尺寸的减小，同时小的晶粒不易造成穿晶断裂，有利于提高材料的断裂韧性。

利用纳米陶瓷粉体进行纳米尺度合成，使人们为之奋斗近一个世纪的陶瓷增韧问题有望得以突破。研究表明，利用纳米 SiC 粉体作为基体材料可以成功地合成纳米结构的 SiC 块体材料，在不损伤其强度等综合力学性能的情况下，其韧性可得到有效的提高。

3.4.5.2　提高材料的超塑性

只有陶瓷粉体的粒度小至一定程度才能在陶瓷材料中产生超塑性行为，其原因是晶粒的纳米化有助于晶粒间产生相对滑移，使材料具有塑性行为。自 20 世纪 80 年代中期以来，超塑性陶瓷材料相继在实验室问世。Wakai 和 Nich 等在加入 Y_2O_5 稳定剂的四方二氧化锆（粒径＜300nm）中观察到了超塑性。近年来，对细晶粒 Al_2O_3 陶瓷超塑性的研究引起了人们的极大兴趣，进行了一系列实验，取得了良好效果。以纳米 Al_2O_3 陶瓷粉体为基体，利用其致密速率快、烧结温度低和良好的界面延展性等特点，在烧结过程中控制颗粒尺寸在 200～500nm 范围内，可以获得具有良好超塑性的陶瓷材料。

3.4.5.3　制备电子（功能）陶瓷

电子（功能）陶瓷是指主要利用其非力学性能的陶瓷材料。这类材料以其物理性能为特征，通常具有一种或多种功能，如电、磁、光、热、声、化学、生物等，有的还有耦合功能，如压电、压磁、热电、电光、声光、磁光等。如 $Pb(Zr,Ti)O_3$（PZT）陶瓷具有优良的压电、介电、声电等电学性能，其纳米粉体被广泛用于制备压电陶瓷、微位移驱动器、超声换能器等电子元器件；ZnO 陶瓷随电压的变化其电阻值具有优良的非线性变化的性质，常用来制备压敏陶瓷电阻等电子器件；MgO 陶瓷具有对水汽的敏感性，常用来制备检测湿度的湿敏陶瓷等。

纳米陶瓷粉体之所以广泛用于制备电子陶瓷，原因在于陶瓷粉体晶粒的纳米化会造成晶界数量的大大增加，当陶瓷中的晶粒尺寸减小一个数量级，晶粒的表面积及晶界的体积也以相应的倍数增加。如晶粒尺寸为 3～6nm，晶界厚度为 1～2nm 时，晶界的体积约占据整个体积的 50%。原料中的杂质和添加物处于晶界的位置，同样多的第二相分布于更大面积的晶界处，必然使晶界变得很薄，这样可大大减小晶界物质对材料的不利影响，提高陶瓷材料的绝缘性、介电性等性能。如果生产的陶瓷材料是以晶界效应来体现其性能的，如半导体中的正温度系数（PTC）陶瓷，则纳米细化晶粒又将可能提高它的灵敏度以及稳定性。

3.4.5.4　用于制备陶瓷刀具

纳米技术的出现以及纳米粉体的工业化生产，实现了金属陶瓷刀具的制备。国家科技攻关项目《纳米 TiN、Al_4N_3 改性的 TiC 基金属陶瓷刀具制造技术》指出，在金属陶瓷中加入纳米氮化钛可以细化晶粒，晶粒细小有利于提高材料的强度、硬度，同时断裂韧性也得到提高。研制的纳米 TiN 改性 TiC 基金属陶瓷刀具具有优良的力学性能，是一种高技术含量、高附加值的新型刀具。在切削加工领域可以部分取代 YG8、YT15 等硬质合金刀具，其寿命可以提高 2 倍以上，而生产成本却略低于 YG8 刀具，具有广泛地开发前景。

3.4.5.5　制备生物陶瓷

生物陶瓷是具有特殊生理行为的陶瓷材料，可以用来构成人体骨骼和牙齿的某些部位，甚至可望部分或整体地修复或替换人体的某种组织或器官或增进其功能。利用纳米陶瓷粉体制备的生物陶瓷主要有以下三种类型：

① 接近于生物惰性的陶瓷，如氧化铝（Al_2O_3）陶瓷。其形状为单晶状或烧结多孔体，该材料强度高、色泽好、成型技术简便，可用于嵌体、冠，甚至前牙桥等固定修复体的制作，有较高的临床应用价值，主要用来制造人工齿、骨、关节和固定化酶载体等。

② 表面活性生物陶瓷，如致密羟基磷灰石（$10CaO \cdot 5P_2O_5 \cdot H_2O$）。其主要形状为多结晶体或多孔体。羟基磷灰石烧结后不仅致密度有很大提高，孔隙尺寸分散性较小，且为均匀细小的微孔。这种形貌特征有利于骨组织在孔隙中生长，具有较好的成骨效应，主要用来制造人工骨和固定化酶载体。

③ 可吸收生物陶瓷，如磷酸三钙[$Ca_3(PO_4)_2$]。其主要形状为烧结体或多孔体，它具有生物相容性、生物降解性等复合生物活性，主要用来制造人工骨、人工齿根或骨置换材料等。

3.4.5.6　制备功能性陶瓷纤维

20 世纪 80 年代中期日本率先开发的新型功能性陶瓷纤维，是通过添加和配合不同种类的陶瓷微粉，采用不同的方法制作而成。我国此领域的研究开发于 20 世纪 90 年代中期并形成高潮，产品遍及全国市场并进入消费者的生活。

（1）防紫外线纤维　利用陶瓷微粉与纤维或织物结合，增加表面对紫外线的反射和散射作用，以防紫外线透过织物而损害人体皮肤。这些陶瓷微粉包括高岭土、碳酸钙、滑石粉、氧化铁、氧化锌、氧化亚铅等，其中以氧化锌和氧化锆为好。

（2）远红外线保温纤维　利用陶瓷微粉具有发射远红外线的功能，把它填充到纤维中可使纤维在一定温度下发射 $7 \sim 14 \mu m$ 的远红外线给人体，它所载的能量易为人体内水分子所吸收，使人体局部产生温热效应，促进血液循环。远红外线纤维中使用最多的陶瓷微粉是金属氧化物，其中多为氧化铝、氧化镁、氧化锆，有时也使用二氧化钛和二氧化硅。

（3）抗菌防臭纤维　在众多的抗菌防臭剂中，含新型陶瓷微粉的金属化合物的抗菌效果较为突出，例如将氧化锌、氯化银、氯化铜、氯化亚铜、硫酸铜、硝酸铜等，按一定比例添加到特定的聚酯纤维中，其产品灭菌率为 90%～99%。

3.4.6　超细粉体在建筑卫生陶瓷中的应用前景

（1）节约能源　建筑卫生陶瓷工业是传统的能源消耗大户，目前能源在我国乃至全世界都越来越紧缺，建筑卫生陶瓷工业迫切需要新的技术来提高能源资源的利用率，降低消耗。超细粉体和超细技术的应用可以达到这一目的。

陶瓷原料经过超细粉碎之后，颗粒的表面能增加、活性增大；颗粒越细，表面能越大，活性也越大。原料粉粒通过细化而增大烧结驱动力，提高传质速率，增加颗粒间的接触点而大大加速烧结过程，降低烧成温度，从而达到降低能耗的目的。有关专家的试验指出 10～15nm 的纳米级二氧化锆粉的烧成温度可比微米级粉的烧成温度降低 500℃ 以上。当然，建筑卫生陶瓷的原料没有必要加工成纳米级粉体，但通过原料颗粒的细化，使烧成温度降低几十摄氏度是完全可行的。在实践中，也经常采用通过提高浆料细度来降低产品烧成温度的方法。

（2）提高原料资源利用率　我国建筑卫生陶瓷的生产居世界首位，每年消耗的原料资源数量惊人，近年来优质原料日益紧张，因此，扩大原料使用种类，利用低质原料代替传统用料来生产建筑卫生陶瓷产品的方法显得十分必要。由于使用低质原料生产的坯体白度低，要求釉料的覆盖能力要提高。而粉体颗粒的大小对釉料的覆盖力有极大影响，这是由于超细颗粒的比表面大，有利于晶粒的发育。用细颗粒粉体制成的陶瓷釉，其晶粒比用粗颗粒制成的釉层晶粒小且均匀，析出的微小晶体更多，这种颗粒小、数目多的晶粒，在釉料中分布甚广，对光产生强烈的散射效果，从而使釉层具有更强的乳浊效果，增强釉层的覆盖力，因此，使用低质原料生产坯体料也可以生产出表面质量很好的建筑卫生陶瓷产品。

我国陶瓷企业生产釉料时，细度控制一般以 $63\mu m$（250 目标准筛）为基准，最细的也只是以 $45\mu m$（325 目标准筛）为基准。而日本企业要求釉料中小于 $10\mu m$（相当于 1250 目标准筛）的颗粒占 88% 以上，乳浊剂则要求全部粉碎到 $5\mu m$（相当于 2500 目标准筛）以下。

（3）提升产品质量和档次　我国的建筑卫生陶瓷产量虽大，但产品质量和档次却不高，比如我国的卫生洁具和釉面砖的釉面光泽度不高，平滑度不够，覆盖力差，耐磨度低；我国的瓷质砖吸水率偏高，防污性能差，强度低；瓷质抛光砖的表面光滑度低，韧性差等。这些问题可以通过粉料颗粒的超细化来改善。颗粒的超细化可以使表面能增大，活性增加，使制品的烧结温度降低，致密度提高。同时，颗粒的细化使结晶更完全，使制品的性能得到改善和提高，从而改善制品的外观质感和内在质量，使产品的质量和档次得到提升。

我国建筑卫生陶瓷企业生产坯料时，细度控制一般都以 250 目为基准，且筛余量都在 1% 以上；西班牙、意大利、日本、韩国等国家的建筑卫生陶瓷企业，坯体粉料的粒度控制一般以 325 目为基准，而且筛余量控制在 1% 以下，颗粒分布以 $2～20\mu m$ 为主要粒度分布区间。

（4）开发高档次新产品　改变传统的陶瓷粉体的加工工艺，开发高档次、具有高附加值的新产品，是超细粉体技术在建筑卫生陶瓷工业中应用的新热点。用超细陶瓷粉体结合某些超细抗菌材料可以制成新型抗菌陶瓷，抗菌陶瓷的生产往往受烧成温度的限制，制品的烧成温度过高，会减弱甚至消除抗菌材料的抗菌作用。通过粉料颗粒的超细化，降低制品的烧成温度，使抗菌材料的抗菌作用得以保存，同时，粉体的超细化增加比表面积，提高活性，使抗菌材料的抗菌效果更加显著。随着人们生活水平的提高和环保、卫生意识的增强，抗菌陶瓷将会被广泛用于洁具、厨房、医院灭菌病房以及食品加工、餐饮等场所。

　　随着生产设备的改进，超细粉体装饰的抛光砖将会成为继大颗粒抛光砖、金花米黄抛光砖、雨花石抛光砖等产品之后的又一热点。由于粉体的超细化，使复杂的装饰手法变得方便，砖面的图纹更加丰富多彩，图纹会显得更加自然而又变幻无穷。

　　颗粒的超细化可以使表面能增大，活性增加，使制品的烧结温度降低，致密度提高，强度增加；同时，颗粒的细化使结晶更完全，产品的韧性提高。超细粉体给产品带来的这些特性，可以应用于生产超薄型瓷质抛光砖，使瓷质抛光砖的厚度达到 5mm 以下，生产这种砖具有节能、省料的好处。这种砖还具有良好的加工性能，方便切割，利于拼图。

参 考 文 献

[1] 何文顺，凌红军，朱晓燕. 生料细度对硅酸盐水泥熟料烧成的影响 [J]. 水泥工程，2012，(5)：23-26.

[2] 徐迅，卢忠远. 超细粉煤灰-超细矿渣粉对水泥物理性能的影响研究 [J]. 粉煤灰，2006，(4)：3-6.

[3] 李广彬，王琼，韩曦等. 超细粉煤灰的特性研究 [J]. 粉煤灰，2010，(5)：14-15.

[4] 周士琼，李益进，尹健等. 超细粉煤灰的性能研究 [J]. 硅酸盐学报，2003，31 (5)：513-516.

[5] 冯绍航，李辉，王建礼等. 超细粉煤灰及其在水泥净浆中的水化特征研究 [J]. 混凝土，2009，(3)：38-40.

[6] 邹兴芳. 超细粉体材料在高性能混凝土中的应用研究 [J]. 四川水泥，2001，(5)：5-7.

[7] 李鼎. 超细矿渣的水硬性能试验 [J]. 福建建材，2001，(2)：21-22.

[8] 张苹，李秋义，赵铁军等. 超细矿渣粉对水泥水化的影响 [J]. 东北大学党报：自然科学版，2010，31 (9)：1300-1303.

[9] 马素花，沈晓冬，钟白茜. 超细矿渣粉煤灰复合水泥 [J]. 粉煤灰综合综合利用，2005，(2)：28-29.

[10] 张超群，于立军，崔志刚等. 超细与常规煤粉燃烧动力学特性及计算分析 [J]. 化工学报，2005，56 (11)：2189-2194.

[11] 王穆君. 低品质粉煤灰作为水泥混合材的试验研究 [J]. 粉煤灰，2012，(5)：1-4.

[12] 王黎明，何松松. 纳米材料对道路水泥混凝土性能的影响 [J]. 大连交通大学学报，2014，35 (4)：56-60.

[13] 王世忠. 纳米材料与新型建材 [J]. 中国建材科技，2001，(5)：4-6.

[14] 谢德文. 纳米材料在混凝土中的应用研究 [J]. 科技情报开发与经济，2008，18 (16)：121-123.

[15] 叶青. 纳米复合水泥结构材料的研究与开发 [J]. 新型建筑材料，2001，(11)：4-6.

[16] 季韬，黄与舟，郑作樵. 纳米混凝土物理力学性能研究初探 [J]. 混凝土，2003，(3)：13-15.

[17] 唐明，巴恒静，李颖. 纳米级 SiO_x 与硅灰对水泥基材料的复合改性效应研究 [J]. 硅酸盐学报，2003，31 (5)：523-527.

[18] 李颖，唐明，聂元秋. 纳米级 SiO_x 与硅灰对水泥浆体需水量的影响 [J]. 沈阳建筑工程学院学报：自然科学版，2002，18 (4)：278-281.

[19] 杜应吉，韩苏建，姚汝方. 应用纳米微粉提高混凝土抗渗抗冻性能的试验研究 [J]. 西北农林科技大学学报：自然科学版，2004，32 (7)：107-110.

[20] 李惠，欧进萍. 智能混凝土与结构 [J]. 工程力学，2007，24 (Sup2)：45-61.

[21] 黄运东，刘舜艳. 超细粉体在建筑卫生陶瓷工业中的应用 [J]. 佛山陶瓷，2001，(5)：1-3.

[22] 李缨，王岳山，何代英. 粉体技术在建筑卫生陶瓷行业的应用 [J]. 陶瓷，2003，(2)：17-19.

[23] 付鹏，刘卫东. 工业固体废弃物在陶瓷工业中的应用 [J]. 佛山陶瓷，2006，(12)：13-16.

[24] 刘淑贤. 颗粒级配对陶瓷涂层耐磨性能的影响 [J]. 河北理工学院学报，2006，28 (4)：97-99.

[25] 倪晓东，徐研. 纳米技术在陶瓷工业环保领域的应用 [J]. 陶瓷，2007，(1)：11-12.

[26] 李涛. 纳米陶瓷粉体的应用分析 [J]. 佛山陶瓷，2004，(8)：5-7.

[27] 包宁，林彬. 陶瓷粉体对涂层性能的影响 [J]. 稀有金属材料与工程，2007，36 (Sup2)：503-507.

[28] 刘康时. 釉料细度与陶瓷产品质量的关系 [J]. 陶瓷，1992，(6)：12-169.

[29] 申轶男，陈华辉，胡宇. 原料颗粒级配对多孔陶瓷性能的影响 [J]. 材料研究学报，2011，25 (5)：550-556.

[30] 余剑英，颜永斌，缪沽等. 单组分聚氨酯-蒙脱土纳米复合防水涂料的研究 [J]. 新型建筑材料，2004，(7)：

55-57.

[31]　杨宗志. 粉体粒度对涂料性能的影响 [J]. 现代涂料与涂装, 2002, (6): 27-31.

[32]　杨毅, 卫巍, 张雪莲. 合纳米 TiO_2 建筑涂料 [J]. 化学建材, 2002, (2): 16-18.

[33]　咸才军, 郭保文, 关延涛. 纳米材料及其技术在涂料产业中的应用 [J]. 新型建筑材料, 2001, (5): 3-5.

[34]　程凤宏, 周宏彬. 纳米材料在建筑涂料中的应用 [J]. 现代涂料与涂装, 2004, (1): 15-17.

[35]　王训逍, 蒋登高, 赵文莲等. 纳米碳酸钙改性及其在建筑涂料中的应用 [J]. 非金属矿, 2005, 28 (1): 7-9.

[36]　王训逍, 赵文莲, 蒋登高等. 纳米碳酸钙在内墙涂料中的应用研究 [J]. 新型建筑材料, 2005, (8): 22-25.

[37]　黎治平, 张心亚, 蓝仁华. 膨润土在建筑涂料中的应用研究 [J]. IM&P 化工矿物与加工, 2003, (10): 5-8.

[38]　徐峰, 邹侯招. 灰钙粉在建筑涂料中应用的深化研究 [J]. 新型建筑材料, 2004, (10): 21-23.

[39]　丁浩, 许霞, 崔淑凤等. 矿物基体功能材料及其在建筑涂料中的应用 [J]. 中国非金属矿工业导刊, 2003, (6): 17-21.

第 4 章

微纳粉体在涂层材料中的应用技术

微纳粉体由于具有独特的形态特征和物理、化学及机械特性，本身作为独立材料或作为辅助添加材料而被广泛应用于各个领域。目前，微纳粉体材料已经形成产业化生产，无论是从粉体材料的种类，还是从粒度、功能方面都有丰富的产品可供选择应用。

作为微纳粉体的主要功用之一，即是将超微粉体材料与表面技术结合起来，形成表面涂层，对基体材料进行改性和赋予基体新的功能。众所周知，材料科学是科学技术发展的基础，对材料的新性能要求日趋增高，材料的功能化是粉体发展的必然趋势。然而，从材料的整体性能出发来追求功能化往往因为技术难度大而受到限制，所以更多关注的是材料的表面特性。

材料表面改性及涂层技术已成为材料科学的一个重要分支，随着陶瓷、高分子复合材料和新型功能材料的发展，以及材料表面处理技术的进步，表面工程已经作为一门独立的学科而发展起来。复合材料涂层集表面技术与复合材料于一体，既具备单一表面涂层材料不具有的功能特性，与制备复合材料其他方法相比又具有很大的优越性。

4.1 涂层材料

微纳粉体具有常规粉体材料所不具备的性能。微纳粉体与表面涂层技术结合，形成了含有超细粉体颗粒的表面涂层材料（ultrafine powder coating）。微纳粉体涂层材料包括金属、无机非金属、高分子材料和复合材料等，通过沉积、喷涂和镀覆等手段实施，可以将不同性质、不同尺度的材料组合起来。使其表面机械、物理和化学性质得到提高，赋予基体表面新的力学、热学、光学、电磁学、催化和敏感特性，达到表面改性与功能化的目标。

4.1.1 微纳粉体涂层材料的特点

超微粉涂层材料的种类很多，包括金属及合金超微粉涂层材料、无机非金属材料与陶瓷超微粉涂层材料、塑料与高分子复合材料涂层等。由于添加了各种超微粉，可使传统的涂层实现功能飞跃，性能大大提高。同时由于采用传统的涂层技术，不需增加太大的成本，已使这些添加超微粉的复合体系涂层很快就在市场上展示出强劲的应用势头和实用价值。

微纳粉体涂层材料是指利用表面处理手段，将部分或者全部含有超微粉的材料涂覆于基体，由于微纳粉体颗粒的加入，从而增强涂层材料的功能化特性。

微纳粉体颗粒涂层材料按照用途可以分为结构涂层和功能涂层两类。结构涂层，包括高强、高硬和耐磨涂层，自润滑涂层，耐热、耐高温和抗氧化涂层，耐蚀、防护和装饰涂层。功能涂层，包括热学涂层、光学涂层、电学涂层、磁学涂层、催化敏感涂层等。

纳米涂层材料由于含有超微粉，在表面涂覆过程中，材料的特性与微纳粉体性质有相似之处，也有变化不同之点，具有以下特点：

① 涂层材料的组成范围很宽，不同材料性质的微纳粉体可以自身组成单一的超微粉涂层，或者是相互组合形成二元或多元复合超微粉涂层，或者是一定体积分数超微粉添加到金属、无机非金属和高分子材料基体中，获得复合材料涂层，有利于材料组成的控制和设计，因此可以获得广泛变化的性能。

② 微纳粉体材料的尺度涵盖了微米、亚微米到纳米级范围，因此微纳粉体涂层材料也可以体现纳米材料的诸多优异特性。

③ 微纳粉体涂层用于的基体材料也是多种多样，从钢铁、有色金属到塑料、玻璃等，与基体产生机械结合或者冶金/反应式结合，附着强度随着涂层、基体材料的种类和界面结合性质而变化。

④ 涂层材料在结构上可以是单层或者多层，能够控制其厚度而便于重新实施。

⑤ 微纳粉体涂层材料可以运用传统的表面技术手段实现，简单时只要手工操作，方便实用；复杂时采用全自动化生产，质量性能控制精确。

4.1.2　微纳粉体涂层材料的种类

微纳粉体涂层材料的种类广泛，包含金属、陶瓷以及金属-陶瓷复合或者多元复合陶瓷微纳粉体，除了自身形成涂层材料外，还可以与金属及合金、无机材料、树脂等高分子材料基体结合，制备复合涂层材料。

（1）金属及合金微纳粉体涂层材料　采用电解、还原、喷雾等方法，生产出金属以及合金微纳粉体，然后作为单独的金属或者合金涂层、金属复合涂层或者金属基复合涂层。单独金属主要有镍、铜、铁、钴等，充当涂层基体成分或打底；金属合金微纳粉体以这几种金属为基，添加其他元素如铝、铬、碳、硼、硅、锡、磷、钨等，形成了镍基、铜基、铁基、钴基合金微纳粉涂层。可以根据其工作对象和服役条件，设计出不同的合金成分配比，以获得耐热、抗高温、抗氧化、耐磨、自润滑与减摩等其他性能。表 4-1 列出几种金属合金微纳粉体涂层材料。

表 4-1　金属合金微纳粉体涂层材料

种类	涂层材料组成	种类	涂层材料组成
镍基	Ni-Cr、Ni-Cu、Ni-Mo、Ni-Cu-Cr-Mo 等	钴基	Co-Cr、Co-Cu、Co-Ni 等
铜基	Cu-Co、Pb-Cu、Sn-Cu 等	铁基	Fe-Al、Fe-Cr、Fe-Cr-Al 等

两种不同的金属以一定的包覆形式，形成金属复合微纳粉体涂层材料，如镍包铝、铝包镍等。复合微纳粉体根据粉体的结构形式分为包覆型和非包覆型（即混合方式），包覆型又包括完全包覆和部分包覆，如图 4-1 所示。再就是利用金属或合金作为基体材料，复合无机非金属材料

(a) 包覆型　　　(b) 包覆型　　　(c)非包覆型

图 4-1　涂层复合微纳粉体包覆结构示意

粒子，通过烧结、喷涂和沉积等方法，形成金属基复合材料涂层。金属超微粉体材料起到了黏结作用；或者将金属微纳粉体材料复合到高分子等材料中，也形成复合材料涂层，获得的涂层材料即具有复合相的性质与复合效应。

（2）无机非金属材料与陶瓷微纳粉体涂层材料　这一类涂层材料发展最快，因为兼顾了金属、非金属和复合材料的优势，对复合材料的设计与材料功能性质的发挥非常有利，是微纳粉体涂层材料的主要部分。主要包括：

① 氧化物材料涂层　氧化物材料涂层具有熔点高、耐高温、抗氧化、热导率低、硬度高、耐磨、化学稳定性高、抗蚀、电绝缘等优良特性。成为目前应用最为广泛的微纳粉体涂层材料之一。氧化物在涂层材料中占有相当的分量，常用的氧化物涂层材料有 Al_2O_3、TiO_2、ZrO_2、Cr_2O_3、SiO_2、Fe_2O_3 等，氧化物之间还可以形成二元，甚至多元复合涂层材料，如 Al_2O_3-TiO_2、Y_2O_3 稳定的 ZrO_2、Al_2O_3-SiO_2-TiO_2 等复合材料涂层。

② 碳化物材料涂层　碳化物除具有氧化物部分特性外，在单独形成碳化物涂层材料方面有一定的难度，存在着如高温时分解、硬而脆等不足。往往通过加入具有黏结作用的金属来减小涂层脆性，并且对碳化物微纳粉体颗粒进行表面处理，改善与基体的润滑性，提高涂层性能。碳化物材料涂层的主要代表有 SiC、WC、TiC、BC、Cr_2C_3。

③ 金属陶瓷复合材料涂层　单独材料性质的微纳粉体涂层材料性能发挥有限，更多的是形成复合材料。金属基复合材料就是明显的例子，如将碳化钨加入到镍、钴、铁基中，形成了所谓的硬质合金，对于铁基经过成分设计，可获铁基硬质合金。与传统的硬质合金材料相比，微纳粉体硬质合金涂层既有高的硬度、抗磨性能，同时又具有更低的脆性。在电化学复合沉积中，这些无机超微粉体材料也是很好的复合对象。为复合材料的组成与功能设计提供了便利的途径。这类复合材料涂层可以通过烧结、喷涂和镀膜等方法获得。

④ 其他涂层材料　其他还有氮化物、硼化物等涂层材料，如 Si_3N_4、BC、B_4C、TiB_2 等。这类材料力学、热学性能要优于氧化物、碳化物，且还具有其他功能，但成本较高。通常也是与其他材料一起复合使用。

根据各组成相所占百分比不同，金属陶瓷分为以陶瓷为基质和以金属为基质两类。金属基金属陶瓷通常具有高温强度高、密度小、易加工、耐腐蚀、导热性好等特点，因此常用于制造飞机和导弹的结构件、发动机活塞、化工机械零件等。陶瓷基金属陶瓷主要可以细分为以下几种类型：

① 氧化物基金属陶瓷　以氧化铝、氧化锆、氧化镁、氧化铍等为基体，与金属钨、铬或钴复合而成，具有耐高温、抗化学腐蚀、导热性好、机械强度高等特点，可用作导弹喷管衬套、熔炼金属的坩埚和金属切削刀具。

② 碳化物基金属陶瓷　以碳化钛、碳化硅、碳化钨等为基体，与金属钴、镍、铬、钨、钼等金属复合而成，具有高硬度、高耐磨性、耐高温等特点，用于制造切削刀具、高温轴承、密封环、发动机叶片等。

③ 氮化物基金属陶瓷　以氮化钛、氮化硼、氮化硅和氮化钽为基体，具有超硬性、抗热震性和良好的高温蠕变性，应用较少。

④ 硼化物基金属陶瓷　以硼化钛、硼化钽、硼化钒、硼化铬、硼化锆、硼化钨、硼化钼、硼化铌、硼化铪等为基体，与部分金属材料复合而成。

⑤ 硅化物基金属陶瓷　以硅化锰、硅化铁、硅化钴、硅化镍、硅化钛、硅化锆、硅化铌、硅化钒、硅化铌、硅化钽、硅化钼、硅化钨、硅化钡等为基体，与部分或微量金属材料

复合而成，其中硅化钼金属陶瓷在工业中得到广泛应用。

4.1.3　微纳粉体涂层材料的制备方法

只要涂层材料中含有微纳粉体，即成为微纳粉体涂层材料。所以，凡是能够进行表面处理的材料和工艺，都可获得微纳粉体涂层。制备微纳粉体涂层的方法有很多，总体上可以分为两大类：干法和湿法。干法，通常运用物理或化学、机械等方法，在固态或气态下，产生含有微纳粉体的涂层。湿法，一般采用化学方法，通过添加微纳粉体颗粒，在液相中获得含有超微粉的涂层。表 4-2 分别给出了两大类方法所采用的具体工艺。

表 4-2　微纳粉体涂层制备方法一览表

湿法	干法	湿法	干法
沉积、电镀、化学镀、喷镀溶胶-凝胶、盐浴、阴极电泳	喷涂、等离子喷涂、电喷涂爆炸喷涂、激光表面涂覆	金属熔盐分解有机（无机）涂料涂抹	粉末合金烧结等

（1）沉积或镀覆涂层方法的特点　在电解质溶液中，采用电化学或者化学方法使非水溶性的非金属或者金属微纳粉体颗粒共沉积到金属基质中，形成微纳米颗粒复合涂层材料，这就是复合镀（composite plating）。采用电镀方法制备复合材料涂层，称为复合电镀或分散电镀。化学镀沉积出复合材料涂层，称为化学复合镀或称为无电解质复合镀（electroless composite plating），还可以形成电刷镀复合镀，喷射复合电镀。这种方法制备出的涂层为金属基复合材料的制备与应用，提供了简便条件。复合镀技术在各个领域获得了广泛应用，比如反光镜、玻璃成型滚轴、塑料制品模具、印刷轧辊、工业用管道、各种紧固件等。与其他制备复合涂层材料的方法相比，复合镀具有很大的优势，表现出以下特点。

首先，能够复合不同材料，形态多种多样，从微纳粉体，甚至纤维、晶须，通过改变基质材料与复合相的组合，能形成一系列不同性能的复合材料涂层。为改变或调整材料的性能提供了可能性和多样性。

其次，电镀、化学镀制备微纳粉体颗粒涂层材料，只要在较低的温度下（低于 90℃）便可施行，无需高温处理，不存在热加工变形问题，因为工艺简单，所以设备造价低。可以在钢铁、有色金属和非金属材料等基材上施镀，能够连续制备或间歇操作，得到大面积、涂层厚度可控的复合材料，尤其是化学镀更适合复杂形状的基材。

最后，复合材料涂层沉积完毕，可以再进一步处理，包括热处理、表面处理等，以提高涂层性能。

（2）复合材料涂层沉积机理　虽然电镀和化学镀都能制备微纳米粒子复合材料涂层，但是二者的操作方法和涂层性能存在一些差别。化学镀是在金属络合溶液中利用强还原剂使金属离子还原，沉积形成合金涂层。与电镀相比，化学镀无需电源和辅助阳极，没有电镀因电流增大所造成的尖角效应等问题。

复合涂层中的第二相粒子如何与金属基质或合金发生共沉积，对于材料间的结合乃至涂层的组成性能都至关重要。要使微纳粉体颗粒第二相嵌入到电镀或者化学镀涂层中共沉积，超微粒子的共沉积行为必须有以下几个步骤：首先是超微粉粒子须均匀、大量地向阳极面或试样表面移动，因为碰撞到试样表面的粒子只有极少一部分最终能嵌入到涂层中，这个过程必须依赖于溶液的搅拌，增加粒子与试样表面的接触机会，使粒子沉降到目标表面；其次，为了使微纳米粒子能够驻留在表面，且尽可能黏附在表面，这时需要一种较重力或搅拌更强的力，来确保有一部分粒子与基质涂层发生黏附作用，这就是电场力；或有静电交互作用下的吸附过程，使一些粒子能够被固定在表面。这部分粒子与其性质、形状尺寸和搅拌因素，以及电荷的大小都有关。再者，固定的粒子被基质涂层包覆，粒子嵌入到涂层中，形成复合材料涂层。

虽然目前对复合涂层的形成机理尚缺乏更详尽的研究结果，但仍然可从许多影响因素中寻找答案，其中 Gugliemi 对共沉积反应提出的二段式吸附理论最具代表性，见图 4-2。溶液中要复合的粒子受到搅拌作用，进入基质表面与溶液建立双电层，即阴极附近的亥姆霍兹面；双电层具有高的电位梯度，带电粒子弱的吸附膜去除，在电泳的作用下更强地吸附到阴极表面，吸附的程度依赖于电位；随后，粒子固定在阴极面，逐渐被包覆与基质涂层发生共沉积。

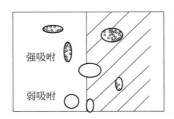 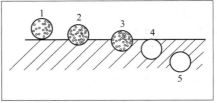

图 4-2　分散相粒子共沉积模型示意

圆圈—粒子；斜线—涂层；1，2，3—驻留粒子；4—固定粒子；5—包覆粒子

化学复合镀中粒子向试件表面迁移和共析存在两个过程。首先，粒子依靠搅拌机械力作用，与试件表面接触，静电交互作用促进粒子的吸附；然后，基质金属逐渐包覆固定粒子，发生共沉积形成复合材料涂层。

（3）复合材料涂层制备方式及影响因素　制备复合材料涂层的设备基本上与电镀或者化学镀类似，通常由加热、镀槽和搅拌等设施组成。但有其自身特点，要获得良好的超微粉复合涂层，关键问题在于要使固体颗粒均匀稳定地分散于溶液内部，且粒子随着粒径的减小，表面积急剧降低，对溶液的稳定性是个考验。实现粒子悬浮在溶液表面的关键是搅拌，搅拌的方式有很多，有机械搅拌、压缩空气搅拌、溶液循环搅拌等。图 4-3 是复合材料电镀的典型装置，通过机械搅拌可促进超微粉粒子与基质复合镀。液态/空气法可使粒子与溶液更加均匀混合，能获得质量更好的复合材料涂层。化学复合镀可采用这些方法进行搅拌。

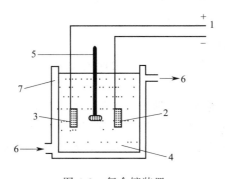

图 4-3　复合镀装置

1—电源；2—阴极；3—阳极；4—溶液与粒子；5—搅拌器；6—热水；7—水套

搅拌的方向和强度对复合材料涂层的形成乃至性能是十分重要的。在镀覆过程中，如将阴极面相对阳极垂直吊挂，连续搅拌溶液实现复合镀的方式称为惯性共沉积。如果将阴极面水平放置在溶液内部，利用粒子的重力或者搅拌间歇使粒子沉降在阴极面上，造成粒子与基质包覆的方式称为沉降共沉积法。固定好搅拌方式后，搅拌的强度和速度也要确定，搅拌太慢，溶液不能与粒子充分混合，涂层内难以析出更多的粒子；反之，搅拌得太快，粒子又更难在试样表面驻留，甚至得不到复合材料涂层。随着复合镀技术的发展，经过改进的、新的搅拌方式或装置不断问世，如采用超声波振荡搅拌法等，对复合材料涂层的制备起到了促进作用。

虽然在电镀或化学镀溶液中加入不溶性微纳米粒子，采用合适的搅拌就可以获得复合材料涂层，但是影响复合材料涂层的形成乃至涂层性质的因素却又很多。分散粒子在加入前，首先经过清洗，然后烘干备用。在镍-金刚石复合镀中，天然金刚石在加热的浓硫酸中处理，接着在蒸馏水中清洗，烘干或灼烧；人造金刚石先在加热的浓硫酸中处理，清洗后再在浓硝酸中处理，清洗，转入浓盐酸处理，清洗后再在加热的浓硫酸中处理，清洗干净，经过干燥或灼烧备用，粒子经过酸洗后去掉杂质，达到纯化的目的。

分散相粒子的加入，降低溶液的清洁度，提高了杂质浓度，会破坏溶液的稳定性，甚至会成为溶液自发分解的成核中心，易于分解，则要求复合镀溶液具有更好的稳定能力。避免自发成核质点的出现和溶液失效，如此才能产生良好的涂层。在复合镀溶液中选择恰当数量的稳定剂，可保证复合镀操作顺利进行。化学复合镀 Ni-P-SiC 的典型工艺配方为：硫酸镍 30g/L，次磷酸二氢钠 20g/L，乳酸 25g/L，丙酸 5g/L，pH 值 4.4～4.8，SiC（1～2μm）含量 0.25%～4.0%。

添加的粒子与溶液处于不同状态，且性质不同，在溶液中有的上浮，有的下沉。要使粒子均匀地分散于溶液内部各个部位，且与溶液充分混合浸润，必须加入表面活性剂，改变粒子的表面特性，降低表面张力，增加粒子与溶液的亲和程度，并且能够避免细小粒子的凝聚。在化学复合镀 Ni-P-PTFE 溶液中，PTFE 具有憎水性，加入表面活性剂，使 PTFE 和 Ni-P 溶液均匀分散。当然，如果加入的表面活性剂类型和数量不当，将不利于复合镀覆，阻碍超微纳米粒子的分散和共析。

许多研究表明，分散粒子的共沉积与其带的电荷有关，粒子有导电性和非导电性，向复合镀溶液中加入金属粒子或阴、阳离子表面活性剂，改变粒子电位性质和大小，对复合涂层的形成影响很大，尤其是复合电镀。对于 Ni-Al$_2$O$_3$、Cu-Al$_2$O$_3$ 体系，溶液中加入 0.001mol/L 的共沉积量显著下降；加入 Li$^+$ 等一价正离子容易吸附于 Al$_2$O$_3$ 表面，使其带正电，有利于 Cu-Al$_2$O$_3$ 复合涂层的形成；在 Cu-SiC 复合镀体系中加入适量的一价重金属离子，显著促进 SiC 的共沉积；Ni-Al$_2$O$_3$ 复合电镀中添加十二烷基硫酸钠和十二烷基三甲基氯化铵表面活性剂，可使 Al$_2$O$_3$ 的共析量发生变化，原因在于粒子表面电荷的改变。

溶液的操作条件如 pH 值和温度、电流密度等影响基质的沉积速率，进而改变粒子的复合量，对于复合电镀，加大阳极电流密度，使场强增强，带电微粒的电泳速度加快，可增加粒子接触试件表面和共沉积的概率。但也有研究表明，这种概率取决于粒子与阴极之间的亲和力，在有些情况下，溶液体系不同，粒子的共沉积量与电流密度无关。

溶液温度升高，对于电镀和化学镀影响并不一样。在电镀过程中，温度升高，场强减小，粒子的表面电荷和电位降低，粒子的吸附受到削弱，使共析量下降。化学复合镀过程中，温度升高有利于提高沉积速率，但过高的温度会增加溶液的不稳定性和维护的困难性。

（4）微纳粉体复合材料涂层的其他镀法　电刷镀是利用电化学沉积原理，在能够导电的表面选择某些部位，进行涂镀金属覆盖层的工艺技术。运用电刷镀溶液添加微纳米粒子，实施刷镀获得复合材料涂层称为复合刷镀。从复合材料涂层本身来看，这种手段与复合电镀在机理上并无多大差异，只是在工艺方法和装备方面有所不同。复合电刷镀是一种特殊形式的复合电镀，已成为一种沉积微纳粉体复合材料涂层的新方法。产生的选择性电镀效果良好，工艺灵活简便，电刷镀复合材料涂层的装置主要包括电源和刷镀笔等组成部分。在刷镀过程中，浸满镀液的刷镀笔保持适当的压力与试件表面相对运动，溶液中的金属离子在电场力的作用下，扩散到接触表面，随后被还原成金属或合金；微纳米粒子在金属结晶过程中，既有可能吸附离子参与阴极反应，与基质涂层一起反应形成复合材料，又有可能不参与阴极反应，而是随着涂层的沉积被嵌入产生复合涂层。

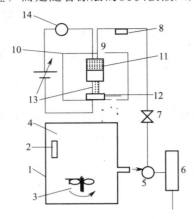

图 4-4　粒子复合喷射电镀装置
1—混合容器；2—加热器；3—搅拌器；
4—电解液＋粒子；5—泵；6—逆变器；
7—阀门；8—超声流量；9—变换器；
10—喷射腔；11—喷嘴（阳极）；
12—基底（阴极）；13—喷嘴；14—电流计

复合电刷镀产生复合材料涂层，除具有一些复合电镀方法的共同特点外，还具有独特之处。首先是刷镀能够有针对性地选择部位，所需设备简单，工艺操作灵活；其次，溶液的性质稳定可调，温度范围较宽，可循环利用，涂层沉积速率快；最后，涂层与基体结合牢固，能够多次反复施镀。

针对复合电镀的速度较慢和难以控制微纳米粒子的共析量，一种新的复合电镀方式，即复合喷射电镀应运而生，图 4-4 给出了其装置。不同的是，需镀对象不是与搅拌溶液混合发生沉积，而是依赖一个喷嘴，将准备好的含有复合粒子的溶液喷射到基体表面完成共沉积反应，这样可通过调整喷射速度来改变沉积速率和粒子的体积分数，而不受电流密度的局限。

另外，利用电泳、溶胶-凝胶、金属熔盐电解和涂料涂抹等方法，都可以加入微纳米粒子，形成复合材料涂层，从而根据需要具备不同的性能。

4.1.4　干法制备微纳米粒子涂层的方法

（1）干法制备微纳米粒子涂层材料　主要以喷涂方法为代表，这类方法的共同特点是需要提供高能量以产生高温，体现热的形式存在。将粉末材料（包括微纳米粒子或黏结剂）气化或熔化，喷涂在基体表面并赋予不同于基体的各种性能。所以，这类方法都可以归纳为热喷涂，表现出如下特点。

喷涂的材料广泛，从金属到无机非金属、陶瓷、塑料和高分子材料；微纳米粒子既可以单独或几种混合喷涂，还可以与母材复合一起喷涂；自熔性合金粉末特别是自黏结复合粉末的问世和发展，不仅扩大喷涂材料的品种范围，还提高了涂层的质量、性能以及与基材的结合。

喷涂材料除满足使用性能外，且具备良好的工艺性能，喷涂时不因加热而变化，具有良好的热稳定性和流动性，涂层的膨胀系数与基材相当，具有良好的力学与热学相容性和浸润性。

喷涂的基体材料也是多种多样的，基材性能不受影响，与金属基材可以实现冶金结合，涂层结合强度高。

基材尺寸、部分喷涂不受限制，涂层厚度易于控制，甚至达到修补的尺寸要求。能够赋予基材从装饰到各种功能特性。高性能材料构成的涂层涂覆在相对容易加工和廉价的基体材料上。

（2）热喷涂的分类　热喷涂技术已经发展成为一个独立的产业领域，按照喷涂所采用的能源种类及喷涂材料的状态，可以将热喷涂方法分为多种形式。

① 液态法　也叫喷射沉积，是一种液态喷涂形式。将预先制备好成分配比达到性能要求的金属材料熔化（通常是一些低熔点金属或合金，如铝、锌及其合金等），金属液流在充满惰性气体雾化器中雾化成液滴，与送粉器落下的粉末粒子混合。在气流作用下飞向基底，铺展开来便形成金属基复合材料涂层。该工艺技术又称为喷射共沉积。当然，这种方法也适

合于非金属如塑料、高分子材料等的喷涂。

　　② 高温加热法　这类喷涂方法在于对热源的应用和控制。可采取火焰、感应、爆炸、电弧和激光加热喷涂等。火焰喷涂一般采用氧-乙炔混合气体燃烧。粉末粒子在喷枪内部随燃烧火焰喷出，并达到熔融状态，高速撞击基材表面，获得所需涂层；电弧喷涂利用电弧能量密度和熔化粒子加热温度高的特点，所以涂层结合强度更高，适用于金属及合金粉末；爆炸喷涂是可燃气体的瞬间爆炸产生高温，使喷涂材料加热并被爆炸产生的高压波冲击飞向基材表面，形成较为致密的涂层；激光喷涂以激光作为热源，由于激光的高能量密度和巨大的过冷度，获得的涂层组织性能有很大变化。利用激光还可以进行重熔处理等，获得不同结构形式的涂层，如单一涂层、复合涂层等。

　　③ 等离子法　等离子喷涂利用喷枪中产生的等离子焰流的热能，将喷涂的粉末加热到熔融或半熔融状态，随着等离子焰的作用。高速撞击基材表面并形成涂层，该方法产生的温度高，喷射速度快，涂层气孔率低，密度高，且与基材集合强。尤其适用于陶瓷材料的喷涂，广泛用于功能材料涂层的制备。等离子法还可以在大气、保护气氛、真空等环境下完成喷涂作业。表 4-3 比较了几种喷涂方法。

表 4-3　几种喷涂方法的比较

工艺方法	产生温度/℃	电能利用率/%	电能利用率/(m/s)	结合强度/MPa	孔隙率/%
火焰喷涂	3000	5～8	80	<20	20
电弧喷涂	6000	63～67	260	>20	10
爆炸喷涂	3300	—	700	200	0.5
等离子喷涂	16000	4	300～400	60	2～5
超音速喷涂	2500～3100		610～1060	100	<0.5

　　除上述方法外，随着热喷涂技术的发展，新的工艺方法不断出现，高速氧燃料就是其中的代表。高速氧燃料喷涂将燃气和氧气充分混合，气体燃烧产生的火焰喷射速度可达约 4 倍声速，将由惰性气体送入的粉体喷向基体，形成优质涂层，且性能上佳，其装置见图 4-5。

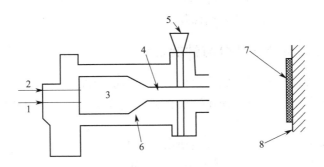

图 4-5　高速氧燃料喷涂装置

1—燃料；2—氧气；3—燃烧室；4—喷枪；5—球墨微纳米粉体；6—冷却水；7—涂层；8—基底

4.2　微纳粉体材料涂层的成分与性能设计

4.2.1　涂层设计的一般原则

微纳米粉体涂层给予基体材料新的性能或使某方面性能增强，因此基体材料产生了新的功能特性，延长了基体对应零件或设备的服役周期，提高了器件的可靠性，起到了简化加工工艺，节约能源和材料的作用，真正发挥了微纳米粉体涂层材料的应用价值。尽管表面涂层的实施，增加了额外成本，但是从材料整体的价值和获得新的性能来看，这个成本还是很低的，所以说基体材料越是贵重，加工越困难，表面涂层的意义越大。以金刚石复合涂层为例，金刚石价格较高，复合涂层的性能未必优于普通表面技术涂层性能很多倍，但是对于精密贵重的基体来说，性能哪怕提高一倍，延长基体材料的使用寿命所带来的直接或间接效益远远超过使用少量金刚石的费用。为了体现涂层材料的价值，最大限度发挥性能价格比，在设计表面涂层时应注意以下问题：

① 了解基体材料所处的工作环境和关键因素，应满足的性能和失效形式，确定基体材料对表面性质的要求，以及表面涂层材料及技术的适应性。

② 针对所需条件，确定具体的表面涂层技术应用，在表面涂层能够满足服役条件的前提下，选择合适的涂层材料，采取切实可行的工艺技术来保证涂层实施。

③ 保证采用的超微粉涂层具备优良的性能，尽可能考虑综合性能，性能水平一般超过基体的表面性能或是基体所不具备的量级，达到增强和改性目标。

④ 表面涂层只允许改进或提高基体材料的性能，或者赋予基体新的性能，不对基体材料性能构成侵害，与基体保持良好的热学、力学相容性，结合强度高，能够做到涂层与基体一起适应环境、协同变化而不脱黏。

⑤ 表面涂层应能适应基体材料的材料类型、形状、尺寸以及表面处理前后的加工处理变化，达到厚度和变形等要求，表现出较大的灵活性和适应范围，不会因后续处理造成涂层或基体的性能劣化。

⑥ 优化表面涂层的厚度与性能、应力性质及水平的关系，确保应力在涂层厚度范围内和界面处合理分配，过渡区的尺寸、成分和应力梯度分布有利于涂层性能的发挥，既保证良好的界面结合强度，又使最危险的破坏发生在涂层或基材内。

⑦ 考虑表面涂层材料及其工艺方法的经济性，选择工艺易于执行、价廉、性能优越且材料来源有保障，没有污染公害的表面涂层技术。

4.2.2 表面涂层材料的成分与性能设计

对于微纳粉体表面涂层材料的成分设计，也是取决于性能的要求和性能设计，依赖于达到什么样的性能水平。因此，微纳粉体涂层材料的成分设计关系到材料的组成、组织、结构形式，以保证涂层获得所要求的性能。

所以，要获得理想的表面涂层性能和功用，就取决于微纳米粉体粒子在涂层中的存在形式、粒子的数量（体积百分数）、尺寸大小、形状和分布，以及粒子所起的作用以及与其他材料复合所带来的效应。通过材料的组成设计，以期获得所需的性能。

（1）微纳米粉体涂层材料的力学效应　根据 Hall-Petch 关系式，一般金属材料的屈服强度（硬度可比照）随着晶粒尺寸的减小而提高，微纳粉体涂层材料在一定尺度范围内也近似遵从这个规律。在纳米结构多层薄膜系统中，其硬度也表现出类似的 Hall-Petch 关系，即硬度随着纳米结构单元尺寸的减小而增大。这种现象实际上是细化晶粒强化，特别是不仅提高了强度和硬度，同时韧性也大为增加。通常强度、硬度与韧性是一对矛盾因素，只有细化晶粒、细化组织才达到强韧兼顾，细化晶粒成为材料强韧化的首选方式。

对于金属材料而言，固溶强化的作用不如时效弥散强化显著，析出物的尺寸、数量、形态和分布，以及与基体保持的界面关系（共格或非共格）都影响到强化作用。强化的机理在于析出物与位错的交互作用，位错在析出粒子间运动，发生环绕或切割粒子，引起弹性应变能、界面能、化学交互能等的变化，从而可以有效地控制析出物的参数，保证强化性能。对于微纳米涂层材料来说，如果是复合材料还可以发生与上述情况一致的强化方式，其分散相粒子与析出物无严格的分界。所以，微纳米粉体涂层按照第二相与基体的组成和性质来决定其强化作用。分散的第二相在基体中弥散分布，起到调节整个材料的组成与性能的作用。总的来说可以分成两种情况：①第二相比基体软，如加入细化的金属相、石墨等，作为减摩自润滑材料组成应用等；②第二相比基体硬，硬质相粒子在基体中分散均匀，起到增强作用，获得高强度、高硬度和耐磨等性能。涂层材料也是这样来设计组成和性能，微纳米分体涂层材料的粒子作用更加显著。

（2）微纳米粉体涂层材料的尺寸效应　由于微纳米粒子比较细小，涂层材料的功能特性因此产生广泛的变化。随着粒子尺寸减小达到纳米量级，就与许多物理特征长度，如光波长、德布罗意波长和超导态的相干波长或透射长度等相当，这样一般固体颗粒赖以成立的周期性边界条件将遭到破坏；而且粒子大小减小到某一尺寸时，金属费米能级附近的电子能级由准连续变为离散能级，半导体微粒存在不连续的最高被占据分子轨道和最低未被占据分子轨道能级，能隙则变宽，因而出现了量子尺寸效应。微纳粒子的尺寸有限，包含一定的电子数，按照久保理论就产生了能级间距，这种能级分立的情况与常规固体材料呈准连续的能带分布情况差别明显。当能级间距大于热能、磁能、静电能、光子能量或超导的凝聚态能时，导致了微纳米粒子的热、磁、电、光和声学性能与宏观特性的显著不同，因此微纳米涂层材料以此来设计功能特性。

微纳米粒子能够获得的量子尺寸效应，对于涂层材料的光学特性有很大影响。首先，是宽频带强吸收，红外吸收谱频带展宽，吸收谱中的精细结构消失，很多氧化物材料在中红外都有很强的光吸收能力；其次，与常规材料相比，达到纳米量级的材料出现新的发光现象，如氧化硅的发光带发生平移，在紫外到可见光范围内出现 4 个发光带；再次，半导体微粒的吸收光谱普遍存在蓝移现象。随着微粒尺寸的减小，吸收光谱逐渐向短波方向移动。

颗粒尺寸越小，电子平均自由程缩短，偏离理想周期场越严重，使得其导电性特殊。对于粗晶状态的金属良导体，当尺寸达到纳米量级，电导率急剧下降，产生非金属特征。一般纳米金属的电阻高于常规金属和合金；纳米非金属的介电行为也不同于常规材料，普遍存在测量频率降低而介电常数急剧上升。

微纳粒子材料与常规材料在结构上，尤其是磁结构有很大差异，必然在磁学性能上表现出来，常规的铁磁性材料，当晶粒尺寸减小到临界尺寸时，则转变为顺磁性，甚至处于超顺磁状态。如镍颗粒的粒径为 15nm 时，其矫顽力趋近于零。表明它进入超顺磁状态。此外，晶粒的高度细化也会使得一些抗磁性材料转变为顺磁性物质，还可能使非磁性物质转化为顺磁性或铁磁性材料。

（3）微纳米粉体涂层材料的表面与界面效应　微纳米粒子的尺寸较小，位于表面的原子所占体积分数很大，产生相当高的表面能。因为表面原子数增多，比表面积大，原子配位不足，表面原子的配位不饱和性导致大量的悬键和不饱和键，表面能高，因而促成这些原子具有高的活性，极不稳定，很容易与其他原子结合，这种表面原子的活性不但易引起粒子表面原子输运和构型的变化，同时也会引起表面电子自选构象和电子能谱的变化；微纳米粒子因此具有较高的化学活性，具备了大的扩散系数，大量的界面原子扩散提供了高密度的短程快速扩散路径。由此，为微纳米涂层材料在敏感响应和催化等功能方面设计奠定了基础。

4.2.3 微纳粉体涂层材料的组成、性能与应用

4.2.3.1 微纳粉涂层材料的组成概述

微纳粉体材料由于其表面和结构的特殊性，具有一般材料难以获得的优异功能，为涂层材料的组成与性能提供了有利条件，使得材料的功能化具有极大的可能。材料失效形式和功能特性多余材料的表面状态、表面组成和表面性能等有关，所以将微纳米粒子加入到表面涂层材料中，既有利于涂层材料的组成变化，扩大微纳粉体的应用，同时也给表面涂层技术进一步提高创造了条件。

完全以微纳米粉体粒子组成的涂层价格较高，尚难以实用化，有许多理论需要探讨和完善。制备合成技术和成本等问题，影响到涂层材料的商业化进程。但是，借助于传统的涂层技术，添加微纳米粒子，可实现功能的飞跃，使得传统涂层功能改性，技术上无需增加太大成本，这种微纳米粒子添加的复合体系涂层很快就可以走向市场，展示出强劲的应用势头。

4.2.3.2 微纳粉涂层材料的性能类别

利用现有的涂层技术，针对涂层的性能，添加微纳米粒子，都可以获得微纳复合体系涂层。微纳粉涂层的实施对象既可以是传统的材料基体，也可以是粉末颗粒或是纤维，用于表面修饰、包覆、改性、增添新的功能特性。按其用途可分为结构和功能涂层两类，如表 4-4 所示。

表 4-4　涂层的性能分类

结构涂层	功能涂层	结构涂层	功能涂层
高强、超硬和耐磨涂层	热学涂层,包括隔热、阻燃和热障等	耐蚀、防护和装饰涂层	磁学涂层,包括磁性、存储、电磁屏蔽与防护等
减磨、润滑涂层	光学涂层,包括发光、光反射和选择吸收等		催化敏感涂层,包括催化、敏感、响应等
耐热、耐高温和抗氧化涂层	电学涂层,包括电阻、绝缘、超导和合金等		

结构涂层所指的是涂层提高基体的某些性质和进行改性，通常以提高表面力学性能为代表，用于增强增韧、超硬耐磨、耐高温抗氧化等方面；功能涂层是赋予基体所不具备的性能，为基体材料增添新的功能，从而具备声、热、光、电、磁等性能。

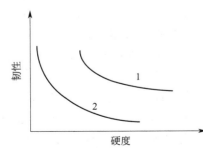

图 4-6　纳米涂层与传统涂层的硬度和韧性比较

1—纳米涂层；2—传统涂层

4.2.3.3 微纳粉涂层材料的性能

（1）力学性能　与一般涂层材料相比，微纳粉涂层材料具有高的强度、硬度和耐磨性，同时仍保持较高的韧性。图 4-6 反应纳米材料涂层在硬度和韧性两方面，都较传统涂层有较大的提高。

在工具钢刀具基体上沉积纳米涂层 TiN/NbN 和 TiN/VN，硬度可分别达到 50995MPa 和 50014MPa，比一般工具钢硬度提高了 10 多倍，寿命大大提高。图 4-7 表明纳米 Co-WC 复合材料涂层的硬度高，具有较强的抗磨能力。Co-WC 复合材料又称为硬质合金，作为刀具材料已长达半个多世纪，但其可靠性和寿命一直不尽人意，添加纳米材料，使这种金属基复合材料不仅硬度提高 1 倍以上，且韧性和耐磨性均得到显著改善，刀具的性能大为改观。镍磷合金涂层经过 340～400℃ 的时效处理，低磷固溶体合金的磷原子扩散偏聚，当两种原子 Ni∶P＝3∶1 时，沉淀析出纳米的 Ni_3P；高磷非晶态合金晶化析出纳米 Ni_3P。镍磷合金获得含有纳米颗粒的 Ni_3P 复合组织，硬度都较固溶体和非晶态合金有很大提高（如图 4-8 所示）。经过一定温度处理，其磨损性能优越，甚至达到与镀铬媲美的程度。

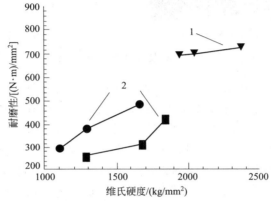

图 4-7　Co-WC 复合材料涂层的硬度与耐磨性（$1kg/mm^2 ＝ 9.8067MPa$）
1—纳米 Co-WC 复合涂层；2—普通 Co-WC 复合材料涂层

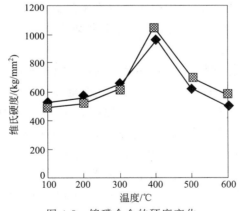

图 4-8　镍磷合金的硬度变化

与镀铬层相比，碳化硅复合材料涂层的硬度不是随着温度的升高而降低，而是随着镍磷合金基体变化，所以经过时效处理后，表现出优异的磨损性能。复合材料涂层的强化来自两方面：①镍磷合金金属基体的贡献，当基体中出现 Ni_3P 颗粒，基体硬度达到峰值，是复合材料强化性能的保证；②分散相的贡献，共沉积的硬质相硬度高，屈服极限大，产生分散强化作用，显著地增强基体的塑性变形抗力。加上时效处理可改变基体的性能，复合材料涂层在较宽的温度范围内保持强化性能。镀铬层是靠析氢致晶格畸变来达到高硬度和耐磨的，一旦受热脱氢，这种强化性能便丧失。

在摩擦磨损过程中，硬质相粒子分散在基体涂层内，充当第一层滑动面，粒子抗压起支撑作用，参与摩擦并抗磨；镍磷合金基体也具有较高的力学性能，占据第二滑动面的层次，支持粒子，如图 4-9 所示；加上基体中的磷化物硬度高且有固体润滑效果，所以，镍磷合金复合涂层具有良好的摩擦性能。

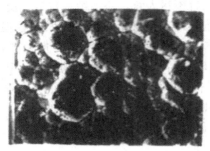
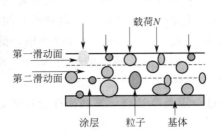

(a) SiC复合涂层形貌(×500)　　(b) 粒子强化与磨损示意

图 4-9　Ni-P-SiC 复合材料涂层的强化图解

微纳氧化铝添加到氧化铝陶瓷中，显著地起到增强和增韧作用。因此，利用微纳粒子对于解决陶瓷材料的脆性问题必将行之有效，从而为提高陶瓷材料的可靠性，改善表面涂层材料的强度与韧性的关系，扩大陶瓷材料的应用开辟了一条新的途径。

将微纳粉体粒子加入到表面涂层中，可以达到减小摩擦系数的效果，形成自润滑材料，甚至获得超润滑功能。PTFF 是一种非常好的固体润滑剂，化学稳定性极高，用来形成化学复合镀 PTFF 涂层，摩擦系数很小，抗黏附及擦伤性能优越，连续使用温度为 290℃，结合强度接近镍镀层，耐蚀性优于镀镍层，耐磨与减磨性能超过硬铬镀层。其次，在一些涂层中复合 C_{60}、巴基管等，制备出超级润滑新材料，如化学镀镍复合纳米碳管、Ag-C_{60} 等，还有许多功能特性有待研究与开发。涂层中引入微纳粉体粒子，可显著地提高材料的耐高温、抗氧化性能。在镍的表面沉积 Ni-La_2O_3 涂层，由于微纳粉体粒子的作用，阻止了镍离子的短路扩散，改善了氧化层的生长机制和力学性质。

（2）防护性能　微纳粉涂层材料具有良好的表面装饰和防护性能。在镀镍溶液中添加粒径 $0.1\sim3\mu m$ 的 Al_2O_3、TiO_2、$BaSO_4$ 等粒子，共沉积获得表面具有柔和光泽的复合涂层，称之为缎状镍，用于室内装饰、汽车及外装饰零件。以镍为基质，与吸附三聚氰胺甲醛树脂荧光颜料的颗粒复合，可获得与颜料色调相同的荧光复合涂层，在紫外线照射下，发出的荧光用于交通信号设施、汽车尾灯等，改变颜料色彩和另外再沉积其他涂层，能得到彩色涂层。

提高耐蚀性能的"镍封"普遍采用铜-镍-铬体系，在铬与镍之间复合镀镍，粒子用 SiO_2、$BaSO_4$、Al_2O_3 等，粒子直径小于 $1\mu m$，复合涂层的厚度也在 $1\mu m$ 以下，那么在大量的非导电粒子上则镀不上铬，形成了微孔数为 $(1\sim8)\times10^4$ 个/cm^2 的微孔铬层，微孔消除了铬层的内应力、电化学腐蚀电流的分散降低，使得复（组合）合涂层的抗蚀能力大大增强。

以金属铝粉末作为分散粒子，加入到硫酸锌镀锌溶液中，形成锌-铝复合涂层，其抗蚀性优于电镀锌和热镀锌。将与涂层用涂料（环氧系、苯酚系等）有较好亲和性的有机高分子微粒（粒径 $0.1\sim2\mu m$）复合，既增强涂层的结合强度，又提高了抗腐蚀能力。

（3）功能性质　虽然微纳粉涂层材料在结构性能方面应用较多，一些理论问题也比较成熟，但相对来说，涂层的功能性质是一个尚待研究开发的广阔领域，具有良好的应用前景，有待解决的问题也很多。

微纳粉涂层在热学方面有较大变化范围，可以通过改变材料组成和结构形式，实现热学性能的突变和渐变。采用微纳粉涂层材料形成热障涂层（thermal barrier coating，简称 TBC）就是一个典型例子，这种复合涂层具有较低的热导率，较高的热膨胀系数，而且增加了滑移界面的强度和韧性。如图 4-10 所示，利用三氧化二钇稳定二氧化锆的纳米涂层，并与氧化铝组合起来，随着这种涂层的温度升高和纳米颗粒尺寸的减小，其热导率降低，具有较好的热障效果（见图 4-11）。

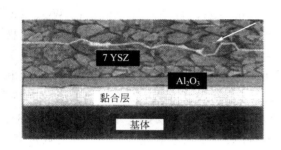

图 4-10　纳米热障涂层 YSZ 的结构

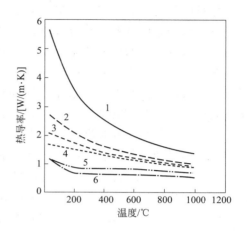

图 4-11　YSZ 纳米热障涂层的热导率变化
微粉尺寸：1—无涂层；2—1μm；3—100nm；
4—50nm；5—10nm；6—5nm

　　根据微纳粉的光学特性，可以进行光学设计，制备各种光学功能材料，用于制造红外探测装置，具有空调、光学性能调节等功能的玻璃，以及抗紫外照射，防止仪器设备的老化。微纳粉涂层特性获得广泛变化的光学性能。光学透射谱可从紫外波段一直延伸到远红外波段，微纳粉多层组合涂层经过处理后在可见光范围内出现荧光。各种标牌表面饰以微纳粉涂层后，可利用微纳粉体的光学特性，成为发光、反光材料，达到储存太阳能、节约能源的目的；改变微纳粉涂层的组成和特性，得到在特定波长范围内光致变色、温质变色、电致变色等效应，产生特殊的防伪、识别手段。80nm 的三氧化二钇可作为红外屏蔽涂层，反射热的效率很高，能作为红外窗口材料，在诸如玻璃灯产品表面获得微纳米涂层，可以达到减少光的透射和热传递的效果，产生隔热作用；在涂料中加入微纳粉体，能够起到阻燃、隔热、防火的目的。微纳粉涂层可以提高基体的防护能力，达到表面修饰、装饰的目的。在涂料中加入微纳粉体颗粒，可以进一步提高其防护能力，能够耐大气及紫外线侵害，从而实现防降解、防变色等功效。另外，还可以在建材产品、卫生洁具、室内空间、用具等中运用微纳粉涂层，产生杀菌、保洁效果。

　　微纳粉体的化学活性奠定了其广泛作为催化剂的基础。利用微纳粉体的表面催化敏感特性，作为电极材料，加速化学反应，提高反应效率，如形成的纳米晶多孔二氧化钛电极涂层。微纳粉体还有利于石油天然气的裂解和各种化学反应的进行，可用于作为温度、气体、湿度、环境等敏感器件，还能用于污水处理、汽车尾气净化等，促进环境保护。

　　微纳粉体粒度（或晶粒度）达到单畴临界尺寸，产生很高的矫顽力，可用于制成各种磁卡、磁性液体，广泛应用于阻尼器件、旋转密封等；还可用于信息存储系统，提高磁记录密度和响应速度，以及作为新型制冷材料，提高制冷效率。

　　经过微纳粉体复合的涂层，具有优异的电磁性能，利用微纳粉体粒子涂料形成的涂层具有良好的吸波能力，能用于隐身涂层；微纳米尺寸的二氧化钛、三氧化二铬和四氧化三铁、氧化锌等具有半导体性质的粒子，加入到树脂中形成涂层，有很好的静电屏蔽性能；80nm 钛酸钡可作为高介电绝缘涂层，40nm 的四氧化三铁能用于磁性涂层；微纳粉涂层可用于制作各种磁卡、磁性元件。微纳粉涂层为超高密度信息存储器件提供了材料和结构形式的保证。微纳粉结构的多层膜系统产生巨磁阻效应，有望作为应用于存储系统中的读出磁头，加上磁光材料的开发研制，有益于存储速度、密度等指标提高。

经过微纳粉涂层材料的组成设计，也可以获得结构性能与功能特性兼顾的复合材料涂层。金、银具有良好的导电性能，较高的化学稳定性，但是作为电气接触材料，常常因为强度、耐磨等性能不足而影响其接触性能。为改善这类材料的电气接触性能，通常用微纳粉复合材料涂层来解决。在镀金溶液中，添加粒径在 $1\mu m$ 左右的硬质和导电性高的 WC、TiC 粒子，获得 Au-TiC、Au-WC 复合涂层，硬度、强度和耐磨性均高于纯金镀层。因为碳化物微粒的化学稳定性高，复合涂层的耐蚀性好，其接触电阻与纯金大体相当，可用于各种电子仪器零部件的滑动接触面。$Au-Al_2O_3$ 复合涂层的屈服强度高于纯金 $400\%\sim500\%$，接触电阻则相近；Au-ZrC 复合涂层具有优良的耐磨性和耐电侵蚀能力；$Au-ZrB_2$ 复合涂层硬度高、耐磨性好，用作接触材料只有较强的抗电弧侵蚀及接触电阻稳定功能。Ag-BN、$Ag-MoS_2$、$Ag-ZrB_2$、$Ag-La_2O_3$、$Ag-Al_2O_3$、$Ag-TiO_2$、Ag-TiN、Ag-石墨等复合涂层，具有硬度高、摩擦系数低等优点，可提高电接点的耐蚀、耐火花腐蚀和耐磨性，能取代纯银和机械复合银电触头。此外，Pd-石墨、$Au-Ni-SiO_2$、$Sn-MoS_2$、Sn-SiC、$Sn-Al_2O_3$、Sn-WC、Sn-石墨等都具有良好的电接触综合性能。

以镍为基制备的 $Ni-ZrO_2$、$Ni-Y_2O_3$、$Ni-PbO_2$ 等复合涂层对阴的阳极反应具有明显的催化活性。Ni-WC、$Ni-MoS_2$ 等涂层可使 H^+ 阴极反应速率提高几倍。这些具有电催化功能的涂层，可以降低电极过程的过电位，大大节约电能。Pb-WC、TiC 复合涂层具有更高的蠕变强度，其电极对 H^+ 在酸性溶液中的阴极还原反应具有催化作用，与纯铅电极相比，析氢过电位低，用电镀镍基复合 TiO_2、CdS 等半导体微粒制成光电极，可进一步提高其稳定性和转换效率。还有 $Fe-B_4C$ 复合涂层可降低内应力；在 Ni-Fe 合金中复合 Eu_2O_3 微粒（$0.5\sim0.8\mu m$），可用来制造磁性薄膜，提高记忆密度；$Ni-VO_2$、$Ni-ThO_2$ 复合涂层可制成核燃料元件、控制材料等，用于原子能反应堆燃料室的设备和零件。

总之，微纳粉涂层材料的结构性能和功能特性是相互关联的，一个优良的微纳粉涂层应尽可能具备综合的性能，以满足实际应用的要求。

4.2.3.4 微纳粉涂层材料的应用

凡是微纳粉体能够运用的领域，微纳粉涂层材料均有机会去开发应用。根据微纳粉涂层材料具有的性能与功用潜力，其应用将随着表面涂层技术的发展而不断扩大。结合表面技术，微纳粉涂层材料能够赋予材料基体或产品对象各种功能，最有可能在以下性质方面获得广泛应用。

（1）力学性质 微纳粉涂层材料产生表面强（硬）化作用，同时保持较高的韧性、耐磨性与固体润滑性，用于工具模具、刀具、钻具、缸套和活塞、齿轮、挺杆、轴衬、汽轮机叶片、液压装备等，涉及机械、汽车、能源、纺织和冶金等领域。

（2）化学性质 获得表面防护性能和表面催化特性，耐候、耐大气、耐各种腐蚀介质的侵害，起到表面保护作用，用于各种泵、阀门、反应热交换器、油缸、柱塞、叶片、管道、各种催化剂、析氢与储氢、污水分离与治理、尾气净化，涉及石油化工、船舶、矿井、医药、能源和环保等领域。

（3）物理性质　获得特定的表面物理性质，用于表面亲水（油）、憎水（油）、可焊性和黏着性，表面敏感，涉及医药、化工、机械和电子器件等领域。

（4）热学性质　获得耐热、耐高温和抗氧化性能，以及隔热、阻燃、热障等性质，用于发动机、汽轮机，涉及锅炉、航空、电站等领域。

（5）光学性质　获得发光、反光和光吸收等性质，用于各种光学器件、涂料、光催化、光电极、太阳能装置、标牌、探测器等，涉及仪表、电子电器和建材等领域。

（6）电磁性质　获得特别的电磁性能以及响应特性，用于磁屏蔽、磁记录截止、存储、磁性元件、超导、电极、电气接触元件、绝缘、介电、隐身与吸波等，涉及军事、仪表、电子电气、计算机等领域。

表 4-5 列出喷涂涂层的应用目的、对象和领域。它能够提高基体材料的性能，赋予其新的功能特性，达到表面改性和功能化、延长机器零件和设备服役周期的目的，从而也就拓宽了复合材料的应用领域。

表 4-5　喷涂涂层的种类和典型应用

涂层材料	涂层组成	应用目的	应用对象	应用领域
氧化铝	Al_2O_3、Al_2O_3-TiO_2、ZrO_2	耐磨、耐热冲击、抗冲蚀、电绝缘、红外探测等	喷嘴、叶片、柱塞、反应装置、轧机、泵、阀门	航空、机械、化工、纺织、仪表
二氧化钛	TiO_2	耐磨、耐热、耐蚀、催化、敏感	磁头、电极、滚轮、导向装置、轴承套	化工、机械、电气
三氧化二铬	Cr_2O_3、Cr_2O_3-TiO_2、Cu-Cr_2O_3	耐磨、耐热、耐蚀、催化、敏感	泵、活塞、粉碎机、轴承、叶片、发动机	航空、机械、能源
二氧化锆	ZrO_2、ZrO_2-Y_2O_3、ZrO_2-Al_2O_3	耐磨、耐高温、绝热、热障、高温腐蚀	喷管、燃烧室、汽轮涡轮机零件、发动机零件	航空、空间、能源
碳化钨	Co-WC、Ni-WC、Fe-WC	超硬、耐磨、冲蚀磨损	刀具、工具、高温输送辊、叶片	机械、冶金、能源
碳化硅	Ni-SiC、Fe-SiC、Cu-SiC、Al-SiC	硬度、强度、耐磨、耐热	工模具、泵、阀门、导轮、纺机、曲轴、气缸	机械、汽车、冶金、纺织

采用 Ag-TiO_2 复合涂层沉积在陶瓷表面，获得了具有保洁杀菌功能的瓷砖，以及杀死大肠杆菌等细菌的能力，能够达到紫外线照射的水平，从而为新型卫生洁具及其建筑、装饰材料增添新的功能。银与钛酸钡等陶瓷材料形成纳米复合材料涂层，具有良好的介电性能，被广泛作为敏感元件而应用。

当然，微纳粉涂层材料的应用领域还十分广泛，具体范例不胜枚举，结构涂层需要不断增加新型材料，以进一步挖掘材料性能潜力；功能涂层尚需增强设计与控制材料性能的能力，发挥材料的功能优势，开发功能化更强的功能材料，扩大微纳粉涂层材料的应用。

4.3　微纳粉涂层材料的发展方向

微纳粉涂层材料具有良好的结构性能和功能特性，广泛应用于空间、航空、机械、电子、计算机、电气、石油化工和能源、环保等领域。该研究方向涉及物理学、化学、材料学、机械学、电子电气和冶金学等学科，也为其发展奠定了厚实的科学技术理论基础。

随着科学技术的发展，对材料及其技术提出了越来越高的要求，微纳粉涂层材料需要进一步发展和开拓应用范围。随着粒子尺度继续减小，进入纳米材料尺度，许多传统的性能皆会有奇异的变化，所以微纳粉涂层材料与纳米材料技术相结合，为其发展注入强大的后劲。纳米材料是现代高科技产业重要的物质基础。世界各国不断报道纳米材料研究的最新进展及技术成果，都在关注纳米科技的发展动态，努力使纳米材料产品化、产业化。微纳粉涂层材料与纳米技术要达到完美的结合，需要关注以下几个方面的问题：

① 对于完全是纳米颗粒的涂层材料，要解决粒子的团聚与分散问题，则需采取粒子表面的修饰与包覆等方法。

② 纳米复合材料涂层具有广泛变化的功能，要解决粒子的组装与复合，以及纳米材料的互相作用等问题，采取对材料的组成与性能设计，达到控制材料组成和功能的目标。

③ 纳米材料的添加与改性是扩大纳米材料粒子应用的经济有效方法，要解决纳米材料的添加量对性能的影响，纳米材料在常规材料中存在状态等问题。

④ 实现纳米材料涂层的技术方法适应性和可行性。

⑤ 纳米材料科学及其涂层技术的基础理论不断完善与发展，提高涂层材料组成与功能设计水平。

⑥ 创造涂层材料商业化和产业化条件，扩大应用领域。

未来微纳粉涂层材料将有望在以下领域发展：

① 生物及医学技术；

② 微型机械；

③ 纳米电子与信息技术；

④ 空间设备；

⑤ 能量转化与能源利用以及环保技术等领域取得令人振奋的突破。

参 考 文 献

[1] 咸才军, 郭保文, 关延涛. 纳米材料及其技术在涂料产业中的应用 [J]. 声装饰装修材料, 2001, (5): 3-5.

[2] 张浩, 刘秀玉. 纳米技术在建筑涂料中的应用及发展前景 [J]. 涂料工业, 2012, 42 (5): 71-74.

[3] 徐峰. 填料在建筑涂料中的应用及其发展 [J]. 现代涂料与涂装, 2006, (8): 41-45.

[4] 杨宗志. 粉体粒度对涂料性能的影响 [J]. 现代涂料与涂装, 2002, (8): 27-32.

[5] 薛黎明. 粉状建筑涂料产品的开发与应用 [J]. 新型建筑材料, 2006, (2): 43-46.

[6] 杨毅, 卫巍, 张雪莲. 复合纳米 TiO_2 建筑涂料 [J]. 化学建材, 2002, (2): 16-18.

[7] 凌建雄, 涂伟平, 杨卓如等. 高耐候性建筑外墙涂料的研究进展 [J]. 化工进展, 2001, (2): 18-20.

[8] 徐峰. 功能性建筑涂料的应用与发展 [J]. 涂料工业, 2005, 35 (4): 42-48.

[9] 徐峰, 邹侯招. 灰钙粉在建筑涂料中应用的深化研究 [J]. 新型建筑材料, 2006, (2): 43-46.

[10] 丁浩. 矿物基体功能材料及其在建筑涂料中的应用 [J]. 中国非金属矿工业导刊, 2003, (6): 17-21.

[11] 魏建军, 毕兴, 姚建武. 纳米材料的特性及其在建筑涂料中的应用 [J]. 江西化工, 2007, (2): 30-32.

[12] 程凤宏, 周宏斌. 纳米材料在建筑涂料中的应用 [J]. 建筑涂料与涂装, 2004, (1): 15-17.

[13] 庾晋, 周洁, 白杉. 纳米材料在建筑涂料中的应用 [J]. 江苏建材, 2003, (1): 37-40.

[14] 唐笑. 纳米粉体在涂料中的应用 [J]. 现代涂料与涂装, 2002, (5): 35-36.

[15] 许顺, 红方继敏, 杨红刚. 几种非金属矿物在建筑涂料改性中的应用 [J]. 建筑涂料与涂装, 2006, (4): 24-26.

[16] 郑洪平, 黄婉霞, 汪斌华等. 纳米复合建筑涂料 [J]. 涂料工业, 2002, (5): 35-38.

[17] 王训道, 赵文莲, 蒋登高等. 纳米碳酸钙在内墙涂料中的应用研究 [J]. 新型建筑材料, 2005, (8): 22-25.

[18] 李芝华, 郑子樵. 高性能外墙涂料研究开发进展 [J]. 涂料工业, 1999, (7): 34-36.

[19] 冯艳文, 梁金生, 梁广川. 健康环保型建筑内墙涂料的研制 [J]. 新型建筑材料, 2003, (10): 49-52.

[20] 余剑英, 颜永斌, 缪沾等. 单组分聚氨酯-蒙脱土纳米复合防水涂料的研究 [J]. 新型建筑材料, 2004, (7): 55-57.

微纳粉体材料在石油化工中的应用技术

5.1 微纳粉体材料在润滑油中的应用

在国家环保政策的推动下，石油炼制技术日益要求生产环境友好产品，减少副产品和废物排放，同时还要求使用无毒无害的添加剂等。采用纳米材料对于实现油品添加剂的无毒及减少油品使用过程中废物的排放都具有重要意义。

随着机械设备技术水平的不断提高和大量先进设备的引进，传统的国产润滑油难以满足设备的润滑要求，因而润滑油向具有优良的减摩抗磨性能及其他优良性能的高品质化和通用化发展已成为必然趋势，而开发高品质润滑油的关键是开发各种优良的添加剂，不断完善和提高添加剂的品种和质量，研制高抗剪切高黏度指数改进剂、高温复合抗氧剂、复合抗磨剂等优质添加剂是目前润滑油添加剂研究的重点。

由于纳米粒子具有比表面积大、高扩散性、易烧结、熔点低等特性，以纳米粒子为基础制备的新型润滑材料应用于摩擦系统，可以不同于传统载荷添加剂的作用方式起减摩抗磨作用，同时解决许多传统润滑剂无法解决的难题。

5.1.1 固体润滑剂添加剂与纳米粒子

早在19世纪产业革命时期，石墨、锡、铅等作为润滑剂就已问世，此后，固体润滑剂作为一种单一的润滑体系在许多润滑油不能胜任的领域发挥了重大作用。随着新兴产业和技术领域的出现，固体润滑剂的应用范围大大拓宽。目前，固体润滑剂不仅大量应用于一些特殊工况条件下，而且作为润滑油添加剂应用于许多润滑体系中。

5.1.1.1 固体润滑剂与添加剂

目前常用的固体润滑剂见表5-1。

表5-1 常用的固体润滑剂

润滑剂种类		物 质 类 型
软金属		铅、锡、金、银、锌等
金属化合物类	氧化物	氧化铅、氧化铁、氧化铝、氧化锑、三氧化二铬等
	卤化物	氟化钙、氟化钡、氟化钾、氟化硼、氯化钴、氯化铬、氯化硼、溴化铜、碘化钙、碘化铅、碘化银、碘化汞等

续表

润滑剂种类		物 质 类 型
金属化 合物类	硫化物	二硫化钼、二硫化钨、硫化铅等
	硒化物	二硒化钨、二硒化钼、二硒化铌等
	磷酸盐	磷酸锌、二烷基二硫代磷酸锌等
	硫酸盐	硫酸银、硫酸锂等
	硼酸盐	硼酸钾、硼酸锂等
	有机酸盐	金属脂肪酸皂
无机物类		石墨、氟化石墨、滑石、云母、氮化硅、氮化硼等
有机物类		树脂(聚四氟乙烯、聚乙烯、聚酰胺、聚苯硫醚等)和热固性树脂(酚醛、有机硅、聚氨酯等)、蜡、固体脂肪酸、三聚氰胺氰脲酸络合物(MCA)等

欲使固体润滑剂发挥润滑作用,首先必须使其进入摩擦面之间。如果固体润滑剂能够附着在摩擦面上,则能形成固体润滑膜。为使固体润滑剂微粒进入摩擦面间狭小的缝隙中,不仅要求适当的颗粒粒度和形态,还要求它能够稳定地分散在润滑油中。一旦发生相分离,就难以发挥其润滑作用。另一方面,为使固体润滑剂微粒很好地附着在摩擦面上,要求其表面具有活性。但是具有表面活性的微粒在润滑油中相互碰撞会发生聚集,进而形成团聚体而沉淀,因此,固体润滑剂不仅需要具有足够的表面活性,还必须能够稳定地分散在润滑油中。

在润滑油中加入减磨剂可提高其抗磨性,减小摩擦系数,延长机器设备的使用寿命。目前减摩剂的品种繁多,但主要有两种类型:油溶性和非油溶性减摩剂。油溶性减摩剂易与润滑油混合,但在摩擦过程中会分解产生有害成分,特别是当油温较高时,可能对有色金属(如含银、锡)的轴承材料起腐蚀作用。有些油溶性添加剂易水解,遇酸性物质会生成油泥;有些易分解消耗,需不断补充。另外,此类添加剂的合成工艺复杂,其中一些还有化学污染,使其发展受到一定限制。非油溶性添加剂可以克服上述问题,但也存在润滑油系统中的分散稳定性较差、易沉淀的问题,表 5-2 列出了几种常用的非油溶性添加剂的一些物理及化学性质。

表 5-2　代表性非油溶性添加剂的性质

物质名称		石墨	二硫化钼	氮化硼	聚四氟乙烯	三聚氰胺氰脲酸络合物
相对密度/(g/cm³)		2.23~2.25	4.8	2.27	2.2	1.52
晶体结构		六方晶形	六方晶形	六方晶形		
莫氏硬度		1~2	1~3	2		
摩擦 系数	大气中	0.05~0.3	0.006~0.25	0.2	0.04~0.2	0.04~0.15
	真空中	0.4~1.0	0.001~0.2	0.8	0.04~0.2	
热稳定 性/℃	大气中	500	350	700	250	
	真空中		1350	1587	550	
颜色		黑色	灰色	白色	白色	白色

5.1.1.2　纳米粒子的润滑性

有些固体润滑剂添加剂虽具有优良的润滑性能,但在润滑油中难以长时间稳定分散。若将其粒径减小至纳米级,则可使之更均匀、稳定地分散于润滑油和润滑脂中。纳米添加剂颗粒更容易进入摩擦表面,可能形成更厚、易剪切的表面膜,使摩擦副表面很好地分离,提高减摩抗磨效果。纳米添加剂不但可以在摩擦表面上成膜,降低摩擦系数,而且可对摩擦表面进行一定程度的填补和修复,起到抗磨作用。

(1)纳米金属离子　铅、锡、锌等软金属具有剪切强度低,能发生晶间滑移的特点,基材表面上形成厚度小于 1mm 的薄膜即可起到润滑作用。当与对偶材料发生摩擦时，软金属膜便向对偶表面转移形成转移膜，使摩擦发生在软金属与转移膜之间，从而发挥减摩和润滑作用。将纳米金属粉末制成合金材料或用电镀等方法将其涂覆于摩擦表面，形成固体润滑膜，都可以起到减摩抗磨作用。微纳有色金属或合金粉末均匀分散在油中不影响润滑油的流动性，且可附着在发生摩擦的机器部件表面，经长时间的运行后形成牢固的附着膜，即使是更换新的润滑油，该膜依然可以牢固地附着在材料表面，从而防止磨损。微纳金属粉末润滑剂的另一个优点是其膨胀系数与大多数金属接近，在温度及其他工作条件变化时仍能牢固附着。据报道，将微纳铜或铜合金粉末加入润滑油中，可使润滑性能提高 10 倍以上，因而显著降低机器部件的磨损，提高燃料效率，改善动力性能，延长使用寿命。

（2）纳米金属化合物粒子　金属氧化物、卤化物、硫化物、硼酸盐、磷酸盐、有机酸盐等纳米粒子都可以作为抗磨添加剂加入基础油或润滑脂中以提高润滑油脂的润滑能力。具有代表性的二硫化钼属六方晶系的层状结构，层与层之间以较弱的分子间力相连接，二硫化钼极易从层与层之间剥离，所以具有良好的润滑性能。纳米 MoS_2 可以粉剂、水剂、油剂等方式使用或与其他金属或高分子材料组成复合润滑材料，如用各种溶剂或黏合剂将纳米 MoS_2 悬浮液涂抹、喷涂在摩擦表面形成干膜；用离子喷涂、溅射等方法使纳米 MoS_2 黏着在摩擦表面形成覆盖膜等。其他如氧化铅、氧化铁、二氧化钛、硫化铅、氟化硼、硼酸钾、二烷基二硫代磷酸锌等也都具有润滑效果。如硼酸盐添加剂具有优良的极压抗磨性能、热氧化安定性及抗腐蚀性能，无毒无味，但该类添加剂的分散稳定性问题长期未能有效解决。研究表明，$0.5\mu m$ 的硼酸盐可在摩擦表面形成厚度是普通胶体硼酸盐添加剂的 $10\sim20$ 倍的表面膜，若粒度降至纳米级，其分散稳定性问题迎刃而解。

（3）纳米无机物粒子　石墨、氟化石墨等具有层状晶体结构，剪切强度很低，当它们与摩擦表面接触后便有较强的黏着力，并能防止对偶材料直接接触。纳米金刚石粉末虽然不具备层状结构，但由于它具有很强的吸附性以及其中碳元素的高反应活性，在摩擦过程中产生的高温作用下，在金属基体表面上形成一层极薄的渗碳层，从而起到减摩抗磨作用。马国光等将石墨粉末的粒度降低到 200nm 左右，开发出了节能减磨王添加剂，其中的关键技术就是石墨粉的磨细、磨匀以及在油中的均匀悬浮。曲建俊等研究了粒径为 $20\sim40$nm 的金刚石和石墨粉的润滑性能，发现在润滑油中的添加浓度（质量分数）为 3%～5% 时，润滑油的承载性能及摩擦副的磨损状况都大大改善。Xu 等将微纳金刚石粉末作为石蜡油的添加剂，考察其摩擦学性能：发现添加量约为 1% 时，摩擦系数减小了 50%，摩擦副的磨损量也大幅度降低。Shebalin 等的专利中介绍了含质量分数 0.01%～1.0% 金刚石和石墨混合纳米粒子的润滑油的摩擦性能，其最大承载复合由基础油的 0.03MPa 提高至 2.10MPa，摩擦系数由 0.08 降至 0.15。

（4）纳米有机物类粒子　固体脂肪酸、醇、各种数值和塑料等高分子材料除了以粉末形式作为润滑油添加剂加入其他润滑剂中外，一般都作为基材，添加其他固体润滑剂后制作成高分子基复合润滑材料。

近年来，人们对聚合物球形颗粒作为新型的润滑油添加剂在水基润滑中的摩擦学性能进行了广泛研究。赵彦保等用微乳液聚合法获得了具有适宜交联度、粒径约为 80nm 的聚苯乙烯纳米微球能够稳定分散于润滑油基础油中，在中、低负荷下具有较好的减摩抗磨性能。曲建俊等研究了含微纳聚四氟乙烯（PTFE）的润滑油的摩擦磨损特性。结果表明，加入 1.0% 的微纳 PTFE 粉即可使摩擦系数降低 16.1%，实验钢球的磨损量减少近 30%，并且易在润滑油中分散悬浮、不易沉淀，是一种较理想的润滑油固体减摩剂。

5.1.2 纳米材料在其他润滑体系中的应用

众所周知，生物体内的许多分子以高度有序的方式组合，而且只有分子集合体才具有这种特定的组合方式以及许多特异的功能。应用 LB 膜技术可以构造出具有不同化学性质和功能的 1 至数百分子层的有机分子超晶格，LB 膜一般只有 1 个或数个分子层，因而在微光摩擦磨损中很有研究价值。Langmuir 曾经指出，沉积在玻璃表面的脂肪酸单分子膜足以使摩擦系数从 1.0 降低到 0.1 左右；日本大阪大学在脂肪酸溶液中混入粒径为 10nm 的磁性氧化铁微粒，并使之附着在脂肪酸分子上制成 LB 膜。作者认为，这对解决多分子膜超薄润滑问题是可行的。

张平余等研究了铝基体上沉积的二十酸、二烷基二硫代磷酸及由其修饰的纳米 WS_2 微粒 LB 膜的摩擦学性能，并利用红外显微镜分析了 LB 膜在摩擦过程中的结构变化。研究结果表明，纳米 WS_2 微粒的粒径为 5～10nm 时，在给定实验条件下，几种 LB 膜的摩擦系数都大大降低，二烷基二硫代磷酸修饰的纳米 WS_2 微粒 LB 膜的耐磨性最好，并认为是由于纳米微粒起着支承作用的缘故，二烷基二硫代磷酸锌及由其修饰的纳米 WS_2 微粒 LB 膜在摩擦过程中发生了向耦材料表面的转移，同时在摩擦力的作用下，LB 膜发生了摩擦化学反应或变化。

由于 LB 膜的独特性质，在制备过程中可以向其加入无机物或有机物，以克服目前 LB 膜存在的稳定性差和结构强度低的缺点，也可以引入金属离子或插入具有润滑作用的分子层，用来制备分子级的超薄润滑膜；利用 LB 膜分子取向有序的特点，可以解决磁记录介质与磁头在相对滑动时的耐磨性问题，同时对解决空间技术中的某些润滑问题及一些小负荷条件下的超薄润滑问题也将发挥重要作用。

5.1.3 纳米材料润滑作用机理

5.1.3.1 支承负荷的"滚珠轴承"作用

张治军等研究发现，二烷基二硫代磷酸（DDP）修饰的纳米 MoS_2 粒子在空气中的稳定性远高于纳米 MoS_2，在油中的分散能力也大大提高。用作抗磨添加剂时，可以大大降低摩擦系数（$\mu_k < 0.1$），而且提高了载荷能力。通过材料表面分析，认为是由于纳米 MoS_2 粒子的球形结构使得摩擦过程的滑动摩擦变为滚动摩擦，从而降低了摩擦系数，提高了承载能力。

徐涛等将超分散金刚石粉末（UDP）纳米粒子作为润滑油添加剂进行摩擦试验，发现 UDP 纳米粒子（粒径平均为 5nm 的球形或多面体微粒）具备优良的载荷性能和减摩抗磨能力，尤其能在高载荷作用下发挥效力。摩擦副表面的分析结果表明，在边界润滑条件下，UDP 纳米粒子不仅支承摩擦条件的负荷，而且可以避免摩擦副直接接触。当剪切力破坏润滑膜时，UDP 纳米粒子在摩擦副间的滚动作用可以降低摩擦系数，减少磨损。

C_{60}（富勒烯，又称巴基球）是 60 个碳原子相互连接成一个封闭的球笼形结构，直径约为 1nm，由于其独特的结构、物理和化学性质而成为材料科学研究的前沿课题。将其他原子装在巴基球内，可制成纳米管等新型纳米材料。Bhushan 研究了 C_{60} 粉末作为固体润滑剂的作用机理，认为 C_{60} 由于具备中空对称的球状结构，分子间以范德华力结合，表面能低，化学稳定性高，其分子链异常稳定，在摩擦过程中的作用近似于 MoS_2 的层状结构，容易沉积在摩擦金属表面，形成沉积膜，并且由于 C_{60} 的球形结构使之能在摩擦副间自由滚动，起到了减摩抗磨作用。薛群基等发现，室温条件下，C_{60} 分子在机械摩擦作用下可从六角密堆积结构转变为面心立方结构。C_{60} 分子之间易于产生滑移，且这种滑动类似于"分子滚动"。由于这种特殊的结构特性，C_{60} 作为新型摩擦材料的超级润滑剂受到高度重视。

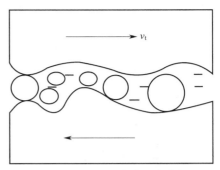

图 5-1　纳米粒子起支承负荷的"滚珠轴承"作用

关于纳米粒子减摩抗磨机理的解释主要基于边界润滑理论中的鹅卵石模型（如图 5-1 所示），即认为纳米粒子尺寸较小，可以认为近似球形，在摩擦副间可像鹅卵石一样自由滚动，起支承负荷的作用从而提高润滑膜的耐磨性。

5.1.3.2　薄膜润滑作用

陈爽等以沉淀法合成了粒径为 3～5nm 的二烷基二硫代磷酸修饰的纳米 PbS 微粒，并通过四球机考察其在润滑油中的摩擦行为。认为其良好的抗磨效果得益于摩擦过程中的高温高压导致的纳米 PbS 粒子熔化，并在摩擦表面形成了致密的边界润滑膜。

薛群基等用沉淀法合成了二乙基己酸（EHA）表面修饰的纳米 TiO_2 粒子（平均粒径为 5nm），并将其添加于基础油中，进行了四球机摩擦磨损实验。借助于 X 射线电子能谱（XPS）对摩擦表面测试分析后，认为表面修饰的 TiO_2 之所以具有良好的抗磨能力及载荷性能，是由于纳米 TiO_2 粒子在摩擦表面形成一层耐高温的边界润滑膜的缘故。

王其华等将纳米 SiO_2 粒子（粒径小于 100nm）填充的块状聚醚醚酮（PEEK）紧压在滚动钢球上，旋转钢球一定时间后，用扫描电镜观察钢球表面发现：有纳米 SiO_2 粒子填充的聚醚醚酮对钢球的摩擦磨损作用显著降低，且随着载荷的增大，摩擦系数相应较小；钢球的磨损率随纳米粒子添加量的增大而降低。辅以 SEM 观察分析后，认为纳米 SiO_2 粒子在钢球表面形成一层超薄致密膜，起到了减摩抗磨作用。

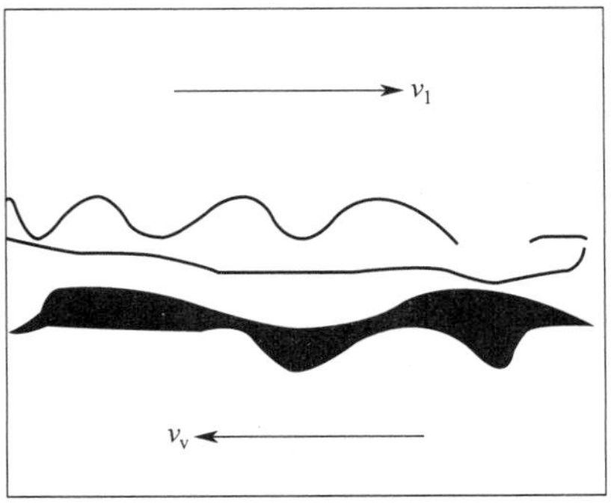

图 5-2　纳米粒子形成致密膜的薄膜润滑作用

董浚修等研究了硼酸盐、硅酸盐、烷氧基铝等无机材料纳米粒子作为极压添加剂的摩擦性能，发现这些添加剂在极压条件下并未与摩擦金属表面发生化学反应，而是其中有效元素如硼、硅等渗入金属表面，形成具有极佳抗磨效果的渗透层或扩散层，并称这一过程为"原位摩擦化学处理"（in-situ tribo-chemical treatment）。

以上研究者结合了 SEM、XPS 等微观测量设备观察摩擦件表面的分子结构、组成变化，并结合纳米粒子高扩散性、易烧结的特点，提出了纳米粒子薄膜润滑的解释（如图 5-2 所示），对纳米粒子润滑作用有了深入的认识。

5.1.3.3　"第三体"抗磨机理

杜大昌等用溶胶-凝胶法合成、乙醇超临界流体干燥技术得到了粒径约为 20nm 的 TiO_2

微粒和粒径为 $10\sim70nm$ 的纳米 $Ti_3(BO_3)_2$ 微粒。发现用作润滑油添加剂时，纳米粒子在油中的分散稳定性远优于微米级硼酸盐添加剂。摩擦试验结果表明，纳米粒子添加剂的存在对摩擦后期摩擦系数的降低起决定作用。通过摩擦副的微观表面分析认为，纳米粒子添加剂对摩擦副凹凸表面的填充作用以及表面的摩擦化学反应形成了稳定的"第三体"，其稳定性优于传统上认为由磨粒磨屑构成的"第三体"，因而具备更优越的抗磨效果。

5.2 微纳米材料与改性塑料

5.2.1 纳米材料与塑料复合材料

塑料是一种用途最广泛的材料之一，与其他材料相比，塑料具有质量轻、耐腐蚀、比强度高、电性能好、色彩鲜艳、容易加工成型等特点，因此塑料的应用领域已涉及国民经济及人们日常生活的各个方面。塑料的一些独特优点是其他材料所不能比拟的，因而，塑料材料的研究开发一直是最新技术最活跃的领域之一。

塑料的填充改性已有较长历史，如用轻质或重质碳酸钙填充改性的塑料不仅可以降低成本，而且还可改善塑料的加工性能和着色性。经过多年研究，人们在提高塑料力学性能的基础上，又通过填充改性开发了各种功能塑料，如导电塑料、磁性塑料、抗静电塑料、自降解塑料、抗紫外耐老化塑料等。

纳米材料是 20 世纪 80 年代中期发展起来的新型材料。纳米粒子由于粒径小、比表面积大、表面活性高而表现出的多种功能特性，是常规材料无法比拟的。把纳米材料用于添加改性塑料，开发新型的功能复合材料，这对于推动塑料工业的科技进步具有重要意义。

5.2.2 聚合物基纳米复合材料的制备方法

和纳米金属复合材料、纳米陶瓷复合材料相类似，一般把聚合物基纳米复合材料界定为分散相的尺寸至少有一个维度在纳米级范围内的聚合物复合材料。

聚合物基纳米材料的出现早于概念的形成，如人们早已应用炭黑、气相二氧化硅（晶粒为纳米级）改性橡胶、塑料。目前，科研工作者一般把聚合物基纳米复合材料分为三种类型：有机/有机型、有机/无机混杂物型（OIH）、有机/无机粒子型，以下简单介绍它们的制备方法。

5.2.2.1 有机/有机型复合材料

这是一种由聚合物纤维复合材料衍生和发展起来的由两种聚合物形成的纳米复合材料，其特点是：一种聚合物以刚性棒状分子形式（直径约为10nm）分散在另一种柔性的聚合物基体中起拉强作用。这种材料的突出代表是聚合物/液晶聚合物纳米复合材料，其制备方法通常采用原位共轭复合，包括熔融共混和溶液共混两种方法。

熔融共混法用于聚合物/热致性液晶聚合物（TLCP）复合材料的制备。其原理是在TLCP的液晶混度范围内进行加工时，液晶高分子沿外力方向取向形成微纤，固化后微纤的分散形态被固定下来，形成聚合物/TLCP-聚合物基纳米复合材料。由于液晶微纤大的长径比及高模量，从而对热塑性树脂基体有较高的增强作用。

溶液共混法，用于聚合物/溶致性液晶聚合物（LLCP）复合材料的制备。LLCP 一般采用聚对苯二甲酰对苯二胺（PPTA）和聚对苯二甲基苯并噻唑（PPBT）等刚性棒状分子，用适当的溶剂溶解 LLCP 后与基体聚合物共混。该过程要求严格控制临界浓度和温度，因为只有当溶液浓度小于临界浓度时，才可能得到聚合物/LLCP 原位复合材料。纳米聚合物/聚合物复合材料具有高强度、高模量，高冲击强度等优异性能，可用于某些高技术领域。如 PPBT 与 ABPBI［聚 2,5(6)-苯异咪唑］、PAII（聚芳酰胺）组成的分子复合材料的力学性能可与金属镁相媲美，耐磨性高且质量轻。TLCP/PA（聚酰胺）纳米聚合物复合材料，主要用于汽车领域。由于 TLCP 微纤维比表面积大，易于同树脂基体结合，且在熔融成型过程中，微纤维之间易于平行滑动，从而有利于挤出和熔融成型，也使得加工温度及能耗都相应降低。

5.2.2.2　有机/无机混杂物型复合材料

层间嵌入法或成层次插入法、插层聚合法，主要用于有机/无机混杂型纳米复合材料的制备，其中无机物（纳米相）以单层片状或层状形态，分散于聚合物基体中。

层间嵌入法是先将单体分散，再层插入具有片状结构的无机物中，然后进行原位聚合，利用聚合时放出的大量热量，克服无机物片层间的库仑力，使无机物片层剥离，从而使无机物以纳米尺度的片状或层状分散于聚合物中而构成复合材料（见图 5-3）。

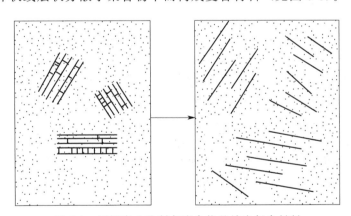

图 5-3　层间嵌入法制备聚合物基纳米复合材料

20 世纪 90 年代初用该法研制了聚酰胺 6、黏土（其主要组成成分为蒙脱石）纳米复合材料，并进行了工业规模生产。该材料已用于汽车零部件和包装材料，其性能见表 5-3。中国科学院化学所漆宗能等采用层间嵌入法成功制备了聚酰胺、聚酯、聚苯乙烯等层状硅酸盐纳米复合材料，其性能大大优于传统的复合材料，并已实现了商品化。

表 5-3　聚酰胺 6/黏土纳米复合材料与纯聚酰胺 6 的性能比较

性能	聚酰胺 6/黏土	纯聚酰胺 6
黏土含量/%	4.2	0
拉伸强度/MPa	107	69
拉伸弹性模量/GPa	2.1	1.1
热变形温度/℃	152	65
吸水率/%	51	87

层间嵌入法原料来源丰富，工艺较简单，成本较低，易于实现工业化，在各种聚合物基

纳米复合材料的制备方法中具有明显优势。

5.2.2.3 有机/无机离子型复合材料

共混法一般用于有机/无机粒子型纳米复合材料的制备。将已制成的无机纳米粉体材料通过各种混合方式分散于聚合物基体中。该法的优点是纳米粒子的制备与聚合物的合成过程分别进行，原料的选择余地大；其缺点在于纳米粒子易于团聚，纳米粒子在聚合物基体中难以均匀分散。因此，在共混前对纳米粒子的表面进行改性处理是改性的关键。共混法主要有以下两种。

（1）溶液共混法　将基体树脂溶解于适当的溶剂中，然后加入纳米粒子并进行高剪切搅拌分散，待混合均匀后，除去溶剂或使之聚合即可。如在制备 EVA/SiO_2 复合材料时，通过溶液共混后以浇铸成膜的方法制取样品。

（2）熔融共混法　这一方法与传统的聚合物改性相似，将纳米粒子熔融状态下的聚合物通过机械强制剪切混合而成。采用这种方法的困难在于易团聚的纳米粒子在黏度较高的熔融聚合物中难以分散均匀。一般采用把纳米粒子进行表面改性并制成母粒的方法。

5.2.3　聚合物基纳米复合材料的功能特性

5.2.3.1　力学性能

聚合物基纳米复合材料具有优异的力学性能，纳米材料作为增强剂使用时，即使添加量很少，也能使复合材料的力学性能与基体相比有显著提高。

对聚合物基纳米复合材料的研究虽然起步较晚，但发展迅速，已引起了广大高分子材料和纳米材料科研工作者的重视。黄锐等对纳米 $CaCO_3$ 改性 PP、HDPE 复合材料进行了较系统的研究，发现其拉伸强度随纳米级 $CaCO_3$ 含量增加呈先升后降的趋势，在其含量为 4% 时，拉伸强度出现最大值，且纳米级 $CaCO_3$ 对材料的缺口冲击强度和去缺口冲击强度的增韧作用十分明显。陈艳等对聚酰亚胺/纳米 SiO_2 复合材料进行的研究结果表明，材料拉伸模量随 SiO_2 含量增加而增大，SiO_2 含量为 10% 时，拉伸强度达最大值；含量为 30% 时，断裂伸长率达最大值。

Masao 于 1982 年对不同粒径 SiO_2 填充的 PP 体系进行了研究，发现在相同填充量下，SiO_2 粒径越小，复合材料的拉伸强度越高，说明填料粒径越小，对基体的增强效率越高。

纳米粒子对聚合物材料的增强效果与纳米粒子自身性质、表面物化性能、粒径、添加量以及分散状态等因素有关。纳米粒子对聚合物的增强增韧可看成是刚性粒子增韧方法的引申和发展，但纳米粒子所具有的特殊性质，又使其与普通刚性粒子的增韧作用不同。纳米粒子与聚合物有一定的相容性，纳米粒子由于其粒径小，表面缺陷多，表面活性能高，有可能与聚合物的碳链形成化学键合作用，从而增强与基体间的结合力。因此，一般用纳米粒子改性聚合物，用量少而增强增韧效果显著。无机刚性粒子增韧作用的传统理论是针对纳米级填料提出的，它能否用于解释纳米粒子增韧现象还有待于进一步验证。

5.2.3.2　光学特性

优异的光学性能是纳米材料的主要特性之一。如纳米 TiO_2 对紫外线（波长 200～380nm）的吸收达 90% 以上；纳米 SiO_2 可以反射紫外线，反射率达到 90%，具有优异的紫外屏蔽性能。纳米 TiO_2、Al_2O_3 和 ZnO 等对红外线具有反射作用，一些氮化物和碳化物的纳米粒子对红外线有良好的吸收能力，利用纳米粒子的光学特性改进聚合物是近些年来纳米材料应用研究的热点之一。

用纳米 TiO_2、SiO_2 改性的塑料具有良好的抗紫外能力，不易老化。具有红外反射作用的纳米粒子改性塑料膜具有保温效果，可以降低空调的能耗。锐钛矿型纳米 TiO_2 对紫外线具有强烈的吸收作用，并能将吸收的紫外线能量用于分解有机体，起到光降解有机物的作用。利用纳米 TiO_2 的这种性能，可以设计成光降解塑料，以减少"白色污染"。

5.2.3.3　抗菌塑料

纳米 TiO_2、ZnO 和 Ag 等具有良好的杀菌作用，用这些纳米粉通过添加改性的塑料具有抗菌作用。研制的新型纳米抗菌粉经过 900℃高温处理后仍具有良好的抗菌性能。目前用纳米抗菌粉改性的抗菌塑料已广泛应用于冰箱、空调等家电产品中。

无机纳米材料在塑料改性方面有着广泛的应用前景，如用纳米 Al_2O_3、SiO_2、Sb_2O_3 等制备的阻燃塑料，其阻燃效果更佳，且具有阻燃补强功能。用纳米金属等可以制备导电塑料、抗静电塑料，用纳米混合粉体可制成防雾薄膜材料等。尽管纳米材料在塑料中的应用研究才刚刚开始，但已为我们展现了美好的应用前景和巨大的市场潜力。

5.3　微纳粉体材料改性化学纤维

自化学纤维问世以来，随着聚酰胺纤维（尼龙）、聚乙烯醇缩甲醛纤维（维尼纶）、聚酯纤维（涤纶）和聚丙烯腈纤维（腈纶）等化纤产品的发展以及抗紫外线、抗菌除臭、阻燃、抗静电等功能性化学纤维的开发，微纳粉体材料逐渐作为纺织助剂得到应用，而且向多种化学纤维中添加、多种粉体复配、多种功能复合的方向迅速发展。较早使用的消光剂，就是为了消除化纤的强烈光泽而选择的具有和化纤不同的光折射率，因而能减少其反射能力的白色颜料，如钛白粉、锌白、硫酸钡等，理想粒度为 $0.5\sim1.0\mu m$。目前广泛使用的消光剂有氧化锌、氧化铝、二氧化硅等，其粒度微细化到 $100\sim400nm$。本节主要介绍纳米材料在功能性化纤中的应用。

5.3.1　抗紫外线型化纤

太阳光中能穿透大气辐射到地面的紫外线，按其波长可分为三个波段，即 UVA、UVB 和 UVC。紫外线因其可以消毒灭菌、促进体内合成维生素 D，使人类获益，但同时也加速皮肤老化、诱发癌变。紫外线对人体皮肤的影响见表 5-4。

表 5-4　紫外线对人体皮肤的影响

紫外线	波长/nm	对皮肤的影响
UVA	$400\sim320$	生成黑色素和褐斑,使皮肤老化、干燥和皱纹增加
UVB	$320\sim280$	产生红斑和色素沉着,经常照射有致癌危险
UVC	$280\sim200$	穿透力强,可影响白细胞,但大部分被臭氧层、云雾吸收

为了防止紫外线过度照射对人体健康的影响，身着防紫外线处理的织物是一种有效的防护方法。采用微纳粉体材料作为紫外线屏蔽剂是抗紫外线化纤的主要处理方法。

　　紫外线辐射到织物上以后，首先其中一部分在织物表面被反射，同时织物本身会吸收一定比例的紫外线，其余则会透过织物，对皮肤产生作用。化纤类织物中如共混入金属氧化物微纳粉体，不但粉体强烈的分光反射作用能使更多的紫外线被反射，加之粉体和织物本身对紫外线的吸收，使得作用于人体的紫外线大幅减少。为增强化学纤维对紫外线的防护功能，还可以采用在纤维中添加紫外线吸收剂等方法，可以使紫外线在织物中被吸收并转化为热，而不再透过织物。

　　多种物质对光线都具有屏蔽防护作用，如 Al_2O_3、MgO、ZnO、TiO_2、SiO_2、$CaCO_3$、高岭土、炭黑、金属等。当将这些材料制成微纳粉体，使得粒子尺寸与光波波长相当或更小时，由于小尺寸效应使得光吸收显著增强。此类微纳粉体的比表面积大、表面能高，在与高分子材料共混时，很容易和后者结合。此外，化学纺织设备对共混材料粒度的要求，决定了微纳粉体是光防护、光屏蔽、光反射类型功能化纤在共混时的优选材料。

　　为了保证抗紫外线屏蔽剂能与纤维良好结合，又能够生产出便于印染色彩缤纷的织物，一般采用金属氧化物粉体，即陶瓷粉作为屏蔽剂。但各种粉体对光线的屏蔽、反射效率存在明显的差别，例如常用的氧化锌、二氧化钛微纳粉。图 5-4 比较了 ZnO 和 TiO_2 纳米粒子对光的反射率。

　　由该图可以看出，在波长小于 350nm，即 UVB 时，氧化锌与二氧化钛的屏蔽率基本相近；而在波长为 350~400nm，主要为 UVA 时氧化锌的屏蔽率明显高于二氧化钛，而 UVA 对皮肤的穿透能力大于 UVB。最近的研究认为，前者对皮肤具有累积性，影响大多是不可逆的。由于氧化锌的光折射率（$n=1.9$）小于二氧化钛（$n=2.6$），对光的漫射率也较低，使得纤维的透明度较高，有利于织物的印染整理。

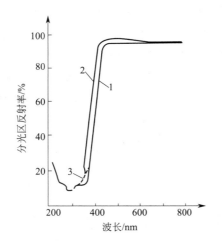 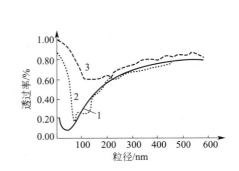

图 5-4　ZnO 和 TiO_2 纳米粒子的分光反射率
1—ZnO；2—锐钛矿 TiO_2；3—金红石 TiO_2

图 5-5　紫外线的透过率与 TiO_2 粒径的关系
波长：1—300nm；2—350nm；3—400nm

　　微纳粉体吸收紫外线的效果与其粒度大小有一定关系，为测得二氧化钛粒径和紫外线透过率的关系，采用电子计算机模拟设计：波长范围 300~400nm，结果如图 5-5 所示。

　　可以看出，在上述紫外线波长范围内，微粒粒径为 50~120nm 时，吸收效率最高（即透过率最小）。实际使用的紫外线屏蔽材料的厚度比上述薄膜厚 200 倍，二氧化钛对紫外线最大吸收率的粒径范围为 120~300nm。

　　抗紫外线型化学纤维品种面很广，涉及涤纶、维纶、腈纶、尼龙和丙纶等；加工方法方面：尼龙/聚氨酯混纺、三乙酸纤维素纤维混纺等；织物用途：运动衫、罩衫、制服、套裤、职业装、泳衣和童装等，也用于帽子、面罩原料，工业和装饰方面有广告用布、户外装饰布、遮阳伞、窗帘、运输篷布和各类帐篷用布。在我国大多数地区，夏季主要穿着单薄服装，就需要利用微纳粉体抗紫外线的功能开发多种相应的化纤，用于生产妇女、老人、儿童、户外工作者、高温岗位工人需要的抗紫外线衣物。

5.3.2　抗菌、 抑菌、 除臭型化纤

属于原生生物的微生物大多数对于人类无害，可以用于工业加工、农业生产和促进健康的生化制药等方面。但数量有限的有害细菌对人类有严重的威胁。抗菌始终是人类美化生活、保障健康的重要任务。所谓抗菌包括抑制、杀灭细菌，消除细菌产生的毒素以及预防等内容。在形形色色的菌种中，一般以大肠杆菌、金色葡萄球菌、白色念珠菌和黑曲霉菌作为抗菌效果检测的代表菌种。

在各种物理和化学抗菌方法中，采用抗菌剂是应用范围广、适用菌种量大、相对简便易行、高效的方法。抗菌剂根据其构成的性质可分为以下三类。

(1) 有机系列抗菌剂　主要有四价铵盐、甲醛、吡啶等。其特点为杀菌速度快、抗菌范围广、与化纤的相容性好，但由于耐热性差、易水解、使用寿命短等原因，不宜在纺丝温度较高的生产中使用 (如聚酯短纤维纺丝箱体温度高达 $285 \sim 310℃$)，通常用于各类纤维的抗菌后整理过程。

(2) 天然系列抗菌剂　以天然原料作为抗菌剂。如以甲壳素为原料的壳聚糖、大蒜素等，现在已开始探索用于化纤生产。

(3) 无机系列抗菌剂　包括单质、氧化物和多种化合物。由于无机抗菌剂具有热稳定性强、功能持久、安全可靠等特点，随着近年来微纳米技术的发展，已能够批量生产亚微米、纳米级的无机抗菌剂，并可与化纤共混或复合混纺，实现抗菌化纤的产业化生产。其中的无机抗菌材料 (形态) 就是指微纳粉体材料。根据杀菌机理不同，无机抗菌剂可分为：

① 单质、元素的离子及其官能团的接触性抗菌剂，即第一类无机抗菌剂，如 Ag、Cu、Zn、S、As、Ag^+、Cu^{2+}、SO_3^{2-}、AsO_2^- 等。

② 光催化抗菌剂，即第二类无机抗菌剂。如纳米 TiO_2、纳米 ZnO 等。已知多种金属离子都具有抗菌作用，其杀灭、抑制病原体的能力如下：

$$Ag > Hg > Cu > Cd > Cr > Ni > Pb > Co > Zn > Fe$$

综合考虑，金属离子对人体的残留性毒害和对物体的染色作用，实际上常用于化纤产品的金属抗菌剂是银、锌及其化合物。

银的抗菌作用与自身的化学价态有关，并按以下顺序递减：$Ag^{3+} > Ag^{2+} \gg Ag^+$。

高价态银的还原势极高，甚至可以使其周围空间产生原子氧，具有较强的抗菌作用。Ag^+ 可强烈吸附细菌体内酶蛋白的巯基，并迅速结合，使得以此为必要基的酶丧失活性，致使细菌死亡，其机理简示如下：

$$酶{\overset{SH}{\underset{SH}{}}} + 2Ag^+ \Longrightarrow 酶{\overset{SAg}{\underset{SAg}{}}} + 2H^+$$

当细菌被杀灭后，Ag^+ 游离出来，与其他菌落接触，开始新一轮杀灭，周而复始。据测定，水中银离子含量为 $0.05mg/L$ 时，就能够完全杀灭大肠杆菌等繁殖菌，并可保持长达

90d 内无新菌丛繁衍。

开发银系抗菌剂时，可采用物理吸附或离子交换等方法，将银离子固定在沸石、磷酸盐等多孔材料中。常用银系抗菌剂见表 5-5。

表 5-5　银系抗菌剂种类及其附着方法

抗菌剂	有效成分	附着方法
银-沸石	Ag^+	离子交换
银-活性炭	Ag	吸附
银-磷酸钙	Ag^+	离子交换
银-磷酸钙	Ag	吸附
银-硅胶	银配位络合物	吸附

应当注意的是，由于银的某些形态（如纳米级的金属银、氧化银）具有显色性，使用不当，会在化纤的聚合温度下或穿着、使用一段时间后（即天然老化后）呈现灰黑色。所以，采用含银抗菌剂时必须进行相应的抗菌处理。

锌的氧化物和多种化合物也是人们经常选用的抗菌剂，如多年来选用的医用氧化锌橡皮膏等，它们本身就是一系列白色颜料，能够确保加工后织物具有理想的可染性和色泽的稳定性，加之含锌抗菌剂所表现出的抗菌广泛性、耐热性、持续性和对人体的安全性，一经制成纳米级抗菌剂，就表现出较理想的抗菌性能。

纳米二氧化钛、纳米氧化锌等光催化类型抗菌剂的灭菌效果，现已超过传统抗菌剂仅能杀灭细菌本身的性能。有人发现，在实验中光催化抗菌剂能够将细菌及其残骸一起杀灭、清除，同时还能将细菌分泌的毒素清除，而传统的银抗菌剂就无法清除残骸及毒素。光催化抗菌剂可有效杀灭的菌类有大肠杆菌、绿脓菌、黄球菌等。这一类粉体的抗菌超过了比表面积增大所致的范畴。对纳米半导体，当粒子细化到纳米尺度时，光生电子和空穴的氧化还原能力增强，受阳光或紫外线照射时，纳米二氧化钛、纳米氧化锌等抗菌剂，能在水分和空气存在的体系中，自行分解成自由移动的电子（e^-），同时留下带正电的空穴（b^+）。

生成的羟基自由基·OH 和过氧化物负离子自由基·O_2 非常活泼，有极强的化学活性，能与多种有机物发生反应，包括细菌内的有机物及其分泌的毒素，从而将细菌、毒素及其残骸杀灭、消除。

以·OH 为例，它能攻击细菌体细胞的不饱和键，而产生的新自由基将会激发链式反应，致使细菌蛋白质的多肽链断裂、糖类解聚。用此法灭菌后，经高倍显微镜观察到许多细菌碎片。

理想的抗菌剂应具有上述两类抗菌作用，既能接触杀灭细菌、病毒，又能发挥光催化抗菌功能，对环境中的细菌具有杀灭作用。祖庸等曾进行纳米氧化锌的定量杀菌试验，当 ZnO 浓度为 1% 时，在 5min 后，对金黄色葡萄球菌的杀菌率为 98.86%，对大肠杆菌的杀菌率为 99.93%。

影响人们生活的臭味来自多种途径，如腐烂的食物、待处理的垃圾、劣质的建材等，但最主要的是人体表面的细菌使皮肤表面的脂肪酸、汗液、皮屑等代谢物变质的异味。服装除了具有保暖御寒、遮风避雨和美化功能外，还是人体的第二皮肤，理想的服装应该具有抗菌除臭的功用。因此，抗菌纤维应运而生。

抗菌纤维的除臭功效表现在：①保健方面，防止皮肤感染、消除病菌分泌的毒素以及将汗液转化为臭味物质的细菌；②美学方面，除去令人不愉快的臭味。

常见的致病菌包括大肠杆菌、金黄色葡萄球菌、绿脓杆菌、黄曲霉素和白色念珠菌等；

另有一些对人体汗液等代谢物起作用而滋生繁殖的"臭味菌"，表皮葡萄球菌和棒状菌常见于内衣内裤，导致外衣外裤异味的菌类一般为杆菌孢子和少量表皮葡萄球菌，袜子和鞋衬里织物的材料最好能抑制皮肤丝状真菌、指间毛菌、红色毛菌和考氏脚癣菌。

大量实验表明，氧化锌、二氧化硅等抗菌除臭剂能有效去除异味，综合杀灭以上菌类。

化纤除臭的第二个方面是消除人们周围的臭体物质。这些物质通常包括两大类：硫基化合物（硫化氢、甲硫醇、乙硫醇）和氮基化合物（氨和胺类化合物）。具体方法如下所述。

（1）吸附臭味　采用比表面积大、孔体积大的物质来除臭。常用的吸附物质有各类沸石、活性炭和金属氧化物。载有稀土元素的沸石能够吸附多种有机溶剂挥发物，微纳氧化锌可以吸附多种含硫臭体。

（2）氧化分解　二氧化钛、氧化锌等物质在水、氧体系中，可发生光催化反应，产生的过氧化物负离子自由基能和多种臭体反应。

为确保这类化纤的抗菌除臭功能，须增强无机抗菌及和化纤高分子材料的结合，提高无机材料分子和化纤的键合作用。将上述抗菌剂制成亚微米、纳米尺度的粉体是最理想的方法之一。在成品化纤中，有一部分微纳粒子分布在高分子链的空隙中，具有一定的链流性，从而使得化纤的强度、韧性均得到增强。

5.3.3　反射红外线（抗红外线）型化纤

这种类型化纤包括远红外线反射功能化纤和抗红外线化纤。前者是一种具有远红外吸收-反射功能的化纤，通过吸收人体发射的热量并向人体辐射一定波长的远红外线（其中包括最易被人体吸收的 $4\sim14\mu m$ 波长段），使得人体皮下组织的血流量增加，起到促进血液循环的作用。由于能够发射返还部分人体辐射的红外线，也起到了屏蔽红外线、减少热量损失的作用，使得此类纤维及织物的保温性能较常规织物有所提高。据测定，此类织物的保暖率可提高12%以上。后者兼有抗可见光和紫外线功能的抗红外线化纤，又称凉爽型化纤，系在抗紫外线化纤的基础上，将屏蔽的光线波长范围扩展至 $200\sim5000nm$。

具有这一系列功能的化纤，其用途涉及夏秋季服装、劳动防护用品、遮阳伞等旅游用品、仓储及各类临时用建筑材料、装饰用布等多个行业，市场前景十分广阔。

用于这种类型化纤的微纳粉体材料是在远红外加热所使用的陶瓷粉体材料基础上开发而来的，所以常称远红外陶瓷粉。除了要将它们的粒度用直接制备或二次粉碎的方法控制在 $500\sim1000nm$，同时，还要对其进行表面改性等处理，以确保这类粉体的分散性、相容性和功能化纤的可纺性。

5.3.4　导电型及其他功能性化纤

在现代工业领域中，导电化纤具有广泛、优异的使用性能：防尘、防污染；消除静电、防止爆炸；防止电磁波干扰；防止静电感应和电击事故等。

在多种导电纤维中，性能较好的有：①以炭黑为导电材料的黑色导电化纤；②以白色微纳粉体材料为导电物质的白色导电化纤。后一色调的导电化纤主要用于制作防护服、工作服和装饰性导电材料，其色调优于黑色导电化纤，应用范围更为广泛。

随着现代科技的发展和人们生活水平的提高，各种各样采用微纳粉体材料进行改性的功能性化纤都被提到开发和产业化的日程上来，例如吸水吸湿纤维、变色纤维、耐热纤维、芳香纤维、磁性纤维、储能纤维、发光纤维、防辐射纤维和阻燃纤维等。这为化学纤维，尤其是微纳粉体材料的研制和开发，提出了新的机遇和挑战。

参 考 文 献

［1］ 李凤生．超细粉体技术［M］．北京：国防工业出版社，2000．

［2］ 张君德．超微粉体制备与应用技术［M］．北京：中国石化出版社，2001．

［3］ 张君德，牟季美．纳米材料与纳米结构［M］．北京：科学出版社，2015．

［4］ 盖国胜．超微粉体技术［M］．北京：化学工业出版社，2004．

［5］ 郑水林．超微粉体加工技术与应用［M］．北京：化学工业出版社，2005．

［6］ 许并社．纳米材料及应用技术［M］．北京：化学工业出版社，2005．

［7］ 张中太，林元华，唐子龙等．纳米材料及其技术的应用前景［J］．材料工程，2002，（3）：42-48．

［8］ 铁生年，马丽莉．纳米粉体材料应用技术研究进展［J］．青海师范大学学报：自然科学版，2011，（4）：10-21．

［9］ 俞行，王靖．纳米材料及其在功能化纤和针织新产品中的应用［J］．针织工业，2000，（5）：22-26．

第6章 微纳粉体在生物医药领域中的应用技术

6.1 纳米银在抗菌材料中的应用

6.1.1 银用于抗菌杀菌的历史

银离子和含银化合物可以杀死或者抑制细菌、病毒、藻类和真菌。因为它有对抗疾病的效果，所以又被称为亲生物金属。银自古以来就被用于加速伤口愈合、治疗感染、净化水和保存饮料。我国内蒙古一带的牧民，常用银碗盛马奶，可以长期保存而不变酸。这是由于有极少量的银以阴离子的形式溶于水。阴离子能杀菌，每升水中只要含有 2×10^{-11} g 的银离子，便足以使大多数细菌死亡。古埃及人在两千多年前，也已知道把银片覆盖在伤口上，进行杀菌。公元前 338 年，古代马其顿人征战希腊时，用银箔覆盖伤口来加速愈合；古代腓尼基人为了保鲜，在航海过程中用银制器皿盛水、酒、醋等液体；古代地中海居民把银币放入木水桶中，来阻止细菌、海藻等腐败生物的生长；古希腊人用银器保存饮用水，防止细菌生长。在现代，人们用银丝织成银"纱布"，包扎伤门（伤口），用来医治某些皮肤创伤或难治的溃疡。《本草纲目》中也有"银屑，安五脏，定心神，止惊悸，除邪气，久服轻身长年"的记载。

6.1.2 银应用于现代医学的形式

1884 年，德国产科医生 F. Crede 把浓度为 1‰的硝酸银溶液滴入新生儿眼中，预防新生儿结膜炎导致的失明，使婴儿失明的发生率从 10‰降到了 0.2‰，直到今天，许多国家仍在使用 Crede 预防法；1893 年，Nageli 经过系统的研究，首次报道了金属（尤其是银）对细菌和其他低等生物的致死效应，使银有可能成为一种消毒剂。从此，对银的利用进入了现代时期。到 20 世纪 30 年代已有多种银的单质和化合物用于抗菌治疗，如电解银、胶体银、硝酸银、蛋白银、磺胺嘧啶银等，取得良好的效果。

后来由于抗菌素的发现和大量的临床推广使用，银的应用顿时减少，直到近些年来随着抗生素的大量应用所产生的越来越严重的耐药性、副作用，人们重新认识到银才是真正的广谱天然抗生素，它无耐药性、无毒、无过敏、无交叉药物干扰等优点再次引起人们的兴趣。大量研究发现，银之所以广谱杀菌而不伤害有益菌和正常细胞，是因为病原菌是单细胞微生物，它由呼吸酶来维持生存，银遇到呼吸酶与其结合，使细菌死亡。

　　银是微量元素，在前列腺中含量较高。银能促进免疫功能的提高（支持 T 细胞对抗外来物），所以银不但杀菌，还能有利于细胞生长，伤口愈合。正常人银的需求量是 0.1mg/d（锌是 100mg/d，镁是 350mg/d），而银在食物中是很少含有的。

　　随着现代纳米技术的发展，给银的应用开辟了更广阔的前景。纳米银是将天然物质金属银用现代高科技纳米技术加工成的极微小颗粒，在发挥银的抗菌功效的同时，由于颗粒极微小，表面积较大，具有超强的活性及更强的组织渗透性，其杀菌作用是普通银的数百倍。纳米银抗菌剂已广泛用于治疗烧烫伤及创伤感染、化脓、痤疮、皮肤病、妇科疾病等细菌、真菌引起的疾病，实现了真正不含抗生素的长效广谱抗菌功效。其无毒、无味、无刺激、无过敏反应，且不会引起细菌的耐药性，是纯粹的绿色医用抗菌产品。纳米银产品的成功开发和临床推广，必将改变整个世界的抗感染药物史，从根本上改变滥用抗生素的现状。

6.1.3　纳米银的抗菌机理

　　纳米载银抗菌材料（包括载银硅酸盐和载银磷酸盐等）的抗菌机理与无基银系三维抗菌机理类似，主要依赖于银元素的强抗菌活性。关于纳米级的载银抗菌剂具有的特别抗菌机理的研究，目前未见报道，但纳米级载银材料确实具有更好的抗菌效果。刘维良把含微米磷酸三钙载银抗菌剂（平均粒径为 $1.3\mu m$）的釉料与纳米磷酸锆载银抗菌剂（平均粒径为 97.8nm）的釉料（其中抗菌剂的质量分数都为 2%）进行了抗菌效果的比对试验。结果表明：纳米级抗菌剂的最小抑菌浓度只有微米级的最小抑菌浓度的 1/4（试验菌种选取的是大肠杆菌、金黄色葡萄球菌、白色念珠菌）。由于载体纳米化，抗菌材料具有更大的表面积，对微生物有更强的吸附作用，从而可以有更好的抗菌效果。

　　众所周知，金属离子杀灭、抑制细菌的活性由大到小的顺序为：Hg、Ag、Cu、Cd、Cr、Ni、Pd、Co、Zn、Fe。而其中的 Hg、Cd、Pb 和 Cr 等毒性较大，实际上用于金属杀菌剂的金属只有 Ag、Cu 和 Zn。其中 Ag 的杀菌能力最强，其杀菌能力是锌的 1000 倍，因而目前研究最多的是含银离子的抗菌剂。银离子有破坏细菌、病毒的呼吸功能和分裂细胞的功能。银的优良抗菌特性使其具有称为抗菌材料的潜力。目前，银离子的抗菌机理主要有两种假说。

6.1.3.1　缓释接触反应假说

　　含银抗菌材料中的银离子因化学性质活泼而保持相当高的活性，并可从无机物载体中缓慢释放、游离至基体材料的表面。而细菌的细胞膜的主要构成成分是磷脂分子和蛋白质，磷脂分子中的磷酸根带有负电荷，这使得细菌的细胞膜带有负电，带正电的银离子能迅速同接触到的细菌细胞膜及膜蛋白质结合，进而与细菌体内带负电的活性酶产生库仑引力而强烈吸附，并与酶蛋白中的活性基团—SH 发生作用，使蛋白质凝固，从而可破坏细胞合成酶的活性，使细胞丧失分裂增殖的能力而死亡，细菌死亡后，银离子又会从细菌尸体中游离出来，再和其他细菌结合，因此可使抗菌材料抗菌性能长效。反应过程通常表示为：

$$\text{酶}\begin{array}{c} \diagup \text{SH} \\ \diagdown \text{SH} \end{array} +2Ag^+ \longrightarrow \text{酶}\begin{array}{c} \diagup \text{SAg} \\ \diagdown \text{SAg} \end{array} +2H^+$$

6.1.3.2　活性氧催化反应假说

　　在光的作用下，抗菌材料中分布的微量银离子可以激活空气或者水中的氧，产生羟基自由基（·OH）及活性氧离子 O^{2-}，活性氧离子 O^{2-} 有极强的化学活性，能与细菌及多种有机物发生氧化反应，如这些活性氧可以导致 DNA 链中的碱基之间的磷酸二酯键的断裂，引起 DNA 分子单股或双股断裂，破坏 DNA 双螺旋结构，从而破坏微生物细胞的 DNA 复制而紊乱细胞的代谢，起到抑制或杀灭细菌的作用。银离子的光催化过程如下：

$$Ag^+ + H_2O \xrightarrow{h\upsilon} Ag + H^+ + \cdot OH$$

$$Ag_n \xrightarrow{h\upsilon} Ag^+ + Ag_{n-1} + e^-$$

$$e^- + O_2 \xrightarrow{h\upsilon} O_2^-$$

银离子杀菌将以何种机理进行，目前并无定论。一般认为，在通常情况下，以第一种杀菌机理为主，光催化过程也起到一定的作用。

6.1.4　纳米银抗菌剂的应用情况

6.1.4.1　纳米银抗菌剂在医药行业中的应用

银离子强烈杀菌，在所有金属中其杀菌活性名列第一（汞名列第一，但有毒，现已不用）。纳米银离子对 12 种革兰阴性菌、8 种革兰阳性菌、6 种霉菌均有强烈的杀灭作用。纳米银粒的抗菌性能远远大于传统的银离子杀菌剂，如硝酸银和磺胺嘧啶银，如图 6-1 所示。由图可知，纳米银粒对致病的杆菌、球菌、GL 菌的杀灭作用较硝酸银和磺胺嘧啶银强得多。纳米银粒抗菌剂使用场合之一是抗菌织物，如抗菌纱布，用于治疗烧伤、烫伤，用作外科手术纱布。用于治疗烧伤时在 30min 内可分裂易引起烧伤感染的各类细菌，其抗菌效果可持续 3d。其控制烧伤感染的功能比现在临床使用的磺胺嘧啶银、诺氟沙星银要好得多。用作"创可贴"效果也十分良好。

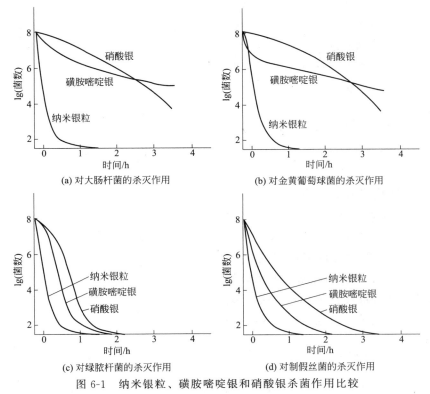

图 6-1　纳米银粒、磺胺嘧啶银和硝酸银杀菌作用比较

此外，日本人还制造出近纳米级银粒不锈钢医疗器械，如抗菌不锈钢夹子、抗菌不锈钢刀具、抗菌把手等。其制法是在1%的乳酸银水溶液中加入0.5%表面活性剂，再将不锈钢夹子浸渍在上述乳酸银水溶液中，取出夹子，在室温下干燥，在400℃下热处理30min，酸洗后得载银抗菌不锈钢夹子。经分析，在不锈钢夹的表面有约2000mg/kg纳米银，深度约20μm。用类似方法制出抗菌钢刀、抗菌把手等。其抗菌效果见表6-1。结果表明，表面含纳米银粒的不锈钢夹、钢刀和镀镍铬把手，具有优异的抗菌性能，当细菌被上述试验物体接触24h后，不锈钢夹等表面残留细菌小于5cfu/25cm²，即99.999%的细菌被杀灭。用类似方法可制出抗菌医疗器械，如手术刀、手术针、钳、盘子等；抗菌厨房用具，如刀、勺、铲等；建材用器，如不锈钢洗手池等；日用品，如抗菌杯等。

表6-1　抗菌不锈钢夹、钢刀和镍铬把手的抗菌实验

试验物体	大肠杆菌	金黄色葡萄球菌
	cfu/25cm²	
传统不锈钢夹	1.4×10^7	3.8×10^5
含银抗菌不锈钢夹	<5	<5
传统钢刀	2.6×10^7	1.5×10^5
含银抗菌刀	<5	<5
镀镍铬把手	4.4×10^5	5.2×10^4
含银镀镍铬把手	<5	<5

杨超等采用性能优异的水性氟碳乳液，以纳米银粉为抗菌材料，并添加润湿剂、分散剂、增稠剂和消泡剂等助剂，制备了一种环境友好型纳米银/氟碳抗菌涂料。图6-2为纳米银含量对涂料灭菌率的影响曲线。由图可知，不含纳米银粉的涂料基本不具备抗菌性；加入纳米银粉能够使涂料抗菌，而且涂料的抗菌能力随着纳米银粉加入量的增加而增大。纳米银粉的质量分数在0.03%以内，随着纳米银粉含量的增加，灭菌率明显提高。这说明在同样环境下，纳米银含量越高，银离子的溶出量越大，灭菌率也就越高。但当纳米银粉含量达到0.03%、灭菌率达到94%后，再增加纳米银粉含量已毫无意义，只会增加涂料的生产成本。在2h内灭菌率达90%以上，这说明纳米银粉涂料的抗菌性能已达优良，因而水性纳米银/氟碳涂料中的纳米银粉含量以0.03%较为合适。

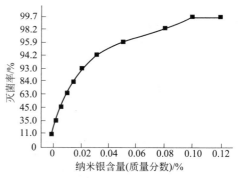

图6-2　纳米银含量对涂料灭菌率的影响

日本住友大阪水泥株式会社推出一种抗菌涂料，向涂料中加入0.01%（质量分数）的20nm和50nm的银粒子，得到抗菌涂料。当浓度为8.4×10^5cfu/mL的大肠杆菌和浓度为6.6×10^5cfu/mL的金黄色葡萄球菌与含0.01%（质量分数）的50nm银涂料接触24h后，涂料中残余菌落小于5cfu/mL，即99.999%的大肠杆菌和金黄色葡萄球菌被杀灭。将该抗菌涂料暴露在日光下400h后，该抗菌涂料的颜色没有明显变化。不加纳米银的涂料则无抗菌性能。

6.1.4.2　纳米银抗菌剂在水行业中的应用

将纳米银吸着在100～260m²/g比表面的活性氧化铝上，用这种抗菌材料处理饮水、游

泳池水、热水管和工业循环水，可有效地杀灭致病细菌。结果见表6-2。

表6-2 载银氧化铝处理饮水效果

项目	水池入口	水池出口(经处理后水)
	大肠杆菌/(cfu/100mL)	
室温下水中含氧	420	17
25℃水中饱和含氧水($O_2$4.1mg/L)	420	2
25℃缺氧水($O_2<1.0$mg/L)	420	75

当用含银2.0%（质量分数）的氧化铝处理饮水是，水中含Ag^+为0.01mg/L，此时可将水中大肠杆菌杀灭至达到饮水要求，但水中氧含量要大于1mg/L。中科院水质研究人员用0.1～50μg/L胶态银活化饮水和矿化水，将水中细菌保持饮水标准，且水中含银量符合世界卫生组织饮水标准。

6.1.4.3 纳米银抗菌剂在纺织行业中的应用

织物抗菌性的优劣决定于有效抗菌组分银的含量。吴亚容选用含纳米银抗菌剂对棉织物进行抗菌整理，分别采用两种方法：一种是先制备纳米银溶胶，并将其应用于织物整理；另一种是采用在位还原法进行织物银抗菌整理。结果表明，将纳米银溶胶用于织物抗菌整理可以达到很好的效果，经过10次洗涤后织物上银含量保留率在81%以上；当处理织物上银含量为62μg/g左右时，织物抑菌率可以达到99.9%。

邵明等采用浸渍法以不同浓度的纳米银分散液处理棉织物，分别测定处理织物对不同菌种的抗菌效果，结果如图6-3所示。由图可知，棉织物上纳米银含量在74～82mg/kg范

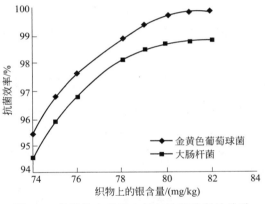

图6-3 棉织物上的银含量与抗菌效率的关系

围时，抗菌效率随银含量的增加而增大，且增长速率逐渐趋于平缓。织物上银含量大于82mg/kg时，对两种细菌的抗菌效率均达到98%以上。此外，织物上银含量相同时，其对金黄色葡萄球菌的抗菌效率高于对大肠杆菌的抗菌效率。

6.1.4.4 纳米银抗菌剂在制革行业中的应用

在皮革行业中，防霉抗菌问题一直未能得到很好地解决，制革者多使用有机抗菌材料。但这类抗菌剂一般耐热性差、稳定性较差，具有一定的毒性、易渗出、容易被人体摄入、使用寿命短，不适用于与人体密切接触的革制品。因而抗菌性能好、高效广谱的无机纳米抗菌剂是一个重要的发展方向。

银离子的广谱抗菌作用已广为人知，并得到了广泛应用。在皮革湿加工过程中，可以通过某种手段，如辐射、加热、光照、水解、气体反应等，使银离子在皮纤维间隙中发生原位还原反应生成纳米银粒子，这样得到的纳米银粒均一地分散并沉积在皮革纤维间隙中。此时，蛋白质纤维具有控制纳米颗粒直径和稳定纳米颗粒，防止其发生团聚的作用。沉积在纤维间的纳米银粒就可杀死细菌等微生物，起到抗菌防霉作用。

6.2 生物纳米材料

纳米材料是指尺度在 1～100nm 范围内的材料，常见的有零维纳米颗粒和一维纳米材料，后者包括纳米棒、纳米线和纳米管等。纳米技术是指在纳米尺度范围内，操纵原子、分子或原子团、分子团，使它们重新排列组合，创造具有特定功能的新物质的科学技术。纳米材料的研究和纳米技术在最近几年得到了广泛重视和发展，并被应用到很多领域。

纳米材料自从在微电子和半导体工业中得到了成功应用之后，现在正逐渐被应用于生物医学方面，并取得了良好效果。纳米微粒在性能上与通常所用的宏观材料完全不同，具有很多特殊性。这些特殊的性能主要是由其特殊的体积所引起，主要表现为表面与界面效应、小尺寸效应和宏观量子隧道效应等。纳米微粒的这些特殊性能使得其在实际应用中具有很多特殊的效果，如比表面积大、表面活性中心多、表面反应活性高、强烈的吸附能力、较高催化能力、低毒性以及不易受体内和细胞内各种酶降解等。这些特殊的表现，使得其在生物医学方面得到广泛应用。纳米微粒在生物医学应用上占据了很大地位，但一维纳米材料（如纳米管）在一些特殊的生物应用中具有独特的优势，也开始受到重视。纳米管具有较大的内部空腔体积，从小分子到蛋白质分子等许多化学或生物物质都可被填充其中。此外，纳米管具有明显的内、外表面和开放的端口，便于进行不同的化学或生物化学修饰改性。下面分别介绍两者在生物医学方面的应用。

6.2.1 纳米微粒在生物医学上的应用

应用于生物体内的纳米材料，它本身既可以具有生物活性，也可以不具有生物活性，但它在满足使用需要时必须易于被生物体接受，而不引起不良反应。目前纳米微粒在这方面的应用十分广泛，如生物芯片、纳米生物探针、核磁共振成像技术、细胞分离和染色技术、作为药物或基因载体、生物替代纳米材料、生物传感器等很多领域。下面对一些比较成熟的技术进行一些介绍。

6.2.1.1 生物芯片

生物芯片是在很小几何尺度的表面积上，装配一种或集成多种生物活性，仅用微量生理或生物采样即可以同时检测和研究不同的生物细胞、生物分子和 DNA 的特性以及它们之间的相互作用，从而获得生命微观活动的规律。其主要分为蛋白质芯片和基因芯片（即 DNA 芯片）两类，具有集成、并行和快速检测的优点，其发展的最终目标是将样品制备、生化反应到分析检测的全过程集成化以获得所谓的微型全分析系统。纳米基因芯片技术正是利用了大多数生物分子自身所带的正电荷或负电荷，将电流加到测试板上使分子迅速运动并集中，通过电子学技术，分子在纳米基因芯片上的结合速度比传统方法提高一千倍。与常规技术相比，纳米基因芯片具有很多优点，如微电子技术使带电荷的分子运动速度加快，分子杂交的时间仅以分钟计而非传统技术的以小时计；灵活性强，测试基板可安排为各种点阵结构，可同时对一个样本进行多种测试，分析多种测试结果；用户容易按自己的要求建立测试点阵；可现场进行置换扩增，使测试敏感，更有力度等。生物芯片最典型的应用就是进行分子诊断，用于基因研究和传染病研究等等。

6.2.1.2 纳米生物探针

纳米探针是一种探测单个活细胞的纳米传感器，探头尺寸仅为纳米量级，当它插入活细胞时，可探知会导致肿瘤的早期 DNA 损伤。一些高选择性和高灵敏度的纳米传感器可以用于探测很多细胞化学物质，可以监控活细胞的蛋白质和感兴趣的其他生物化学物质。还可以探测基因表达和靶细胞的蛋白生成，用于筛选微量药物，以确定哪种药物能够有效地阻止细胞内致病蛋白的活动。随着纳米技术的进步，最终实现评定单个细胞的健康状况。使用能够接受激光产生荧光的半导体量子点（一种半导体纳米微晶粒），可以改善由于传统有机荧光物质激发光谱范围窄、发射峰宽而且容易脱尾等现象。使用纳米生物荧光探针可以快速准确地选择性标记目标生物分子，灵敏测试细胞内的失踪剂，标记细胞，也可以用于细胞表面的标记研究。此外进行其他改造可以用以检测很多其他东西，如 Cognet 等用 10nm 的金颗粒标记膜蛋白用于蛋白质的成像检测，克服了荧光标记的褪色及闪动的缺点，检测灵敏度高，信号稳定。另有人选用葡萄糖包覆超顺磁性的 Fe_3O_4 纳米粒子，通过葡萄糖表面的酰基化实现与抗体的偶联，制得 Fe_3O_4/葡萄糖/抗体磁性纳米生物探针，将此探针进行层析实验。结果表明，该探针完全适用于快速免疫检测的需要。

6.2.1.3　核磁共振成像技术

该技术是现代医学中使用较多的一种技术，其使用的纳米微粒主要是纳米级的超顺磁性氧化铁粒子。根据产品的颗粒大小可以分为两种类型：一类是普通的超顺磁性氧化铁纳米粒子，一般直径在 40～400nm；另一类是超微型超顺磁性氧化铁纳米粒子，其最大直径不超过 30nm。该技术是因为人体的网状内皮系统具有十分丰富的吞噬细胞，这些吞噬细胞是人体细胞免疫系统的组成部分，当超顺磁性氧化铁纳米粒子通过静脉注射进入人体后，与血浆蛋白结合，并在调理素作用下被网状内皮系统识别，吞噬细胞就会把超顺磁性氧化铁纳米粒子作为异物而摄取，从而使超顺磁性氧化铁集中在网状内皮细胞的组织和器官中。吞噬细胞吞噬超顺磁性氧化铁使相应区域的信号降低，而肿瘤组织因不含正常的吞噬细胞而保持信号不变，从而可以鉴别肿瘤组织。使用纳米颗粒可以使得检测出的病灶直径从使用普通颗粒的 1.5cm 下降到 0.3cm。

6.2.1.4　细胞分离和染色技术

血液中红细胞的大小为 6000～9000nm，一般细菌的长度为 2000～3000nm，引起人体发病的病毒尺寸一般为几十纳米，因此纳米微粒的尺寸比生物体内的细胞和红细胞小得多，这就为生物学研究提供了一条新的途径，即利用纳米颗粒进行细胞分离和细胞染色等。如研究表明，用 SiO_2 纳米颗粒可进行细胞分离。在 SiO_2 纳米颗粒表面，包覆一层与待分离细胞有较好亲和作用的物质，这种纳米颗粒可以分散在含多种细胞的胶体溶液中，通过离心技术使细胞分离。这种方法有明显的优点和实用价值。使用不同的纳米颗粒与抗体的复合体与细胞、某些组织器官和骨骼系统相结合，就相当于给组织贴上了标签，利用显微技术可以分辨各种组织，即用纳米颗粒进行细胞染色技术。

6.2.1.5　作为药物或基因载体

传统的给药方式主要是口服和注射。但是，新型药物的开发，特别是蛋白质、核酸等生物药物，要求有新的载体和药物输送技术，以尽可能降低药物的副作用，并获得更好的药效。粒子的尺寸直接影响药物输送系统的有效性。纳米结构的药物输送是纳米医学领域的一个关键技术，具有提高药物的生物可利用度、改进药物的时间控制释放性能以及使药物分子精确定位的潜能。纳米结构的药物输送系统的优势体现在能够直接将药物分子运送到细胞中，而且可以通过健康组织把药物送到肿瘤等靶组织。如通过制备大于正常健康组织的细胞间隙、小于肿瘤组织内孔隙的载药纳米粒子，就可以把治疗药物选择性地输送到肿瘤组织中去。当前研究的用于药物输送的纳米粒子主要包括生物型粒子、合成高分子粒子、硅基粒子、碳基粒子以及金属粒子等。用纳米控释系统输送核苷酸有许多优越性，如能保护核苷酸，防止降解，有助于核苷酸转染细胞，并可起到定位作用，能够靶向输送核苷酸等。还可以对于一些药材，如中药加工成由纳米级颗粒组成的药，有助于人体的吸收。

纳米微粒在生物医学上的应用远不止上面提到的这些，利用纳米微粒技术制备生物替代纳米材料、生物传感器等也已有很大发展。如纳米人工骨的研究成功，并已进行临床试验。功能性纳米粒子与生物大分子如多肽、蛋白质、核酸共价结合，在靶向药物输运和控制释放、基因治疗、癌症的早期诊断与治疗、生物芯片和生物传感器等许多方面显示出诱人的应用前景和理论研究价值。

6.2.2 纳米管在生物医学上的应用

如前面所述，纳米管以其特殊的性能，在生物医学方面得到较多的研究和应用。目前研究较多的纳米管有碳纳米管、硅纳米管、脂纳米管和肽纳米管等。这些纳米管主要是用于生物分离、生物催化、生物传感和检测等生物技术领域。

6.2.2.1 纳米管用于生物分离技术

对纳米管的内、外表面进行不同修饰后，可用于纳米相萃取器，如用其进行手性异构分子的分离。由于异构体分子之间的理化性质差别非常小，因此传统分离方法的选择性往往都很低。将抗体通过一定的化学试剂固定在硅纳米管的内外表面，利用抗体对异构体的特异结合作用，赋予纳米管手性识别能力，可以实现对特定手性异构体的拆分，该思路使得纳米管在手性生物物质分离方面的应用前景大为拓展。用模板法制备的纳米管可以留在膜孔内用于分离。其分离机理之一即是上面提到的对纳米管的修饰，另一机理是调节纳米管的直径尺寸使之与混合物中相对较小的物质分子的尺寸相匹配，实现小分子与大分子物质的分离，即所谓的筛分法。纳米管的应用使得对生命体中各种氨基酸、核酸分子的手性研究有了很大的进展。

6.2.2.2 纳米管用于生物催化技术

纳米管用于生物催化技术的最主要的一个原因就是其大的比表面积，如含酶纳米管可以在生物催化反应器中使用。通过醛基硅烷将葡萄糖氧化酶（GOD）结合到硅纳米管（管径60nm）的内外表面，形成的GOD纳米管催化剂可催化葡萄糖的氧化反应，且无泄漏。虽然与目前常用的其他共价法固定化酶介质（如聚合物、硅胶）相比，纳米管固定化酶的活性降低幅度还较大，但纳米管的微小尺寸、大比表面（$120\sim700\text{m}^2/\text{g}$）和优良的机械性使其更适合作为催化剂或载体用于生物微反应器。这些纳米管可以携带酶参加反应，其自身还能起到催化作用，如对于神经组织还是骨组织而言，使用碳纳米管含量较高的复合材料，均能促进组织再生，同时显著地抑制对植入设备产生不利影响的胶质痕迹和纤维组织的形成。

6.2.2.3 纳米管用于生物传感和检测

纳米管生物传感器是目前纳米管生物技术中研究最为活跃的领域之一。使用酶修饰电极是生物传感器的基本构件和关键，但实际上在酶的电化学反应中通常需要外加促进剂和电子媒介。研制适宜的电极材料和固定化方法对实现酶的直接电子转移反应和生物活性的维持非常重要。一般用聚合物膜来达到此要求，但由于其稳定性较差，制约其应用。相比之下，碳纳米管的机械强度高，比表面大，化学稳定性高，导电能力强且对环境和被吸附分子的变化敏感，是生物传感器中理想的固定化酶介质。除此之外，碳纳米管还有其他特点，如它可以改善参加反应的生物分子的氧化还原可逆性；降低氧化还原反应中的过电位；还可以直接进行电子传递，用于电流型酶传感器。由于碳纳米管具有一定的吸附特性，吸附的气体分子与碳纳米管发生相互作用，改变其费米能级引起其宏观电阻发生较大改变，可以通过检测其电阻变化来检测气体成分，因此碳纳米管还可用于制造气敏传感器。将碳纳米管用作原子力显微镜（AFM）的探针是比较理想的，它具有直径小、长径比大、化学和机械性能好、刚性极大等优点，制得的 AFM 分辨率比普通的高，可用于分子生物学的研究。

纳米管还被用作养料或药物定向释放工具，还可以对单细胞进行操作，有望在人工器官与组织工程、药物（基因）运载、重大疾病的早期诊断、生物医学仪器研制等众多方面发挥重要的作用，应用领域十分广泛。纳米管以其独特的微管状结构、可调的理化特性、优良的力学性能和繁多的材料种类必将在生物分离、生物传感、生物催化和生物医学等领域得到更深入、更广泛的研究和应用。

纳米材料和纳米技术在生物医学方面的应用令人们感到欣喜，但仍有着人们不能忽视的问题，那就是纳米材料对生物体不利的一面。由于纳米材料尺寸小，其化学组成、尺寸的分布、形状及表面性质对于其生物效应均起着至关重要的作用，但人们还没有充分对它们各自的毒性进行了解。如将人类上皮角质细胞暴露在碳纳米管中达 18h 后，可以观察到自由基形成、过氧化物的聚积、抗氧化物质的枯竭以及细胞活力的丧失。此外，细胞也发生了超微结构和形态学的变化。目前研究人员正在逐步形成一个共识，即对纳米粒子的物理化学性质、所处环境及其在该环境中的存在状态进行充分的表征是开展毒理学研究和建立新的评价体系的一个关键的前提条件。

纳米材料和纳米技术研究虽然尚处于起步阶段，但其发展势头迅猛。纳米科技与生物医学的结合和相互渗透，为生物医学工程研究提供了重大的创新机遇和诱人的市场前景。巨大的研究价值和良好的应用前景将为材料、生物、医学、化学化工、电子学等多学科的研究人员提供新的机遇和挑战。

6.3　药物载体

纳米技术在生物领域的渗透形成了纳米生物技术，而纳米药物载体的研究是纳米生物技术的重点和热点。世界先进国家如美国、日本、德国等均已将纳米生物技术作为 21 世纪的科研优先项目予以重点资助。美国优先资助的研究领域就包括纳米技术应用于临床治疗（药物和基因载体）；日本政府在国家实验室、大学和公司设立了大量的纳米技术研究机构，生物技术是其优先研究领域；德国启动新一轮纳米生物技术研究计划中的重点就是研制出用于诊疗的摧毁肿瘤细胞的纳米导弹和可存储数据的微型存储器，并利用该技术进一步开发出微型生物传感器，用于诊断受感染的人体血液中抗体的形成，治疗癌症和各种心血管疾病。此外，英国、澳大利亚、韩国、俄罗斯等国家也都在进行相关研究。

我国纳米生物技术的发展与先进国家相比，起步较晚，但"九五"期间"863计划"启动了国家纳米振兴计划，"十五"期间"863计划"将纳米生物技术列为专题项目予以优先支持发展。同时，我国纳米药物的研究也有许多成果出现，例如，武汉理工大学李世普在体外实验中发现粒子尺度在20~80nm的羟基磷灰石纳米材料具有杀死癌细胞的功能；朱红军、蒋建华教授等研制出一种粉末状的纳米颗粒；中南大学肝胆肠外科张阳德教授等开展的磁纳米粒治疗肝癌研究等。

目前，国际上纳米生物技术在医药领域的研究已取得一定的进展。在纳米生物材料研究中，研究的热点和已有实质性成果的是药物纳米载体和纳米颗粒基因转移技术。

6.3.1　纳米药物载体研究

药物制剂的给药途径与方法对药物作用至关重要。口服给药要受到两种首过效应的影响，即胃肠道上皮细胞中酶系的降解、代谢及肝中各酶系的生物代谢。

许多药物很大一部分因首过效应而代谢失效，如多肽、蛋白类药物、β-受体阻滞剂等。为获得良好的治疗效果，通常不得不将口服给药改为注射等其他给药途径。由于通过注射途径的非靶向药物可均匀分布在全身循环中，在到达病灶之前，要经过同蛋白结合、排泄、代谢、分解等步骤，只有少量药物才能达到病灶。靶向给药的目的就是提高靶区的药物浓度，而提高药物的利用率和疗效以及降低药物的副作用一直是医药领域一项重要的研究课题，纳米药物载体的研究有效地解决了这些问题。

6.3.1.1　纳米磁性颗粒

当前药物载体的研究热点是磁性纳米颗粒，特别是顺磁性或超顺磁性的铁氧体纳米颗粒在外加磁场的作用下，温度升高至40~45℃时，可达到杀死肿瘤的目的。张阳德等开展了磁纳米粒治疗肝癌的研究，研究内容包括磁性阿霉素白蛋白纳米粒在正常肝的磁靶向性、在大鼠体内的分布及对大鼠移植性肝癌的治疗效果等。结果表明，磁性阿霉素白蛋白纳米粒具有高效磁靶向性，在大鼠移植肝肿瘤中的聚集明显增加，而且对移植性肿瘤有很好的疗效。向娟娟等采用葡聚糖包覆的氧化铁纳米颗粒作为基因载体，发现其表现出与DNA的结合力和抵抗DNA的SE消化。

6.3.1.2　高分子纳米药物载体

纳米药物载体研究的另一个热点就是高分子生物降解性药物载体或基因载体，通过降解，载体与药物/基因片段定向进入靶细胞之后，表层的载体被生物降解，芯部药物释放出来发挥疗效，避免了药物在其他组织中的释放。

目前恶性肿瘤诊断与治疗研究和发明中超过60%的药物或基因片段采用可降解性高分子生物材料作为载体，如聚乳酸（PLA）、聚乙交酯（PGA）、聚己内酯（PCL）、PMMA、聚苯乙烯（PS）、纤维素、纤维-聚乙烯、聚羟基丙酸酯、明胶以及它们之间的共聚物和生物性高分子物质，如蛋白质、磷脂、糖蛋白、脂质体、胶原蛋白等，利用它们的亲和力与基因片段和药物结合形成生物性高分子纳米颗粒，再结合含有RGD定向识别器，靶向性与目标细胞表面的整合子结合后将药物送进肿瘤细胞，达到杀死肿瘤细胞或使肿瘤细胞发生基因转染的目的。

美国密西根大学的Donald Tomalia等已经用树形聚合物开发了能够捕获病毒的"纳米

陷阱"，其体外实验表明"纳米陷阱"能够在流感病毒感染细胞之前就捕获它们，使病毒丧失致病的能力。

用于肿瘤药物输送的纳米高分子药物载体可延长药物在肿瘤中的存留时间，研究表明，高分子纳米抗肿瘤药物延长了药物在肿瘤内的停留时间，减慢了肿瘤的生长，而且，纳米药物载体可以在肿瘤血管内给药，减少了给药剂量和对其他器官的毒副作用。

纳米药物载体还可增强药物对肿瘤的靶向特异性，把抗肿瘤药包覆到聚乳酸（PLA）纳米粒子仁或聚乙二醇（PEG）修饰的 PLA 纳米粒子上，给小鼠静脉注射后，发现前者的血药浓度较低，这说明 PEG 修饰的纳米粒子减少了内皮系统的吸收，使肿瘤组织对药物的吸收增加。

纳米高分子药物载体还可以通过对疫苗的包裹提高疫苗吸收和延长疫苗的作用时间。纳米高分子药物载体另一个重要的作用是用于基因的输送，进行细胞的转染等。

6.3.1.3　纳米脂质体

用脂质体微囊作为药物载体的研究早已在药物制剂上应用，但纳米脂质体的研制，还处于进行中，纳米脂质体是人们设计的较为理想的纳米药物载体模式。

纳米脂质体药物载体具有以下优点：①由磷脂双分子层包覆水相囊泡构成，生物相容性好；②对所载药物有广泛的重应性，水溶性药物载入内水相，脂溶性药物溶于脂膜内，两亲性药物可插于脂膜上，而且同一个脂质体中可以同时包载亲水和疏水性药物；磷脂本身是细胞膜成分，因此纳米脂质体注入体内无毒，生物利用度高，不引起免疫反应；保护所载药物，防止体液对药物的稀释和被体内酶的分解破坏。纳米粒子将使药物在人体内的传输更为方便。对脂质体表面进行修饰，譬如将对特定细胞具有选择性或亲和性的各种配体组装于脂质体表面，可达到寻靶目的。以肝脏为例，纳米药物可通过被动和主动两种方式达到靶向作用：当该药物被 Kupffer 细胞捕捉吞噬，使药物在肝脏内聚集，然后再逐步降解释放进入血液循环，使肝脏药物浓度增加，对其他脏器的副作用减小；而当纳米粒子尺寸足够小（100～150nm）且表面覆以特殊包被后，便可以逃过 Kupffer 细胞的吞噬。

6.3.1.4　纳米智能药物载体

纳米智能药物载体的制备是纳米生物技术的一个分支，智能纳米药物就是在靶向给药基础上，设计合成缓释药包膜，以纳米技术制备纳米药物粒子，结合靶向给药和智能释药优点用纳米技术完成制备智能纳米缓释药的目的，即除定点给药之外，还能根据用药环境的变化，自我调整对环境进行自动释药。此种药物生物利用度高，毒副作用小，药物释放半衰期适当，不仅可提高药品安全性、有效性、可靠性和患者的顺从性，还可解决其他制剂给药可能遇到的问题，如药物稳定性低或溶解度小、低吸收或生物不稳定（酶、pH 值等）、药物半衰期短和缺乏特异性、治疗指数（中毒剂量和治疗剂量之比）低和细胞屏障等问题。用数层纳米粒子包裹的智能药物进入人体后可主动搜索并攻击癌细胞或修补损伤组织。

智能纳米药物载体包括纳米磁粒子、纳米高分子和纳米脂质体。制备纳米智能物载体就是通过对纳米药物载体的结构设计、合成，制备出具有智能释药能力的纳米药物载体。

美国 A. Alfret、C. Douglas 等利用纳米颗粒与病毒基因片段及其他药物结合，构成纳米微球，在动物实验中靶向治疗乳腺肿瘤获得成功。

6.3.2　纳米药物载体的未来

纳米生物技术是国际生物技术领域的前沿和热点问题，在医药卫生领域有着广泛的应用和明确的产业化前景，在疾病的诊断、治疗和卫生保健方面发挥重要的作用。

首先是设计制备针对癌症的"纳米生物导弹"，将抗肿瘤药物连接在磁性超微粒子上，定向射向癌细胞，并把癌细胞全部消灭。

其次是研制治疗心血管疾病的"纳米机器人"，用特制超细纳米材料制成的机器人，能进入人的血管和心脏中，完成医生不能完成的血管修补等工作，并且它们对人体健康不会产生影响。

但在充分安全、有效进入临床应用前，如何得到更可靠的纳米载体，更准确的靶向物质，更有效的治疗药物，更灵敏、操作性更方便的传感器，以及体内载体作用机制的动态测试与分析方法等一系列问题仍待进一步研究解决。

纳米药物载体的研究方向是向智能化进行，研究制备纳米级载体与具有特异性的药物相结合以得到具有自动靶向和定量定时释药的纳米智能药物，以解决重大疾病的诊断和治疗。相信随着纳米生物技术的发展，将可以制备出更为理想的具有智能效果的纳米药物载体，以解决人类重大疾病的诊断、治疗和预防等问题。

6.4　医用纳米材料

在医药产品中固体药物制剂约占 70％～80％，含有固体药物的剂型有散剂、颗粒剂、胶囊剂、片剂、粉针、混悬剂等；涉及的单元操作有粉碎、分级、混合、制粒、干燥、压片、包装、输送、储存等。多数固体制剂在制备过程中需要进行粒子加工以改善粉体性质，从而满足产品质量和粉体操作的需求。

粉体技术在药物制剂中的应用起步较晚，使制剂过程中的粉体操作带有一定的盲目性和经验化，随着现代科学的发展和 GMP 规范化的广泛实施，粉体的理论和处理方法不断地被引入固体物料的各种单元操作中，使固体药物制剂的研究、开发和生产从盲目性和经验模式走上量化控制的科学化、现代化轨道，引起了药学工作者的广泛兴趣和重视。1983 年日本成立了粉体工程学会的下设组织"制剂与粒子设计部会"。1986 年，英国材料处理委员提出"无视技术和经济重要性的科学家和工程师才不接受粉体技术的教育"。我国于 1991 年 8 月在原国家医药管理局科教司的支持下，在原沈阳药学院举办了首届"粉体工程及其在固体制剂中的应用"研讨会，目的是在国内普及粉体工程的最基本的理论和试验方法，学习交流粉体工程在固体制剂中应用的经验和体会，使与会的工程技术人员、科技人员认识到粉体技术在固体制剂中的重要作用。

6.4.1　粉体的基本概念和性质

6.4.1.1　粉体的基本概念

粉体是指无数个固体粒子的集合体，粉体学是研究粉体的基本性质及其应用的科学。粒子是粉体运动的最小单元，通常所说的"粉""粒"都属于粉体的范畴，通常将 ≤100μm 的粒子叫"粉"，>100μm 的粒子叫"粒"。组成粉体的单元粒子可能是单体的结晶，称为一级粒子；也可能是多个单体粒子聚结在一起的粒子，称为二级粒子。在制药行业中，常用的粒子大小范围为从药物原料粉的 1μm 到片剂的 10mm。

6.4.1.2　粉体的性质

物态有 3 种，即固体、液体、气体。液体与气体具有流动性，而固体没有流动性；但把固体粉碎成颗粒的聚集体之后则具有与液体相类似的流动性，具有与气体相类似的压缩性，也具有固体的抗形变能力，所以有人把粉体列为"第四种物态"来进行研究。粉体的基本性质有：粒度及粒度分布、粒子的形态、比表面积、空隙率与密度、流动性与充填性、吸湿性等。在粉体的处理过程中，即使是单一物质，如果组成粉体的各个单元粒子的形状、大小、黏附性等不同，粉体整体的性质将产生很大的差异。因此很难将粉体的各种性质如气体、液体那样用数学模式来描述或定义。但是粉体技术也能为固体制剂的处方设计、生产过程以及质量控制等诸方面提供重要的理论依据和试验方法。

6.4.2　粉体性质对制剂工艺的影响

6.4.2.1　对混合均匀度的影响

固体药物制剂产品往往由多种成分混合而成，如复方制剂或加入的药用辅料等。

为了保证制剂中药物含量的均匀性，需对各个成分进行粉碎、过筛，使之成为一定粒度的粉末之后进行混合。从粉体性质的角度考虑，影响混合均匀度的因素如下：

① 粒子的大小，粉体的混合虽然达不到像溶液的分子混合程度，但只要各组分的粒径足够小，且粒子间作用力足够小时就可达到较理想的均匀度；

② 各组分间粒径差与密度差，在混合过程中，粒径较大的颗粒上浮，粒径较小的颗粒下漏；密度较大的颗粒下沉，密度较小的颗粒上浮。不仅给混合过程带来困难，而且已混合好的物料也能在输送过程中再次分离。因此混合过程中应尽量使混合物料的密度和粒度相接近；

③ 粒子形态和表面状态，形态不规则、表面不光滑的粒子混合时虽不易混合均匀，但一旦混合后不易分离，易于保持均匀的混合状态；但在混合物中混有表面光滑的球状颗粒时其流动性过强而易于分离出来；

④ 静电性和表面能，混合过程往往在粉末状态下进行，如果空气状态比较干燥（如相对湿度小于 40%）就容易产生静电而聚集；粉末状态的表面能较大也易于聚集，使混合带来较大的困难。这种情况发生时宜采用过筛混合法，使聚集的粉末团在过筛过程中破碎，并加入润滑剂或表面活性剂以防止粉末聚集。

6.4.2.2　对固体制剂分剂量的影响

片剂、胶囊剂、冲剂等固体制剂在生产中为了快速而自动分剂量一般采用容积法，因此固体物料的流动性、充填性对分剂量的准确性产生重要影响。

（1）对流动性的影响　粉体的流动性与粒子大小、粒度分布、粒子形态、表面状态、堆密度等有关，可用休止角（α）、内部摩擦角（θ）、剪切黏着力（C）、久野-川北方程的参数（K、a、b）、流动指数综合指数（I）法等评价。常用的方法是测休止角，一般认为休止角

$\alpha < 30°$时流动性很好，$\alpha > 45°$时流动性差。但实际生产中$\alpha < 40°$就可满足分剂量的生产要求。通常可以采用以下方法改善粉体的流动。

① 造粒：粉体过细，分散度和表面自由能很高，容易发生自发的附着和凝聚从而影响其流动性，造粒后表面能小、不易聚集，可以改善流动性。一般情况下，粒径小于$100\mu m$时流动性差，大于$200\mu m$时流动性较好，如粉末状乳糖，粒径小于$74\mu m$时，休止角为$60°$、堆密度为$0.34g/cm^3$，流动性很差；但制成粒径在$149\sim420\mu m$的颗粒后其堆密度变为$0.5g/cm^3$、休止角为$38°$，大大改善了乳糖的流动性；

② 增大颗粒密度：颗粒自重大于粒子间黏着力时可以流动，黏着力大于颗粒自重时不易流动，显然密度大的粒子群其流动性好。如果采用不同造粒方法或不同种类、不同量的黏合剂，就可以改变物料的堆密度，从而改善流动性。生产时堆密度大于$0.4g/cm^3$可满足较好的流动性；

③ 加入助流剂：滑石粉、微粉硅胶等粉末附着在颗粒表面可以大大改善物料的流动性，但不能加入过多，过多反而降低流动性，常用范围为$0.1\%\sim2\%$。优质微粉硅胶的粒径极细，其比表面积高达$200m^2/g$以上，用量仅为颗粒量的0.1%即可取得满意的效果。另外，加入药物或辅料的细粉也可以产生助流剂的作用。

但是关于装量均一性与粉体流动性之间的关系，有不同的看法。流动性差的粉体由于密度差异，装量差异会较大；流动性好的粉体不能充分振实，也会导致较大的装量差异；也有人认为粉体的流动性与装量差异无关。Linda A. Felton 等考察了微晶纤维素（MCC）和硅酸化微晶纤维素（SMCC）填充硬胶囊的载药量和装量差异。结果表明，密度较大、流动性好的 SMCC 载药量大，装量差异小，但发现流动性不同的几种处方装量差异并不显著。

（2）对充填性的影响　粉体的充填性是粉体集合体的基本性质，在胶囊、片剂的装填过程中具有重要的意义。物料颗粒的大小、形状、粒度分布、堆密度及空隙率等可直观地反映出其充填性。当颗粒的粒度分布很宽时，由于大、小粒子易发生分离现象而使堆密度产生差异，充填不均匀，容易造成分剂量的差异；如果粒度过大，易产生严重的重量偏差，因此在流动性满足生产的条件下粒度越小充填量越均匀。另外，粉体的充填性与粉体的流动性直接相关。在粉体的充填过程中，粉体颗粒的排列方式、振动与否以及是否加入助流剂等均影响粉体的充填状态。

（3）对压缩成形性的影响　压缩成形性表示粉体在压力下减少体积、紧密结合形成一定形状的能力。压缩成形性的评价方法很多，如压痕硬度、径向抗张强度、轴向强度、弯曲强度、破碎功等，也有在粉末的压缩过程中测定应力缓和值、黏结指数、脆碎指数、可压性参数等，其中最常用且简便的方法是测定其径向破碎力——硬度与单位面积的破碎力——抗张强度。

① 压缩成形机理　物料的压缩成形性是一个复杂问题，许多国内外学者在不断地研究和探索压缩成形机理。目前主要有以下一些观点：

a. 压缩后粒子间距离很近，从而产生粒子间力，例如范德华力、静电引力等相互吸引而使成形；

b. 压缩后粒子产生塑性变形，从而粒子间的接触面积增大，粒子间力也增大；

c. 粒子受压变形后粒子相互嵌合而产生机械结合力；

d. 在压缩过程中产生热，熔点较低的物料部分熔融，随后再固化而在粒子间形成"固体桥"而成形；

e. 压缩过程中，配方中的水溶性成分在粒子的接触点处结晶析出而形成"固体桥"，使物料成形并保持一定强度；

f. 粒子受压破碎而产生新的表面，新生表面具有较大的表面自由能而导致粒子聚集成形。其实在粒子的压缩成形过程中，并不是只存在上述一种机理，有可能是两种或几种机理在同时发挥作用。

② 裂片问题及解决方法　在片剂压缩成形过程中，由于粉体性质方面的原因可能导致某些问题，如黏冲、色斑、麻点及裂片等。其中裂片（包括顶裂和腰裂）是个令人头疼的"常见病"，如果物料中细粉太多，压缩时空气不能排出，在解除压力后空气体积易发生膨胀而致裂片。目前引起人们重视的压力分布学说认为：压片时由于颗粒与颗粒、颗粒与冲模壁间的摩擦力造成片剂内部传递的各部位的压力分布不均匀而在片剂内部产生"内应力"，应力集中部位容易裂片。

另外，压力分布还与药物性质有关。多数药物为黏弹性物质，压缩时既发生塑性变形，又有一定程度的弹性变形，当外力解除后，弹性内应力趋向松弛和恢复颗粒的原来形状，并使片剂体积增大而致裂片。近年来不少研究者用黏弹性理论和方法研究粉体的压缩成形性。反映物料黏弹性的参数很多，其中弹性复原率是较易测得的常用而简便的方法。弹性复原率（ER）是将片剂从模孔中推出后弹性膨胀引起的体积增加值和片剂在最大压力下的体积之比。

药物片剂的弹性复原率在 2%～10%，如果药物的弹性复原率较大，硬度低，则易于裂片，可加入可压性好的辅料以改善压缩成形性。也可在生产过程中从工艺上改善压力分布、防止裂片；旋转压片机上冲和下冲同时加压，因而使片剂内部压力分布较均匀，减弱应力集中，相对于单冲压片机不易出现裂片；压片过程中加入适当的润滑剂，可使压力分布均匀，而且下冲推出片剂时阻力降低也可防止裂片；压片过程中减慢压缩速度或进行两次压缩，即预压和主压。

③ 改善压缩成形性的方法　压片过程的三大要素是：a. 流动性好，使流动、充填等粉体操作顺利进行，减小片重差异；b. 压缩成形性好，不出现裂片等不良现象；c. 润滑性好，片剂不黏冲，可得到完整、光洁的片剂。多数药物在压缩前需进行造粒，一方面是满足工艺过程的需要，即改善物料的流动性、充填性以保证剂量的均匀性。另一方面可大大改善压缩成形性，即黏合剂均匀分布于粒子表面改变粒子间的结合力，改变物料的黏弹性。另外，物料中适量的含水量有利于成形；处方中加入的助流剂，如微粉硅胶，可以改善可压性；润滑剂，如硬脂酸镁，虽然降低片剂的强度，但也可以减少裂片。

简化工艺过程是 GMP 规范化管理的重要措施之一。粉末直接压片虽然工艺过程简单，但由于粉末压片容易裂片，而且粉末的流动性差、片重差异严重等原因使该工艺的应用受到了限制，但近年来随着功能性新型辅料的开发与现代化设备的应用使粉末直接压片成为药剂学研究的热点之一。考察粉体性质并对压缩成形、裂片等参数进行分析可有效地选择辅料、设计处方，微晶纤维素、可压性淀粉是可用于粉末直接压片的典型代表。

6.4.2.3　粉体性质对制剂质量的影响

固体制剂的质量控制方面，重量差异、混合均匀度、片剂的强度等多与粉体操作有关，而崩解、溶出度和生物利用度则与药物处方中各种物料的粉体性质有关。

（1）对固体制剂崩解度的影响　固体制剂的最终命运是崩解、释药和被人体吸收，其中崩解是药物溶出及发挥疗效的首要条件，而崩解的前提则是药物制剂必须能被水溶液所润湿。因此水渗入片剂内部的速度与程度对崩解起到决定性作用，而这又与片剂的孔隙径、孔隙数目以及毛细管壁的润湿性等有关。片剂的孔隙率不但与物料性质有关，即易产生塑性变形的物质压片后孔隙率小难以崩解，弹性变形的物料压缩后孔隙率较大易于崩解；还与压缩过程有关，在一定压力范围内，压力越大，压缩时间越长，片剂的孔隙率越小，越难以崩解。物料的润湿性很差，将很难使水通过毛细管渗入到片剂内部，则片剂难以崩解。常用于润滑剂的硬脂酸镁具有较强的疏水性，用量不当会严重影响片剂的崩解度，必要时可加入表面活性剂以改善片剂的润湿性，促进水的渗入而加快崩解速度和溶出度。如用阿拉伯胶作黏合剂，喷雾干燥，可提高水杨酸的溶出度；磺胺药物加泊洛沙姆可显著增加溶出度；脂溶性药物同乳糖混合，也可提高药物的溶出度。

（2）对溶出度的影响　药物的溶出度除与药物的溶解度有关外，还与物料的比表面积有关，一定温度下固体的溶解度和溶解速率与其比表面积成正比。而比表面积主要与药物粉末的粗细、粒子形态以及表面状态有关，对片剂和胶囊剂来说与崩解后的粒子状态有关。因此，药物粒度大小可以直接影响药物溶解度、溶解速率，进而影响临床疗效。例如，微粉化乙酸炔诺酮比未微粉化的溶出速率要快很多，在临床上微粉化的乙酸炔诺酮包衣片比未微粉化的包衣片活性几乎大 5 倍。

对难溶性药物或溶出速率很慢的药物来说，药物的溶出过程往往成为吸收的限速过程。药物的粒径降低时其比表面积增大，药物与介质的有效接触面积增加，将提高药物的溶出度和溶出速率，因此降低粒径是提高难溶性药物生物利用度的行之有效的方法。灰黄霉素是一种溶解度很小的药物，超微粉化与一般微粉化的灰黄霉素制剂相比较治疗真菌感染，其血药浓度高且用药剂量小。国内药厂生产的微粉化灰黄霉素制剂比未微粉化的制剂剂量可减少 50%，《中华人民共和国药典》规定灰黄霉素的颗粒长度在 $5\mu m$ 以下的粒子不得少于 85%。地高辛胶囊的生物利用度研究结果表明，药物粉末平均粒径为 $20\mu m$ 的胶囊的 AUC 是 $80\mu m$ 的 6 倍。

但很多药物是多晶型的，在粉体处理过程中可能会导致晶型改变，溶解度、稳定性、疗效等都可能受到影响，应多加注意。

（3）对生物利用度和疗效的影响　临床上，药物不论以何种形式给药，药物粒径的大小都会影响药物从剂型中的释放，进而影响到疗效。如前所述，在改善药物崩解和溶出的同时，药物的吸收增加，生物利用度和疗效均可得到较好的提高。对气雾剂而言，雾化后药物粒子的大小是药效的主要决定因素。气雾剂混悬液中粒径在微米以上的粒子存在时限很短，无法达到有效的局部治疗效果；但若粒子太小则不能沉积于呼吸道，易于通过呼气排出。所以一般认为，起局部作用的气雾剂粒子范围以 $3\sim10\mu m$ 为宜；欲发挥全身作用，则粒子宜在 $1\sim45\mu m$。Florence 等研究了 3 种不同粒度的双香豆素胶囊抑制正常凝血酶原的活性作用时间面积和血药浓度-时间面积之间的关系，发现粒度、溶解速率与疗效三者之间有一定的关系：即粒度小，溶解速率快，疗效好。Liversidge 等研究了非甾体类抗炎药萘普生的不同粒径对大鼠胃肠道的刺激性及吸收的影响。结果表明，将萘普生的粒径从 $20\mu m$ 减小到 270nm 时，避免了大粒子在黏膜黏附而导致的局部药物浓度过高，可以显著地降低药物对胃肠道的刺激并能有效地提高药物的疗效。

6.4.2.4　粉体技术与制剂现代化

近年来，随着粉体技术在制药工业上的应用日益广泛和制剂现代化的发展，粉体技术有了新的突破和应用，如中药的超细粉体技术、纳米技术等。

（1）超细粉体技术　超细粉体技术又称超微粉碎技术、细胞级微粉碎技术，是近年国际上发展起来的一项物料加工高新技术。该技术是一种纯物理过程，它能将动、植物药材从传统粉碎工艺得到的中位粒径 150～200 目的粉末（$75\mu m$ 以下），提高到中位粒径为 $5～10\mu m$ 以下，已逐渐在中药制剂中得到广泛应用。

通过超细粉体技术加工出的药材超细粉体，粒径 $<10\mu m$，药材的细胞破壁率 $\geqslant 95\%$。因细度极细及均质情况，其体内吸收过程发生了改变，各组分会以均匀配比被人体吸收，有效成分的吸收速率加快，吸收时间延长，吸收率和吸收量均得到了充分提高。而用常规粉碎方式由于粉碎粒度较大，混合均匀度偏低，不同性状的药物成分会因其细度、细胞溶胀速率、从细胞壁的迁出速率、B 值及对肠壁吸附性的差异而在不同时间被人体吸收，其吸收量值也会不一，由此可能会影响复方药物的疗效。而且，由于在超细粉碎过程中存在"固体乳化"作用，复方中药药粉中含有的油性及挥发性成分可以在进入胃中不久即分散均匀，在小肠中与其他水溶性成分可达到同步吸收。这与以常规粉碎方式进行的未破壁药材的吸收和疗效会大相径庭。

孙晓燕等考察了不同粉碎技术对当归极其制剂溶出速率的影响，结果发现当归超细粉溶出时间比普通粉缩短了近 1/3，且溶出量也明显高于普通粉；而且超细粉制成的微丸在溶出度和溶出速率方面均优于普通粉制成的微丸。苏瑞强等分别进行了超微粉碎技术提高六味地黄丸和愈风宁心片溶出度的研究，结果均证明超微粉碎技术可提高制剂的溶出度。

另外，通过超微粉碎技术制得的药物粉末不添加任何辅料即可直接造粒，因为药材中的纤维达到超细程度，具有药用辅料中成形剂的作用，所以易于成形。

（2）纳米粉体技术　纳米技术是 20 世纪 80 年代末期刚刚诞生并正在崛起的新科技，它的基本涵义是在纳米尺寸（$10^{-9}～10^{-7} m$）范围内认识和改造自然，通过直接操作和安排原子、分子，创造新物质。国际上公认 0.1～100nm 为纳米尺度空间，在药剂学领域一般将纳米粒的尺寸界定在 1～1000nm。药剂学中的纳米药物基本可以分为两类：纳米载体系统和纳米晶体药物。纳米载体系统是指通过某些物理化学方法间接制得的药物——聚合物载体系统（即纳米粒），如纳米脂质体、聚合物纳米囊、纳米球等。纳米晶体药物则是指通过纳米粉体技术直接将原料药物加工成纳米级别（即纳米粉），这实际上是微粉化技术、超细粉技术的再发展。

将药物加工成纳米粒可以提高难溶性药物的溶出度和溶解度，还可以增加黏附性、形成亚稳晶型或无定形以及消除粒子大小差异产生的过饱和现象等，从而能够提高药物的生物利用度和临床疗效。在表面活性剂和水等存在的条件下可以直接将药物粉碎成纳米混悬剂，适合于口服、注射等途径给药以提高吸收或靶向性，特别适合于大剂量的难溶性药物的口服吸收和注射给药；也可以通过适宜的方法回收得到固体纳米药物，再加工成各种剂型，如活性钙的纳米化，可大大提高吸收率，我国已能大量生产。

通过对附加剂的选择还可以得到表面性质不同的微粒。Koichi ITOH 等将 4 种难溶性药物 N-5159、灰黄霉素（griseofulvin）、格列本脲（glibenclamide）和硝苯地平（nifedipine）分别与不同比例的 PVP 和 SDS 混合粉碎，得到的固体粒子大多在 200 nm 以下，大大提高了药物的溶解度，经 X 射线粉末衍射测定，药物均以晶体形式存在并且稳定性良好。

中国地质大学采用微波技术将胃药蒙脱石纳米化，粒径达到 20～300nm，经华中理工大学同济医学院试验，药效至少是国外该药物制剂"思密达"的 3 倍。华中科技大学徐辉碧等以人脐静脉内皮细胞系 ECV-304 作为研究对象，开展了无机砷化合物——雄黄对其增殖作用影响的尺寸效应。研究了不同粒径的雄黄颗粒对 ECV-304 细胞存活率、凋亡的影响。

结果表明，对应粒径 100～500nm 的雄黄，凋亡率按粒径从小到大逐渐降低。他们还研究了"纳米石决明血清微量元素药效学"，以血清微量元素的变化观察不同粒径的石决明（纳米、微米、常态）的时效变化以阐明血清微量元素药效学。结果发现处于纳米状态（≤100nm）的石决明性质与微米粒径比较有极显著的差异。

6.5 展望

随着现代科学的进步和 GMP 规范化的广泛实施，粉体技术受到人们越来越多的重视，为现代给药系统的研究提供了新的方法和途径；同时，制药工业的不断发展也对粉体技术提出了更高、更新的要求。伴随着当前中药现代化和纳米技术的发展高潮，粉体技术也有了更广阔的发展空间，必将得到更完善的发展和提高，从而促进制药工业的发展。

参 考 文 献

[1] 张文钮. 银的杀菌功能 [J]. 金属世界，2002，3：20-21.

[2] 胡晓葬，张普柱，孙永华等. 纳米银抗菌医用敷料银离子吸收和临床应用 [J]. 中华医学杂志，2003，83（24）：2178-2179.

[3] 周亮，汤京龙，陈艳梅等. 纳米银的抗菌特性及其在医学中的应用 [J]. 北京生物医学工程，2011，30（2）：205-209.

[4] 廖静敏，李光，马念章. 碳纳米管在生物传感器中的应用 [J]. 传感技术学报，2004，17（3）：467-471.

[5] 胡贵权，官文军，李昱等. 纳米碳管葡萄糖生物传感器的研究 [J]. 浙江大学学报：工学版，2005，39（5）：668-671.

[6] 吴洪，姜忠义. 纳米管生物技术 [J]. 化工学报，2005，56（6）：962-971.

[7] 顾大勇，鲁卫平，周元国. 纳米级金颗粒在基因芯片检测技术中的研究进展 [J]. 国外医学生物医学工程杂志，2005，4（28）：75-80.

[8] 李会东. 纳米技术在生物学与医学领域中的应用 [J]. 矿业工程研究，2005，27（2）：49-51.

[9] 白吉庆，王昌利. 纳米技术在中药制剂研究中的应用 [J]. 现代中医药，2005，25（6）：48-50.

[10] 许海燕. 纳米生物医学研究的进展与发展趋势 [J]. 中国生物医学工程学报，2005，24（6）：643-648.

[11] 董晶莹，刘宁. 纳米微粒在生物医学领域的应用研究 [J]. 国外生物医学工程杂志，2005，28（4）：237-240.

[12] 徐洪顺. 生物医药领域中的纳米科技 [J]. 浙江化工，2004，35（12）：23-26.

[13] 孙成林. 现代超细粉碎及超细分级技术 [J]. 北京矿冶研究总院学报，1993，2（4）：51-58.

[14] 侯连兵. 中药细胞级微粉技术在中药药剂中的应用 [J]. 中药材，2001，24（10）：765-766.

[15] 腊蕾，蒋雪涛，陈志良等. 超细颗粒的制备及其在生物医药领域中的应用研究 [J]. 中国药房，2002，13（4）：242-244.

[16] 孙晓燕，袁红宇，郭立玮等. 超细粉体技术对当归及其制剂溶出速率的影响 [J]. 南京中药学大学学报，2002，18（4）：219-221.

[17] Su Ruiqiang, He Yu, Wang Ruicheng, et al. Study on improvement of dissolution rate of water-honeyed pills of six herbs with rehmannia by technique of super fine crushing [J]. China Journal of Chinese Materia Medica，2002，27（7）：511-512.

[18] Su Ruiqiang, He Yu, Lin Feng, et al. Study on improvement of dissolution rate of Yufengningxin tablets by technique of super fine crushing [J]. Chinese Traditional Patent Medicine，2002，24（3）：167-170.

[19] 平其能. 纳米药物制剂的现在和将来 [J]. 中国药师，2002，5（7）：421-423.

[20] Koichi Itoh, Adchara Pongpeerapat, Yuichi Tozuka, et al. Nanoparticle formation of poorly water-soluble drugs from ternary ground mixture with PVP and SDS [J]. Chem Pharm Bull，2003，51（2）：171-174.

[21] 徐辉碧，样祥良，谢长生等. 纳米技术在中药研究中的应用 [J]. 中国药科大学学报，2001，32（3）：161-165.

第 **7** 章

微纳粉体在机械工程与
汽车领域中的应用技术

▶▶

7.1 微纳粉体在机械领域的应用

随着科学技术的发展，人们在不断追求机械装置的小型化、微型化，希望以尽可能小的能耗以及最少的物质消耗来满足生物、医学、航天航空、数字通信、传感技术、灵巧武器等领域日益增长的要求。微小型化始终是当代科技发展的方向以制造毫米以下尺寸的机构和系统为目的的微/纳米技术：一方面利用物理、化学方法将分子和原子组装起来，形成有一定功能的微/纳米结构；另一方面利用精细加工手段加工出微/纳米结构。前者导致了纳米生物学、纳米化学等边缘科学的产生；后者在小型机械制造领域开始了一场革命，导致了微型机电系统（micro electro-mechanical system，MEMS）的出现。MEMS 与传统（宏观）机电系统相比，由于微型机械在尺度、构造、材料、制造方法以及工作原理等诸多方面与传统的机械系统全然不同，故作为微型机电系统研究与设计基础的纳米机械学（nanomechanics）在学科基础、研究内容及研究方法等各个方面也明显有别于传统机械学，是一个相对独立的新兴学科。

从 20 世纪 70 年代开始了微机械的研究。此研究最初是由美国斯坦福大学于 1970 年开始的，1987 年美国投入大量经费资助微机械开发，随后日本和西欧也相继将微机械研究列为重要发展领域，促进了微机械的迅速发展。

美国是对微机械进行研究最早的国家。斯坦福大学研制出直径 $20\mu m$、长度 $150\mu m$ 的铰链连杆机构，转子直径为 $200\mu m$ 的静电电机及流量为 $20mL/min$ 的液体泵。加利福尼亚大学的伯克利分校试制出直径为 $60\mu m$ 的静电电机。麻省理工学院研制出三自由度闭环平面机构操作器，可望用于低力矩的精密定位。最近美国波士顿大学又制造出世界

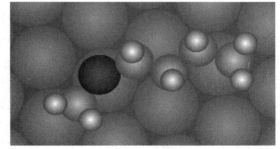

图 7-1　世界最小仅 1 个分子大小的电机

上一种最小的分子电机，该电机仅由 78 个原子组成，如图 7-1 所示。

美国 Dwkance 公司设计了一种 AL5010 小型装配机器人，用来完成光导纤维引线的复

杂操作。美国国会已把微机械列为 21 世纪重点发展的学科之一。目前，美国的大学、国家实验室和公司共有 30 多个研究组从事相关的研究。日本对微机械的研究与开发虽然起步晚于美国，但由于给予了足够的重视，进展相当快。东京大学专门对微型执行机构及超精密加工技术进行开发，研制成功了 1cm³ 大小的微机械装置。早稻田大学开发出用形象记忆合金制作的微机械人，通过控制若干个微动作器可以实现机器人多自由度运动，名古屋大学还研制出不需要电缆的管道移动爬行机器人，可以用于微小直径管道的监测以及生物医学中人体器官等小空间内的操作。日本通产省自 1991 年度开始实施为期 10 年、总投资为 250 亿日元的"微机械技术"大型研究开发设计，准备研制两台样机：一台用于医疗，进入人体进行诊断及微型手术；另一台用于工业，对飞机发动机和原子能设备的微小裂纹实施检测及维修。目前，日本有关微机电系统的研究组已发展到近 70 个。德国对微机械的研究与美国、日本并驾齐驱，并且有自己的特色。1990 年，卡尔斯鲁厄核研究中心微机械研究所研制成世界上第一台微型涡轮机，其转子直径为 0.1mm。20 世纪 90 年代初期，前联邦德国研究技术部将微机械系统工程列为新开发的重点项目，为之提供了 4 亿马克的经费。1994年又投入 6 亿马克。由德国工程师协会和德国电子协会统一协调微机械的研究和开发，组织全德的大学、研究所和企业，划分为五大组织进行研制，并已取得了令人瞩目的进展。他们创造了 LIGA 工艺；开发了微液压泵。德国已将微机械列入大学的必修课程。欧洲其他国家如英国、瑞士、丹麦、荷兰、挪威等国家都在积极从事微机械的研究，英国沃里克大学研制的"纳米粗糙度仪"能测出物质表面 1nm 的变化。欧洲于 1990 年建立起网络以协调欧洲各国的微系统研究，据不完全统计，截至 1993 年欧洲相关的研究组已发展到30 余个。我国也于 1998 年开始了对微机电系统的研发工作，有 40 余个研究组进行了许多相关的探索，已研制出的微机电系统包括微小的压力传感器、微加速度计、微陀螺、微流量传感器，与微沟道系统、微化学传感器、射频 MEMS、微静电电机、微型飞机和微型卫星等。虽然目前我国在微机械方面的投资、技术基础方面与经济发达国家相比差距还较大，但在微机械方面的研究正在形成自己的力量和技术方向，有些在微机械领域的国际竞争中占有一席之地。

7.1.1 纳米技术在机械制造中的应用

7.1.1.1 无摩擦的微型纳米轴承

美国科学家研制出一种几乎没有摩擦且直径仅为一根头发的万分之一的微型纳米轴承。这种纳米轴承在运动时几乎没有磨损和撕裂，能够作为微型装置的重要元件。微型机械的尺寸相当于一根头发的直径，而纳米机电系统的尺寸仅为 1nm，是微型机械的千分之一。如纳米管的厚度为几纳米，长度为几千纳米。在微型机电系统中摩擦是一个大问题，但这种纳米轴承却几乎没有摩擦，与通常的以硅或氮化硅制造的微型机械装置的最小摩擦极限相比，纳米轴承的摩擦仅为其千分之一。实验使用外径为 8nm 的 9 层纳米管，改变为两个套在一起的管子。研究人员观察了内纳米管在推进、抽出 10～20 次的过程中，看不出分子结构的改变，这说明两个滑动的纳米管之间没有摩擦。实验中还意外地发现，内纳米管会自动地缩进外纳米管。结果表明，是微小的分子内部作用力足以将伸出的内纳米管完全地吸进来，这意味着滑动纳米管也可以用于弹簧。这种新型多层碳纳米管将会在纳米机电系统中发挥巨大的作用（见图 7-2）。

7.1.1.2　纳米新型金属陶瓷刀具

　　合肥工业大学材料学院承担的国家科技攻关地方重大项目——纳米 TiN、AlN 改性的 TiC 基金属陶瓷刀具制作技术已通过鉴定，这标志着一种利用纳米材料制作的新型金属陶瓷刀具问世。这个项目研究的是在金属陶瓷（碳化钛）中加入纳米 TiN（氮化钛）从而可以细化晶粒。根据 Hall-Petch 公式，晶粒细化有利于提高材料的强度、硬度和断裂韧性，这对开发和研制新型刀具材料具有重要意义。研究还表明，纳米 AlN 对力学性能有优化作用，对刀具材料的发展可以起到积极的作用。应用

图 7-2　碳纳米管用作转子的纳米电机

这项新技术研制的纳米 TiN 改性 TiC 基金属陶瓷刀具，具有优良的力学性能，是一种高技术含量、高附加值的新型刀具材料。经用户使用结果表明，在切削加工领域可以部分取代 YG8、YT15 等硬质合金刀具，刀具寿命提高 4 倍以上，生产成本与 YG8 刀具相当或略低。

7.1.1.3　纳米磁性液体密封超细粉碎机械

　　气流磨进行超细粉生产因为污染少、效率高，因而是加工生产 SiC、Al_2O_3 等高硬度物料超细粉体的理想手段。气流粉碎（包括其他干式粉碎）一般都自带分级系统，对于气流分级系统，分级轮旋转轴与分级仓的连接部位必须保持良好的密封，否则粉料（主要是磨细的高硬度物料）会使分级轮电机轴承磨损，影响生产连续进行。过去密封常用橡胶 O 形圈或气体密封。前者易磨损，后者工艺要求高，不易安装，停机时粉料仍会进入轴承使其磨损，使用效果也不尽如人意。

　　目前工业发达国家较多采用磁性液体密封，磁性液体是一种同时具有磁性和流动性的新型材料（普通材料不能同时具有这两种性能，例如铁熔化后的铁水就没有磁性）。这样使用时可以用磁场将磁性液体固定在密封处形成一个磁液 O 形圈，从而达到密封的目的。由于磁性液体的特殊性质，因而无磨损、无泄漏，是一种理想的动态密封方法。

　　马鞍山金科纳米研究所与南京大学合作，利用纳米材料的磁学性能进行磁性液体的开发与应用，目前已有水、油、酯三大类多个品种磁性液体，可分别适用于分离、密封、阻尼等环境。超细粉碎设备中的分级系统，就采用了磁性液体密封，使分级电机的维修率大大降低。合肥华光散体工程研究所等单位的分级系统目前也已使用了磁性液体密封。

7.1.2　纳米技术在机械零、器件中的应用

7.1.2.1　纳米材料在 ZnO 阀片上的应用

　　由上海电瓷厂、中科院上海硅酸盐研究所合作研究的将纳米材料应用到无机功能陶瓷材料——ZnO 阀片中，以大幅度地提高阀片的侧面绝缘强度，从而提高阀片大电流耐受水平。合作内容有：适用于阀片的纳米材料材质配方研究，重点是提高 ZnO 阀片耐受大电流冲击能力；纳米材料的应用技术与工艺研究，制造出密度高、两相之间渗透均匀、憎水性强的新型绝缘材料；试验成果产业化的技术、设备研究。该项目的技术可达到国际水平，不仅可填

补国内空白，还可大大节省阀片所需的 Zn、Sb、C 等不可再生资源，具有重大的经济价值。

7.1.2.2 纳米技术电机

由美国 NANOMUSLE 公司生产的一种采用了纳米技术的微型电机在深圳面世，该产品只有传统电磁电机体积的 1/20，长度比火柴杆还短，却能负载 4kg，寿命可达 100 万次，主要用于玩具和汽车的电动车窗。据了解，这种电机主要是用纳米技术制造的智能材料代替传统的铜线圈和磁铁，因而比传统电机更轻、成本更低，虽然不能称为世界最小的电机，却是世界上最静音的电机。

7.1.2.3 纳米发电机

纳米发电机是一种新型的自供能量的纳米技术，它运用独特的方式，有可能从人体或外界环境中收集能量提供给纳米器件和系统。它有可能有效地将机械运动能（如人体的运动、肌肉的伸缩、血压的变化等）、振动能（如声波或超声波等）以及水压能（如人体内体液或血液的流动、血管的收缩与舒张，甚至是自然界其他任何液体的流动）转换成电能提供给纳米器件。这一纳米发电机为实现自供能、无线纳米器件和纳米机器人奠定了理论与实际操作的基础。然而，要实现纳米发电机的实际应用仍有一段很长的路程。人们必须首先开发多根纳米线，同时开发不断输出功率的关键方法和技术；人们要探索纳米线的疲劳和寿命问题，纳米发电机如何有效

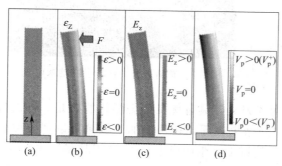
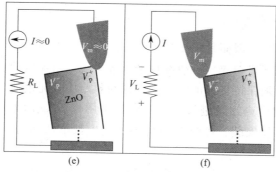

图 7-3 纳米发电机压电效应原理

地把流体能和声波能转换为电能；人们要解决纳米发电机的封装问题以及它和生物体的相互作用等。图 7-3 所示为纳米发电机压电效应原理。

纳米发电机的发明有可能是纳米科技发展中的重要里程碑，原因如下。①它首次实现了半导体和压电体双重性能的耦合，为探索该过程中的物理机制奠定了基础。②它的出现为从纳米器件飞跃到纳米系统提出了具体的技术路线。纳米器件的研究与开发是当今纳米技术领域的最前沿。纳米器件具有尺寸微小（纳米量级）、功耗小、灵敏度高等宏观器件所不完全具备的独特优势。然而目前为这些先进的纳米器件供电的依然是常规的宏观电源。纳米发电机的发明提出了解决纳米技术中这一极其要害问题的方案，它使得纳米器件的能量供给系统与工作系统同时都能达到纳米量级，从而保持了自备电源的完整、纳米器件系统的微小、可体内植入等特性。③它不仅为实现整个纳米器件工作系统的真正小型化奠定了原理基础，同时还能有效地收集生物体内甚至自然界中一直被忽略的微量运动机械能来满足纳米器件正常运转所需的能量。该能量回收过程将有重大的应用前景。④它的出现为氧化锌的应用开辟了新天地。目前发表的关于氧化锌纳米线、纳米棒和纳米带方面的文章数量急剧增加，然而如何开辟它们的新应用仍然是一严峻挑战。⑤氧化锌具有独特的生物可降解性和生物相容性，因此它可以被用于人体内的传感和微系统。这是氧化锌所具有的非常独特的性能。

　　总的来说，纳米发电机的问世为实现集成纳米器件，实现真正意义上的纳米系统打下了技术基础——它是开发具有自供能技术的新型同步内置生物传感器和生物医药监控、生物活体探测的基础。同时它为实现遥控的和无线的力/压传感器和声呐探测器提供了原理型的技术。人们期待纳米发电机未来将在生物医学、国防和日常生活中的广阔应用。

7.1.2.4　纳米机器人

　　2011 年 11 月 22 日，荷兰科学家研制出一台纳米汽车机器人，它由一个分子组成，长度为 1nm，即 1m 的十亿分之一。科学家把这台纳米汽车机器人放置在铜质表面，以扫描隧道显微镜探针为电极，向铜面放电；接受多次电流激励，它最终直线前行了 6nm。许多科学家认为它的研制成功意义重大，标志着纳米机器人（nanorobots）时代的到来。图 7-4 所示为纳米机器人。

(a) 纳米机器人正在进入红细胞　　　　　(b) 纳米机器人踢球　　　　　(c) 在二维物体表面行走的纳米蜘蛛机器人

图 7-4　纳米机器人

　　纳米机器人的研制属于分子仿生学的范畴；它以分子水平的生物学原理为设计原型，设计制造可对纳米空间进行操作的"功能分子器件"。纳米机器人的研发已成为当今科技的前沿热点。纳米机器人的潜在用途十分广泛，其中特别重要的就是在医疗和军事领域的应用。科学家根据分子病理学的原理已经研制出各种各样的可以进入人体的纳米机器人，有望用于维护人体健康。2010 年 3 月，由美国加州理工学院化学家马克·戴维斯领导的一支研究小组，利用纳米技术制成一种由铁传递蛋白覆盖的微型聚合物机器人，它可以找到很多不同类型的肿瘤的受体或分子入口。2010 年 5 月，由美国哥伦比亚大学、亚利桑那州立大学、加州理工学院等多所大学科学家组成的一支研究小组就研制出一种由 DNA（脱氧核糖核酸）构成的纳米蜘蛛机器人，它们能够跟随 DNA 轨迹自如地启动、移动、转向和停止。这种纳米蜘蛛机器人只有 4nm 长，比人类头发直径的十万分之一还小。虽然之前的纳米机器人也实现了行走功能，但不会超过 3 步。而纳米蜘蛛机器人却能行进 100 nm 的距离，相当于 50 步。科学家们通过编程，使其能够沿着特定的轨道运动。随着这种机器人的问世，科学家们打造可在血管中穿行、用于杀死癌细胞的先进装置的研究又迈进一步。目前，各主要军事大国正在积极进行纳米机器人的研发，并已成功研制出数十种纳米机器人用的元器件。纳米机器人是如何消灭或使敌有生力量丧失战斗力的呢？首先，将纳米机器人应用到传统的武器技术装备中去，通过改善其制造材料、制作工艺、指控系统、制导系统、运输和储存方式，提高传统武器技术装备的战术技术性能，加强传统作战手段的杀伤效能；其次，开发新的人体作战手段和作战方式，比如研发出能堵住人脸、鼻、口、眼的纳米微型元件，或能粘住手、脚的纳米微型元件等；第三，通过对化学或生物体的改造或研发，并将其注入特定的昆虫体内，从而将这些带有杀伤性的化学或生物体传播到指定区域；第四，纳米机器人在进入敌人身体后，可通过自我复制或自我繁殖的方法迅速扩散。受美国国防部先进研究项目局

（DAR-PA）的委托，AV 公司于 2011 年 7 月研制出一种用于侦察的纳米蜂鸟机器人，它装配不少纳米级元器件；这款机器人被《时代》杂志评为 2011 年度 50 项最佳发明之一。在推动科技创新和进步的同时，纳米机器人技术也存在风险和安全性问题。只有认真地对待纳米机器人的正反两面，才能真正地使其造福人类。

目前，纳米机器人尚在研究开发阶段，但其潜在应用十分广泛。在生物医学上，纳米技术具有无限的潜力，纳米机器人的研制成功成为纳米研发领域的骄傲。纳米机器人不但能够修复细胞与基因，还能够清除体内垃圾、养护血管。

（1）细胞与基因的修复　随着人类对物质控制能力的不断进步，分子大小的机械部件将会诞生，它们可以组装成比细胞还要小的微型机器。人工制造的"细胞修复机"在纳米计算机的操纵下，可以对原子逐个进行操作，修正 DNA 的错误，维护个别细胞的成分，从而达到对细胞的修复。

（2）清理体内垃圾　人体是一个保持自然平衡的有机体，新陈代谢的过程可以起到吸收新鲜养分、排除有害物质的作用。但有时候人体自身平衡出现问题，无法实现自我平衡。例如，人体铅、汞中毒后，机体无法排出，也无法分解这些元素。这时，如果纳米机器人进入体内，就会极具目的性地把这些有害物质清出体内，使人体恢复自然平衡。

（3）养护血管　人体的脑部血管有些地方天生脆弱，平时很难被察觉，但在意外情况下，可能会突然发生破裂，导致脑出血。如果纳米机器人事先进入血管，仔细检查，并且一一修复那些脆弱血管，就可以避免这类悲剧的发生。有时血管中会产生血栓，堵塞血液正常流动。如果将纳米机器人导入血管，可以把血栓打成小碎片，避免血栓的进一步扩大。

世界各国的军备竞赛已经延伸到了纳米领域，各国都在探索利用纳米技术进行军事装备的升级与改造。多国已经开展了有关纳米机器人在军事应用的探索，主要体现在以下几个方面：

① 应用于传统的武器装备中　纳米机器人用于传统的武器技术装备，能够改善装备材料、工艺、控制系统、制导系统、运输和储存方式，提高传统武器技术装备的技术性能，使作战装备的杀伤效能得到有效提高。

② 用于开发新的人体作战手段和方式　特殊的纳米微型组件能够堵住人体某个部位（如脸、鼻、口、眼）或粘住手、脚等。利用其这一特性，可以限制敌军的活动。

③ 研制纳米武器　纳米武器是纳米机器人在军事应用上的另一个研究热点，如果将纳米武器注入人造或杂交的昆虫体内，昆虫便将这些纳米武器传播到敌国军民的身体中，造成巨大的杀伤力。同时，纳米机器人还可通过自我复制或自我繁殖的方法迅速在敌方阵营中扩散。随着纳米武器的诞生和大量运用，传统的作战方式不断更新，纳米技术水平的高低对战争的胜负影响越来越大。

随着科学技术的不断发展，纳米技术已经与信息技术、生命科学技术等一起成为科学技术进步的重要方向。不过，无论是科学研究还是产业发展，纳米机器人都处在初级阶段，仍存在诸多问题，纳米机器人的安全性、可靠性、驱动问题、精密加工控制问题等都悬而未决。我国纳米机器人研究领域的国际技术交流与合作还不够充分，发展受限，因此，我国要想通过纳米机器人的研发带动纳米技术的整体蓬勃发展，还需要研究人员不断开拓创新，逐一解决研发中的各种问题，为早日突破纳米机器人技术占领世界技术制高点奠定基础，最终使纳米机器人早日走入人民生活，造福人类。

鉴于微机械技术的优势和广阔的发展前景，各发达国家为了维持自身的竞争优势，都对微机械技术给予了足够的重视，纷纷投入巨资开展研究。目前全世界有 600 多个单位从事 MEMS 技术和产品的研究；我国已研究出的 MEMS 产品达数百种，微机械技术的主要发展趋势为：

① 微机械技术的应用领域正逐步扩大，将逐步覆盖国民经济、国家安全等各个领域；

② 微机械技术的研究方向、研究内容多样化，多学科交叉、多技术综合应用的趋势进一步加强，交叉综合的范围进一步扩大；

③ 微机械产品（器件、系统）功能的仿生化、智能化进一步加强；

④ 微机械产品（器件、系统）多功能的集成性进一步提高；

⑤ 同样功能的集成微机械产品（器件、系统）的体积等几何特征参数进一步减小，即微机械产品的功能密度（功能/体积）进一步提高；

⑥ 微机械产品（器件、系统）的功能执行性能（信息处理、稳定性、精度等）进一步提高。

7.2　微纳粉体在汽车行业的应用

纳米科技近年来发展迅速，已将它应用于许多行业。2006 年 3 月，欧盟公布了到 2015 年关于应用纳米材料到汽车工业中路线图的报告。

据有关统计资料，2007 年全球汽车工业中纳米材料和技术的金额达到 86 亿美元，预计到 2015 年将增加到 542 亿美元。汽车工业应用纳米材料和技术的范围很广，从内部到外部、从发动机到轮胎、从结构件到装饰件、从照明到防护漆，涉及的纳米材料超过 100 种（图 7-5）。图 7-6 清楚地表示了近远期汽车中应用纳米材料的可能和益处：从内至外，黑色圈中列出的是可应用的范围，灰色圈中表示了应用纳米材料带来的益处，而最外面列出的是用于汽车中的纳米材料。

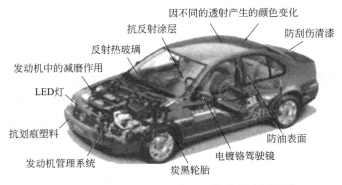

图 7-5　汽车工业中纳米材料和技术的应用领域

7.2.1　纳米材料在汽车涂料中的应用

汽车表面需要涂料的保护和装饰。涂层质量是对汽车质量的直观评价，它将直接影响汽车的市场竞争力。对于现代汽车尤其是轿车，人们不仅追求线条流畅的外形，而且对汽车的外观质量、对汽车的装饰和使用寿命也提出很高的要求。这尤其表现在要求汽车满足人们在视觉、嗅觉和听觉等方面的追求。汽车业的发展变化对涂料提出高品质、低消耗和绿色技术

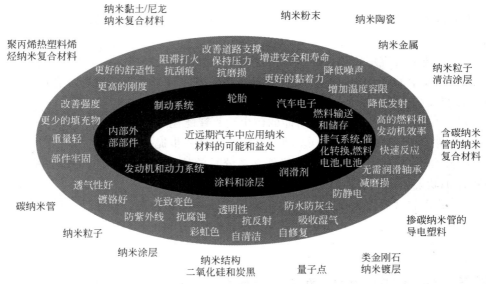

图 7-6　近远期汽车中应用纳米材料的可能和益处

等要求。这些都对现代汽车涂层材料和工艺提出挑战。开发和应用高质量的汽车涂料及其涂装技术成为当前涂料业的重要课题。汽车涂层除要求高装饰性外，还要求有优良的耐久性，包括抵抗大气紫外线、水分、化学物质及酸雨的侵蚀和抗石击性能。利用纳米材料特殊的抗紫外线、抗老化、高强度和韧性、良好的静电屏蔽效应、色泽变换效应及抗菌消臭功能等，开发和制备新型、性能优异的汽车涂料，具有广阔的应用和发展前景。

7.2.1.1　防护涂料

在影响汽车使用寿命的各项指标、性能中，最为重要的莫过于耐候性。汽车外部零件如保险杠、挡泥板以及车门的镶边等所选择的涂料其耐候性是突出的要求，另外也要求能够有较好的耐介质性和耐磨性。因此，汽车上那些经常受到外界因素摩擦、冲击的部位，最好采用具有防护作用的涂料。

利用纳米粉体材料较强的紫外线反射特性，将纳米 TiO_2 粉体按一定比例加入到涂料中，可以有效地遮蔽紫外线，免受紫外线损害。将其涂于诸如玻璃、塑料、金属、漆器甚至磨光的大理石表面上，有防污、防尘、耐刮、耐磨、防火等作用。纳米 SiO_2 是一种抗紫外线辐射材料（即抗老化），加之其极微小颗粒的比表面积大，能在涂料干燥时很快形成网络结构，同时增强涂料的强度和光洁度。因此，为了提高涂料的抗老化和光洁度，添加纳米 TiO_2 是关键环节。

利用纳米 SiO_2、MgO 等的透明性和对紫外线的吸收特性，在制备某些防护材料或产品时添加少量（一般不超过含量的 2%）这样的纳米材料，就大大减弱紫外线对这些防护材料或产品的损伤作用，使之更具有耐久性和透明性。这种涂料可以用于飞机、汽车有机玻璃的涂层材料，防止有机玻璃老化，透明度下降。用纳米粒子 TiO_2 或 SiO_2 改性的塑料膜，贴在汽车玻璃上具有保温效果，可以降低空调的能耗。

以纳米高岭土作填料，制得聚甲基丙烯酸甲酯（PMMA）纳米复合材料适合于制造涂料。这种 PMMA 纳米复合材料不仅透明，而且吸收紫外线，从而对聚合物受紫外线照射而发生降解能起保护作用，同时也提高了热稳定性。

7.2.1.2　变色涂料

新型变色涂料包括碰撞变色涂料和温敏变色涂料。

碰撞变色涂料是为了防止汽车碰撞留下隐患，在涂料内含有微型胶囊，胶囊中装有涂料。涂有这种涂料的汽车、飞机等，一旦外壳受到碰撞等外力作用，胶囊破裂释放出染料，使受撞部位颜色立即改变或变成指定颜色，以提醒人们重视。目前飞机、汽车和机器等外壳上的涂料，受撞时不会改变颜色，只是外观上略有变化，这样其内部创伤不易发现而留下后患。使用变色涂料后，可根据变色情况对撞伤部位进行修复，消除隐患。

温敏变色涂料可随环境阴晴和温度高低而改变颜色。例如，涂有某种温敏变色涂料的车辆，一旦遇到天气阴冷和气温下降时，车身的颜色就会随环境的改变而自行变化，使司乘员和交通管理人员易于发现识别，避免交通事故的发生。

图 7-7　纳米 TiO_2 添加到汽车面漆

纳米材料的颜色随粒径尺寸不同而改变，粒径越小，则颜色越深。纳米材料还具有随角变色效应，在汽车的装饰喷涂业中，作为后起之秀的随角变色效应颜料是纳米材料应用中最重要和最有发展前途的应用领域之一。例如，将纳米 TiO_2 添加在汽车、轿车等金属闪光面漆中，能使涂层产生丰富而变幻莫测的色彩效果，如图 7-7 所示。纳米粉与闪光铝粉或云母珠光颜料并用于涂料体系时，能在涂层的光照区的侧光区反射蓝色乳光，从而增加金属面漆颜色的丰满度。TiO_2 的这种随角变色效应也与其粒径大小相关，当粒径小于 100nm 时，TiO_2 对可见光呈透明性，当与闪光铝粉等混合使用时，入射光一部分在闪光铝粉表面发生镜面反射，而另一部分则透过纳米 TiO_2 发生色散，纳米 TiO_2 与铝界面处反射，形成散光涂层，产生独特的视觉效果。

7.2.2　在汽车面漆涂层的应用

汽车面漆是最终决定汽车美观与否的关键，所以涂层必须具有高装饰性（鲜艳性）、户外耐久性及抗污性等，汽车面漆以美观豪华性分为单色面漆和金属闪光面漆两大类。为满足汽车，特别是高档轿车的要求，国内对汽车面漆开展了许多研究工作，部分涂料厂引进了奥地利及美国的汽车面漆或全套汽车涂料生产线。当以不同颜色的单色面漆或闪光面漆涂覆后，汽车的美观性则大大增加。

纳米颗粒分散在有机聚合物骨架中，作为承受负载的填料，与骨架材料相互作用，有助于提高材料的韧性和其他机械性能。研究表明，将 10% 的纳米级 TiO_2 粒子完全分散于树脂中，可提高机械性能，尤其抗划痕性能大大提高，而且外观好，利于制造汽车面漆涂料。将改性纳米 $CaCO_3$ 以质量分数 15% 加入聚氨酯清漆涂料中，可提高清漆涂料光泽、流平性、柔韧性及涂层硬度等。

7.2.2.1　除臭涂料

在汽车中，会有一种特有的怪气味，它们来源于汽车内装饰材料中的树脂添加剂里所含的挥发性物质。另外，还有汽车内的香烟味、汗臭味等异味。这些气味被座椅、壁板等表面吸收，留存于汽车内而难以清除。纳米材料具有强的抗菌消臭功能与吸附能力，因此利用某些纳米微粒作载体，吸附抗菌离子，制成脱臭涂料用于汽车内饰等表面达到杀菌、抗菌的目的。用纳米 ZnO/SiO_2 颗粒作为消臭剂的除臭纤维，能吸收臭气净化空气，可用于汽车内饰纺织品、窗帘用纺织品等。纳米 ZnO 微粒不仅具有良好的紫外线遮蔽功能，而且也具有优越的抗菌、消毒、除臭功能，因此把其作为功能助剂对天然纤维进行整理后可以获得性能良好的抗菌织物。

7.2.2.2 抗石击涂料

汽车车体最贴近地面的部分，往往受到各种溅石、瓦砾的冲击，这就需要有性能良好的抗石击涂料。在汽车窗导槽等经常摩擦磨损部位，应该用具有低摩擦系数的涂料，从而减少对汽车的伤损。在涂料中添加纳米 Al_2O_3、纳米 SiO_2 等可提高涂层的表面强度，提高耐磨性。

7.2.2.3 防静电涂料

由于静电的作用会引起诸多麻烦，因此汽车内饰件涂料及塑料部件用防静电涂料的开发和应用日益广泛。美国用纳米材料如 80nm 的 SiO_2、40nm 的 TiO_2 和 20nm 的 Cr_2O_3 与树脂复合可作为静电屏蔽涂层，日本利用纳米氧化物 Fe_3O_4、TiO_2、ZnO 等制成多颜色的静电屏蔽涂料，日本还研发了汽车塑料部件用无裂纹抗静电透明涂料。

7.3 纳米汽油和汽车润滑剂

7.3.1 纳米乳化剂

纳米乳化剂是应用高科技纳米粒子的独特物化性能，配以化工原料制作的。用此产品调制的燃油稳定性好、节油率高达 10%～25%，在加水 20% 的情况下，其燃烧值不变，并大大减少了对环境的污染，开创了燃油乳化技术的先河。目前我国已研制出一种纳米乳化剂，按一定比例加入汽油可使轿车的耗油量降低 10% 左右。

纳米汽油是我国汽车业与纳米技术连接的开端，采用最新纳米技术研制开发的汽油微乳化剂，能改善汽油品质，最大限度地促进汽油燃烧。使用时，将微乳化剂以适当的比例加入汽油即可。汽油加入微乳化剂后，可降低车辆油耗 10%～20%，提高 25% 动力性，并使尾气中的污染物降低 50%～80%，还可清除积碳，提高汽油的综合性能。

7.3.2 纳米润滑剂

摩擦和磨损是普遍存在的自然现象。摩擦损失了世界一次性能源的 1/3 以上，磨损是材料与设备破坏和失效的三大形式之一，而润滑则是降低摩擦、减小或避免磨损的最有效技术之一。如果用纳米材料作为润滑剂，有关部件就不需频繁替换，交通工具使用寿命会更长。纳米润滑剂是采用纳米技术改善润滑油分子结构的纯石油产品，它不对任何润滑油系列添加剂、处理剂、稳定剂、发动机增润剂或减磨剂等产生作用，只是在零件金属表面自动形成纯烃类单个原子厚度的一层保护膜。由于这些极微小的烃类分子间相互吸附作用，能完全填充金属表面的微孔，它们如液态的小滚珠，最大可能地减少金属与金属间微孔的摩擦。与高级润滑油或固定添加剂相比，其极压可增加 3～4 倍，磨损面大为减少。由于金属表面得到了保护，减少了磨损，耗能大大减少，使用寿命成倍增长，且无任何副作用。更奇特的是，把电路和机器合装在纳米芯片上的微型装置，其中一种细如发丝的传感制动器，已经安装在世界上数百万辆的高档轿车里，当它感觉到撞击时，就会打开安全气囊。

7.3.3　汽车尾气净化

大气污染一直是各国政府需要解决的难题，空气中超标的二氧化硫（SO_2）、一氧化碳（CO）和氮氧化物（NO_x）是影响人类健康的有害气体，纳米材料和纳米技术的应用能够最终解决产生这些气体的污染源问题。工业生产中使用的汽油、柴油以及作为汽车燃料的汽油、柴油等，由于含有硫的化合物，在燃烧时会产生 SO_2 气体，这是 SO_2 污染源。所以石油提炼工业中有一道脱硫工艺以降低其硫的含量。纳米钛酸钴（$CoTiO_3$）是一种非常好的石油脱硫催化剂，以半径为 55～70nm 的钛酸钴作为催化活体，多孔硅胶或 Al_2O_3 陶瓷作为催化剂的载体，其催化效率极高。经它催化的石油中硫的含量小于 0.01％，达到国际标准。最新研究成果表明，复合稀土化合物的纳米级粉体有极强的氧化还原性能，这是其他任何汽车尾气净化催化剂所不能比拟的。它的应用可以彻底解决汽车尾气中一氧化碳（CO）和氮氧化物（NO_x）的污染问题。以活性炭作为载体、纳米 $Zr_{0.5}Ce_{0.5}O_2$，粉体为催化活性体的汽车尾气净化催化剂，由于其表面存在 Zr^{4+}/Zr^{3+} 及 Ce^{4+}/Cr^{3+}，电子可以在其三价和四价离子之间传递，因此具有极强的电子得失能力和氧化还原性，再加上纳米材料比表面积大、空间悬键多、吸附能力强，因此它在氧化一氧化碳的同时还原氮氧化物，使它们转化为对人体和环境无害的气体——二氧化碳和氮气。

纳米有序介孔氧化锆材料也有很好的催化作用。这种催化作用的温度可以明显地降低，可以使起催化反应的温度下降到 200℃以下，这在汽车行业里有非常重要的应用。现在汽车尾气排放时会产生很多有害气体，但是在温度比较低时，催化剂还没有发生化学作用，这就可以减少汽车尾气的污染，催化剂在我国工业的发展和环境的保护中发挥着重要作用。

7.3.4　纳米发动机和电池

纳米复合氧化锆是目前最成功应用在工业上的纳米材料之一。纳米复合锆系列材料，显著提高了材料的耐高温性能和导氧及储氧功能，被广泛应用在欧美市场上最新汽车发动机及尾气排放控制系统中；纳米钇-锆复合材料具有优良的热膨胀及水热稳定性，以纳米锆材料为基础开发的催化剂材料，在催化剂及反应器微型化方面，同样接近了国际先进水平。

日本丰田公司已用极微小的部件组装成一辆米粒大小的能运转的汽车，日本还制成了直径 1～2mm 的静电发动机。德国也在用纳米技术造出微型电子机械系统方面取得突破。而电池用纳米化材料制作，体积甚小，但储氧能力极大，解决了电动汽车轻量化的难题。

7.3.5　纳米材料在汽车轮胎的应用

自从 1910 年美国 Goodrieh 公司发明用炭黑增强橡胶轮胎，改善了轮的抗磨损性能和提高了胎面寿命，并使当时的白色轮胎一夜之间变成了黑色轮胎之后，近一个世纪以来，人们就已经在汽车轮胎上应用了纳米材料。因为炭黑的粒径一般都在纳米范围之内，此前炭黑是作为颜料和着色剂用的。1904 年人们在用炭黑作为橡胶的着色剂时，偶然发现它能显著改善橡胶的力学性能，这样才在 6 年之后的 1910 年，用到橡胶轮胎上作增强剂。炭黑一个突出的缺点是在动态下产生高热量，甚至可使轮胎的温度高达 100℃，这样就会使橡胶的力学性能下降，到一定程度后将导致破坏。轮胎在高速滚动下产生的爆破就是这种热破坏。如何解决这个问题成为应用的关键。人们发现在橡胶中加入二氧化硅（白炭黑）粉末，能改善其耐热性。通常白炭黑粉末也是纳米粉末，一般来说粒径还比炭黑的小。直到 1992 年法国 Michelin（米其林）公司才真正推出了所谓的"绿色轮胎"。称之为"绿色轮胎"是因为加了白炭黑的轮胎降低了轮胎的滚动阻力、减少了油耗，达到减少汽车废气排放的环保效应所致。测试结果表明，汽车轮胎每减少滚动阻力 20%～30%，可省油 6%～8%。欧盟规定从 2012 年起所有新车必须安装低滚动阻力绿色轮胎。在轮胎上进一步用更好的纳米材料填充，使燃油和 CO_2 的排放降得更低，刻不容缓。新一代纳米填充材料有 ZnO、$CaCO_3$、Al_2CO_3 和 TiO_2 等，它们无论在强度、耐磨性或抗老化等性能上，都更为优异，而且轮胎的颜色也多样化。

7.3.6 纳米改性塑料在汽车上的应用

一般塑料常用的种类有 PP（聚丙烯）、PE（聚乙烯）、PVC（聚氯乙烯）、ABS（丙烯腈-丁二烯-苯乙烯）、PA（聚酰胺）、PC（聚碳酸酯）、PS（聚苯乙烯）等几十种，为满足一些行业的特殊需求，用纳米技术改变传统塑料的特性，呈现出优异的物理性能，强度高、耐热性强、质量更轻。随着汽车应用塑料数量越来越多，纳米功能塑料很可能会普遍应用在汽车上，其中，引起汽车业内人士普遍关注的纳米功能塑料有阻燃塑料、增强塑料、抗紫外线老化塑料、抗菌塑料等。

通用汽车是纳米复合物通向应用之路最具代表性的汽车公司之一。2002 年，美国通用汽车和蒙特北美公司成功开发出新一代纳米塑料材料，称之为聚烯烃热塑性弹性体，正式把这种纳米材料制造的踏脚板装到雪佛兰和萨富瑞两款车上，这是世界上首次把纳米热塑材料批量用到汽车零部件上，被认为是烯烃技术上的重大突破。聚烯烃热塑性弹性体在车内应用的最大潜在市场是取代聚氯乙烯应用于大型配件，与聚氯乙烯相比，除了可回收外，还有长期耐紫外线、色泽稳定、质量较轻等优点。该产品在汽车配件中的应用领域相当广泛，在汽车外装件中，主要用于保险杠、散热器、底盘、车身外板、车轮护罩、活动车顶及其他保护胶条、挡风胶条等；在内饰件中，主要用于仪表板和内饰板、安全气囊材料等。相关业者预测，在未来的 20 年内，纳米级复合材料配件将大量取代现有的车用塑料制品，有相当大的市场潜力。

Noble Polymers 系列产品 Forte PP 纳米复合物于 2004 年在本田 Acura TL 型汽车的座椅靠背上首次使用，2006 年又用于轻型货车的中心控制台上。

7.3.6.1 纳米改性阻燃塑料

根据汽车设计要求，凡通过乘客座舱的线路、管路和设备材料（如内饰和电气部分的面板、包裹导线的胶套，包裹线束的波纹管、胶管等）必须要符合阻燃标准。普通阻燃材料存在热稳定性差、有毒性、加工性能差等缺点，使用纳米材料改性的阻燃塑料就能够轻松达到要求。纳米改性阻燃塑料是以具有巨大比表面积的纳米级无卤阻燃复合粉末为载体，经表面改性后添加到聚乙烯中制成的阻燃剂。由于纳米材料的粒径超细，经表面处理后具有相当大的表面活性，当燃烧时其热分解速率迅速、吸热能力增强，从而可以降低基材表面温度、冷却燃烧反应。同时当阻燃塑料燃烧时，超细的纳米材料颗粒能覆盖在被燃材料表面并生成一层均匀的碳化层，此碳化层起到隔热、隔氧、抑烟和防熔滴的作用，从而起到阻燃作用。这种阻燃塑料具有热稳定性高、阻燃持久、无毒性等优点，消除了普通无机阻燃剂由于添加量大对材料力学性能和加工材料污染环境带来的缺陷，可以取代有毒的溴类、锑类阻燃材料，有利环境保护。

7.3.6.2　纳米改性增强塑料

增强塑料是在塑料中填充经表面处理的纳米级无机材料蒙脱土、碳酸钙、二氧化硅等，这些材料对聚丙烯的分子结晶有明显聚敛作用，透视 INSIGHT 可以使聚丙烯等塑料的抗拉强度、抗冲击韧性和弹性模量上升，使塑料的物理性能得到明显改善。这些用纳米技术改性的增强塑料可以代替金属材料，用于汽车上的保险杠、座椅、翼子板、顶篷盖、车门、发动机盖、行李舱盖等，甚至还可用于变速器箱体、齿轮传动装置等一些重要部件。由于它们的密度小、质量轻，因此广泛用于汽车上可以大幅度减轻汽车质量，达到节省燃料的目的。

7.3.6.3　纳米改性抗紫外线老化塑料

抗紫外线老化塑料是将纳米级的二氧化钛、氧化锌等无机抗紫外线粉体混炼填充到塑料基材中，这些填充粉体对紫外线具有极好的吸收能力和反射能力，因此这种塑料能够吸收和反射紫外线，比普通塑料的抗紫外线能力提高 20 倍以上，这类材料经过连续 700h 热光照射后，扩张强度损失仅为 10%，如果作为暴露在外的车身塑料构件材料（如车灯罩、车门密封材料等），能有效延长其使用寿命。

7.3.6.4　纳米抗菌塑料

抗菌塑料是利用纳米技术将无机的纳米级抗菌剂充分地分散于塑料制品中，可将附着在塑料上的细菌杀死或抑制其生长。无机纳米抗菌塑料加工简单，广谱抗菌，24 h 接触杀菌率达90%，无副作用。高效的抗菌塑料可以用在车门把手、方向盘、座椅面料、储物盒等易污垢部件，尤其是公交车扶手采用无机纳米抗菌塑料可以大大减少疾病的传播，改善车上卫生条件。

随着科学技术的不断进步以及纳米材料应用技术的不断发展，利用纳米材料的特殊性能，开发和制备性能优异的汽车涂料及其他汽车产品会具有广阔的应用前景和发展前景。

参　考　文　献

[1]　荣烈润．面向 21 世纪的纳米机械学 [J]．航空精密制造技术，2009，(45)：5-8.
[2]　韩志彬，曾斌．微型机械的研究进展及发展前景 [J]．电子制作，2013，(24)：242.
[3]　苑国良．纳米技术及其在机械中的应用 [J]．机械制造，2005，43 (9)：48-50.
[4]　Wang Z L. Nanopiezotronics [J]. Advanced Materials，2007，(19)：889-892.
[5]　王中林．压电式纳米发电机的原理和潜在应用 [J]．物理，2006，35 (11)：897-903.
[6]　平朝霞．纳米机器人的研究进展 [J]．新材料产业，2012，(12)：25-28.
[7]　路明，赵则祥，王长路．我国微机械技术发展概述 [J]．中原工学院学报，2010，21 (6)：64-75.
[8]　张邦维．纳米材料在汽车上的应用 [J]．汽车与配件，2009，7 (2)：30-34.
[9]　刘向阳，方芳．纳米技术在汽车应用中的新发展 [J]．汽车技术，2004，(20)：31-34.
[10]　唐乾．新材料让汽车更健壮 [J]．科技之友，2007，(4)：20-21.
[11]　任红轩．纳米改性的概念汽车 [J]．新材料产业，2009，(12)：32-37.
[12]　李成，魏曙光．纳米材料与汽车技术的革新 [J]．汽车技术，2003，(4)：23- 25.

第 8 章

微纳粉体的光催化特性及应用技术

▶▶

　　煤炭、石油等非可再生的化石燃料正日益枯竭，而消耗这些化石燃料的同时所带来的环境污染问题也日益凸显。因此，应对能源短缺和环境污染问题成为当今社会实现可持续发展的重要议题，如何能有效地解决这两大难题是目前人们关注和研究的重点。1972 年，日本学者 Fujishima 和 Honda 发现在紫外线作用下 TiO_2 单晶电极能光解水产生氢气和氧气，实现了光能到化学能的转变。此后，TiO_2 光催化技术在科研领域引起了广泛关注。1976 年，加拿大科学家 Carey 等研究发现在紫外线照射下，纳米 TiO_2 可使生物难降解的有机物联苯及多氯联苯分解，从而开辟了半导体光催化剂在环境保护方面应用的新领域，掀起了各国科学家研究应用光催化技术实现太阳能转换的热潮。以纳米半导体材料为催化剂的光催化技术，不仅可以利用太阳光分解水制氢，实现太阳能转化为易于存储的、洁净的化学能，还可以降解空气和水中的有毒有害物质，改善环境，达到资源利用生态化的目的。半导体光催化技术具有低能耗、易操作、环境友好等突出优点，有望成为治理环境污染和高效利用太阳能的有效途径之一。

8.1 半导体光催化的原理

8.1.1 光催化反应原理

　　半导体材料在紫外线及可见光的辐照下，可将光能转化为化学能，并促进有机物及部分无机物的催化降解，这一过程称为光催化。半导体光催化反应的具体激发过程如图 8-1 所示。半导体光催化是一个复杂的物理化学过程，其机理主要依据半导体的能带结构而提出。半导体具有区别于金属或绝缘体的能带结构，即在充满电子的价带（valence band，VB）和空的导带（conduction band，CB）之间存在一个禁带（forbidden band）。在不小于其禁带宽度能量的光照射下，半导体价带上的电子（e^-）被激发而跃迁到导带，同时在价带上生成数量相同的空穴（h^+），从而产生具有高反应活性的载流子——光生电子-空穴对。处于激发态的光生电子和空穴很容易在体内复合而消逝。但由于半导体的能带间缺少连续区域，光生电子-空穴对一般具有皮秒级的寿命，足以使部分光生电子和空穴在材料内建电场或扩散力的作用下分离并迁移到材料表面。若表面存在合适的电子或空穴捕获剂时，扩散到表面

的光生电子和空穴就可能被捕获，抑制
光生载流子的复合，并分别与表面的电
子受体或电子给体结合，发生氧化还原
反应，而未被捕获的光生载流子重新复
合，以发光或发热的形式散失掉。

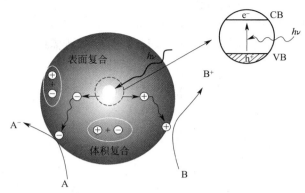

　　光生空穴具有很强的氧化性，可以
直接参与氧化反应，也可以与吸附在半
导体表面的 H_2O 或 OH^- 形成具有更强
氧化活性的羟基自由基（·OH）。光生
电子具有很强的还原性，很容易将半导
体表面吸附的溶解氧（O_2）还原为超氧

图 8-1 半导体光催化反应示意

负离子（·O_2^-），也可以直接还原 H_2O 产生氢气。·O_2^- 可经过一系列反应生成·HOO、
H_2O_2 和·OH 等活性基团，从而成为表面羟基自由基的另一个重要来源。活泼的·OH 和
·O_2^- 可以把许多难以生物降解的有机物氧化为 CO_2、H_2O 等无机小分子。光催化过程中发
生的主要氧化、还原反应如式(8-1)～式(8-8) 所示。

电子参与的还原反应：

$$e^- + O_2 \longrightarrow \cdot O_2^- \tag{8-1}$$

$$\cdot O_2^- + H_2O \longrightarrow \cdot OOH + OH^- \tag{8-2}$$

$$2 \cdot OOH \longrightarrow O_2 + H_2O_2 \tag{8-3}$$

$$\cdot OOH + H_2O + e^- \longrightarrow H_2O_2 + OH^- \tag{8-4}$$

$$H_2O_2 + e^- \longrightarrow \cdot OH + OH^- \tag{8-5}$$

$$H_2O_2 + \cdot O_2^- \longrightarrow \cdot OH + OH^- + O_2 \tag{8-6}$$

空穴参与的氧化反应：

$$h^+ + H_2O \longrightarrow \cdot OH + H^+ \tag{8-7}$$

$$h^+ + OH^- \longrightarrow \cdot OH \tag{8-8}$$

　　综上所述，半导体光催化的过程主要包括：①光激发产生光生载流子；②光生载流子的
运动和迁移；③载流子在半导体表面发生氧化还原反应。光催化反应中光生载流子必须先被
捕获，才可能抑制复合并促进界面间的电荷转移。只有电荷转移大于电子-空穴对的复合速
率时，光催化过程才能顺利进行。因此，决定光催化效率和效果的两个关键因素就是载流子
的复合和捕获之间的竞争，被捕获载流子的复合和界面电荷迁移的竞争。降低光生载流子的
复合概率或者增加界面电荷的迁移速率都能提高光催化反应的效率。

8.1.2 半导体光催化性能的影响因素

　　在半导体光催化剂中，材料的能带结构、晶体结构、比表面积、颗粒尺寸和形貌等都影
响着光生电子-空穴的复合和迁移，进而影响光催化性能。

　　（1）能带结构 半导体的能带宽度决定了光催化的光学吸收性能，因而决定了光催化反
应能否发生。半导体本身的能带位置则决定了光生空穴和电子的氧化还原能力。常见半导体
的能带位置如图 8-2 所示。通常价带顶越正，光生空穴的氧化能力越强；导带底越负，光生
电子的还原能力越强。若要还原有机物，则半导体的导带能级必须要位于有机物的氧化-还
原电位之上；同样，若要氧化有机物，则半导体的价带能级必须位于有机物的氧化-还原电

位之下。对用于光解水的催化剂而言，导带底位置必须比 H^+/H_2O（0V vs. NHE）的氧化还原势更负才能产生氢气；价带顶位置必须比 O_2/H_2O（1.23V）的氧化还原势更正才能产生氧气，如图 8-3 所示。因此，光解水所需的理论最小带隙为 1.23eV。

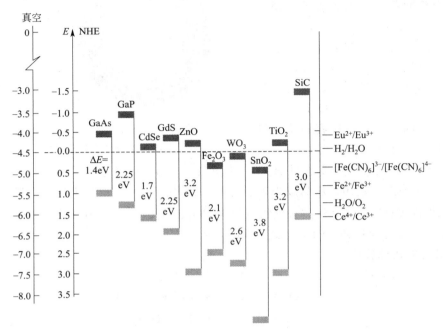

图 8-2　常见半导体的能带位置

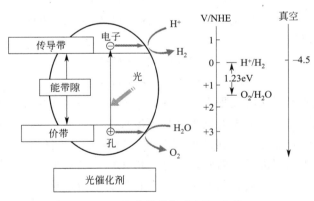

图 8-3　光催化分解水原理示意

（2）晶体结构　材料晶体结构不同会导致不同的电子能带结构和表面状态等，进而影响其光催化性能。如 TiO_2 在自然界中存在四种晶体结构：金红石型、锐钛矿型、板钛矿型和 TiO_2（B）型，其中金红石型和锐钛矿型具有较高的光催化活性，而且一般金红石的光催化活性要低于锐钛矿，这是因为：①锐钛矿和金红石的价带位置几乎相同，光生空穴具有相同的氧化能力，但锐钛矿的带隙更宽（锐钛矿 3.2eV vs. 金红石 3.0eV），导带电位更负，光生电子还原能力更强；②锐钛矿表面吸附 H_2O、O_2 及 OH^- 的能力较强，导致光催化活性较高；③在结晶过程中锐钛矿晶粒通常具有较小的尺寸及较大的比表面积，对光催化反应有利。但当两种晶型结构的 TiO_2 混合时，光催化活性可能会更高，该现象称为混晶效应。商用 Degussa-TiO$_2$（P25）催化剂就是由 25％的金红石和 75％的锐钛矿组成。同样，不同晶型的 Bi$_2$O$_3$ 具有不同的光吸收性质、带隙能量和电子结构，其降解有机物的光催化性能也存在较大差异，顺序为：β-Bi$_2$O$_3$＞α-Bi$_2$O$_3$＞δ-Bi$_2$O$_3$。

（3）比表面积　光催化反应多发生在催化剂表面，因此光催化材料的比表面积在很大程度上影响其光催化性能。大的比表面积不仅可以使催化剂与目标分解物的接触面积更大，还可以在催化过程中提供更多的催化活性位点，促进光催化过程的进行。因此，提高催化剂的比表面积将大大提高光催化效率。如以胶原纤维为生物模板剂制备的介孔 TiO$_2$ 纤维（比表面积为 126m^2/g）对酸性橙Ⅱ的催化活性明显高于 P25（比表面积为 49m^2/g）。

（4）颗粒尺寸和形貌　半导体光催化剂的颗粒尺寸显著地影响其光催化活性。当半导体粒径减小到纳米级时，具有与块体不同的独特性能，除了高比表面积和高吸附性能外，还有量子尺寸效应和小尺寸效应等特殊光响应性质。量子尺寸效应是指当半导体的尺寸与电荷载体的德布罗意波长相当时，会引起激发态能级变大，禁带宽度变宽，从而导致光吸收边蓝移。能隙的变宽会抑制光生载流子的移动性，降低复合率，而且还增加了光生电子和空穴的氧化-还原能力，提高半导体光催化降解有机物的活性。小尺寸效应是指由于纳米颗粒的粒径小于空间电荷层厚度，光生载流子可以通过简单的扩散就能从颗粒的内部迁移到表面。计算表明：在粒径为 1μm 和 10nm 的 TiO$_2$ 颗粒中，电子从内部扩散到表面的时间分别为 100ns 和 10ps，而电子和空穴的复合时间约为 10ns。因此，粒径越小，光生载流子从体内扩散到表面所需要的时间越短，光生电子和空穴的复合概率越小。

光催化材料的形貌对其光催化活性的影响是多方面的。具有一维和二维结构的纳米材料除具备一般纳米颗粒所具有的量子尺寸效应和小尺寸效应，还有利于光生电子-空穴对的快速定向传输，因而能够延长载流子的寿命，提高光催化效率。具有三维多孔结构的颗粒不仅具有大的比表面积，可提供更多的催化活性位点，而且可以增强光在其中的散射作用，提高对光的利用率。如由纳米片组成的具有高活性｛001｝面暴露的 TiO$_2$ 微球，其降解甲基橙的速率是 P25 的 5 倍；具有三维分级结构的 TiO$_2$ 纳米盒子，其每一面都由高度有序的 TiO$_2$ 纳米棒阵列组成，从而表现出良好的光催化分解水制氢性能；以 ZnO 纳米线阵列作为染料敏化太阳能电池的光阳极，太阳光能量转化率远高于传统材料光阳极的染料敏化太阳能电池。

8.2 半导体光催化材料

8.2.1 传统半导体光催化材料

目前广泛研究的半导体光催化剂大都是宽禁带 n 型半导体，如 TiO$_2$、ZnO、CdS、CdSe、WO$_3$、Fe$_2$O$_3$、PbS、SnO$_2$、In$_2$O$_3$、ZnS、SrTiO$_3$、SiO$_2$ 等。ZnO 因具有高光敏感性和能为氧化还原反应提供强驱动力等特性，成为当代半导体光催化技术中核心的光催化材料之一，但 ZnO 在水中不稳定，易生成 Zn(OH)$_2$ 而失去活性。WO$_3$ 具有较小的禁带宽度（约为 2.5eV），能吸收波长小于 500nm 的可见光，太阳能利用率高，具有潜在的光催化能力，且 WO$_3$ 由于具有较正的价带值，在光降解有机物和光解水制氧上有重要应用，但纯 WO$_3$ 易发生光腐蚀，很难获得稳定的光催化性能。α-Fe$_2$O$_3$ 虽然禁带宽度窄（2.2eV），无毒、价格低廉，但在可见光的辐照下并没有表现出高的光催化活性，且在光照下也易发生光腐蚀。CdS、CaSe 等带隙比较窄，虽对可见光具有光响应，但其本身的光催化活性不高，且在光照射时不稳定，极易发生光腐蚀产生有毒的 Cd^{2+}。这些单一的半导体化合物都有一定的光催化降解有机物的活性，因大多数易发生化学或光化学腐蚀，故不适合作为净水用的光催化剂。但 TiO_2 例外，TiO_2 不仅具有很高的光催化活性，而且具有耐酸碱腐蚀、耐光化学腐蚀、低成本、无毒等特点，已成为当前研究最多、应用最广泛的一种光催化剂。TiO_2 虽然具有较高的光催化活性，但其带隙较宽，光谱响应范围较窄，只能利用太阳光谱中不到 5% 的紫外线，所以对太阳能的利用率比较低；另一方面，TiO_2 在光激发过程中，光生电子与空穴复合概率较高，直接导致了催化过程中的量子效率较低，严重制约了在光催化方面的应用。

8.2.2 新型光催化材料

新型光催化材料的开发主要集中在以下两个方面：一是对紫外线响应型宽带隙光催化材料进行改性以获得可见光响应；二是探索开发具有可见光响应的新型高效光催化剂。

8.2.2.1 TiO_2 光催化剂的改性

为了拓展 TiO_2、ZnO 等传统光催化材料的光谱响应范围，提高光生载流子的分离效率，人们采用了不同方法对其进行改性，丰富了光催化材料体系。下面以 TiO_2 为例来说明目前常用的半导体光催化性能提升的方式。

(1) 贵金属表面沉积　半导体表面贵金属沉积被认为是一种有效的捕获光生电子、提高载流子分离效率的方法。由于金属的费米能级比半导体的费米能级低，载流子将重新分配，电子从费米能级较高的半导体转移到费米能级较低的金属，而空穴将聚集在半导体上，直至贵金属和半导体两者的费米能级相同，同时在金属-半导体界面上产生肖特基（Schottky）势垒，作为捕获光生电子的有效势阱，从而抑制光生电子和空穴的复合。由于电子不断地向贵金属聚集，导致贵金属的费米能级不断地向半导体导带靠近，使得导带的位置变得更负，从而使得其还原电势增大，进而有利于光催化分解水产氢。贵金属上聚集的大量电子也会还原吸附在半导体表面的质子 H^+ 产生氢气。第Ⅷ族的铂 Pt、金 Au、银 Ag、铱 Ir、钌 Ru、钯 Pd、铑 Rh 等都是较为常用的沉积贵金属，其中又以 Pt 与 Au 最为常用，这些金属的负载普遍提高了 TiO_2 的光催化活性。另外，研究表明，表面负载量对光催化性能有明显的影响，过多的贵金属负载一方面会增加电子和空穴在其上的复合概率，另一方面会减小有机污染物与 TiO_2 表面的接触，致使光催化反应无法充分进行。

(2) 离子掺杂　离子掺杂是将离子掺入到半导体晶格内部，从而在其晶格中引入新电荷、形成缺陷或改变晶格类型，影响光生电子和空穴的运动情况、调整其分布状态或改变 TiO_2 的能带结构，最终导致 TiO_2 的光催化活性发生改变。离子掺杂是拓展光响应范围的有效途径之一，可分为金属离子掺杂和非金属离子掺杂。在 TiO_2 中掺入 Fe^{3+}、Cr^{3+}、Ru^{5+} 和 V^{5+} 等金属离子，由于离子半径接近，这些金属离子可替代 Ti^{4+}，可以形成捕获中心，价态高于 Ti^{4+} 的金属离子捕获电子，低于 Ti^{4+} 的金属离子捕获空穴，抑制电子-空穴复合；可以形成掺杂能级，使能量较小的光子能激发掺杂能级上捕获的电子和空穴，提高光子利用率；还可以形成晶格缺陷，有利于形成更多的 Ti^{3+} 氧化中心，改善载流子的分离效率。但金属离子掺杂浓度对改性有很大的影响，当掺杂浓度过低时，改善效果不明显；掺杂浓度过高反而会形成电子-空穴的复合中心，不利于载流子向界面传递，并且过多的掺入量会使 TiO_2 表面的空间电荷层厚度增加，影响 TiO_2 吸收入射光子，不利于光催化性能的提高。因此，离子掺杂往往存在一个最佳的浓度。

非金属离子掺杂如 F、N、S、C 等，通过取代晶格内氧的格位，达到改变禁带宽度、拓宽光吸收范围的目的。不同于金属元素掺杂，非金属元素的掺杂并不会在禁带中间形成缺陷能级，而是同 TiO_2 价带中的电子杂化使带隙变窄，如 N 2p 轨道或 S 3p 轨道容易同 O 2p 轨道发生杂化，引起 TiO_2 的价带抬高。相对于未掺杂的 TiO_2，非金属元素掺杂的 TiO_2 的吸收边都会向长波长方向移动，也表现出更好的可见光催化活性，但也有可能造成 TiO_2 在紫外线下的活性降低。过量的掺杂同样对 TiO_2 的紫外及可见光催化有负面作用。

（3）半导体复合　单相光催化材料在改变其电子结构上的灵活性较差，一般是通过掺杂的方法，但过量的掺杂易导致掺杂处成为载流子的复合中心，造成单相光催化剂的载流子迁移率降低。相比之下，半导体材料的复合在电子-空穴对的空间迁移和提高氧化还原电势等方面有更大的优势。复合半导体对于载流子的分离作用不同于单一半导体材料，利用的是具有不同能级的半导体之间发生光生电荷的运输和分离以加强原催化剂的光催化活性。目前报道的二元复合光催化剂有 SnO_2/TiO_2、WO_3/TiO_2、MoO_3/TiO_2、SiO_2/TiO_2、CdS/TiO_2、SnO_2/ZnO 等。

半导体的能带结构必须相匹配，才能通过复合来提高光生载流子的分离效率。例如，在 CdS/TiO_2 异质结构中，CdS 的带隙为 2.5eV，TiO_2 的带隙是 3.2eV，CdS 的导带比 TiO_2 的导带更负，则在波长大于 387 nm 的光照射下，CdS 被激发，其价带上的电子跃迁至导带，受激发的电子会转移到 TiO_2 的导带上，光生空穴则会聚集在 CdS 的价带上，如图 8-4 (a) 所示，这样在空间上就分离了载流子，降低了复合概率，提升性能的同时也拓展了光响应范围；若在紫外线照射下，CdS 和 TiO_2 都会受到光激发，CdS 受激产生的光生电子的运动轨迹和前面一致，而在空穴的移动中，TiO_2 价带上产生的空穴会迁移到 CdS 的价带上，如图 8-4(b) 所示，更易分离光生载流子，提高光催化效果。

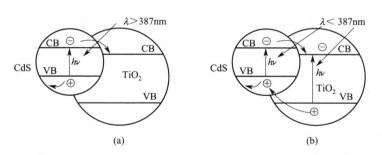

图 8-4　不同光照条件下 CdS/TiO_2 异质结构中的载流子迁移示意

（4）染料敏化　半导体光催化剂的染料敏化是将有机染料敏化剂以物理或化学方法吸附于 TiO_2 表面，利用有机染料在可见光区具有强吸收这一特点来拓展光响应范围。吸附的染料分子在可见光下就可被激发并产生光电子，只要活性物质激发态电势比 TiO_2 导带更负，光生电子就有可能转移到 TiO_2 导带上，而空穴则留在染料分子中，从而抑制光生电子与空穴的复合。因此，要得到有效的敏化需满足两个条件：染料容易吸附在半导体的表面及染料激发态能级与半导体的导带能级相匹配。常用的光敏化有机染料有劳氏紫、酞菁、玫瑰红、曙红等。

（5）超强酸化　研究发现，用 SO_4^{2-} 对 TiO_2 进行修饰所制得的固体超强酸对有机物具有较高的光催化氧化活性，并具有很好的稳定性和抗湿性能。一方面，通过 SO_4^{2-} 表面修饰，TiO_2 催化剂结构明显改善，有效抑制了晶型转变，使得具有高光催化本征活性的锐钛矿含量增加、晶粒度变小、比表面积增大、表面氧缺陷位增加，从而有效降低了光生电子和空穴的复合率；另一方面，SO_4^{2-}/TiO_2 超强酸催化剂表面受 SO_4^{2-} 诱导产生的相邻 L 酸中心和 B 酸中心组成了基团协同作用的超强酸中心，增大了表面酸量及氧的吸附量，促进了光生电子和空穴的分离及界面电荷转移，提高了电子-空穴对的寿命，达到提高光催化量子效率的目的。因此，增强催化剂表面酸性是提高光催化效率的一条新途径。

（6）晶面调控　半导体光催化剂的表面原子排列和配位直接决定了其对有机物的吸附能力及光生载流子的表面迁移速率，因此光催化的效率会受催化剂表面状态所影响，即对一特定的半导体光催化剂而言，不同的暴露晶面强烈地影响着材料的光催化性能。然而，热力学上具有高反应活性的晶面常常具有较高的表面能，在晶体生长过程中，形成和消失得越快，达到平衡后就越难得到。在锐钛矿型 TiO_2 中，{110}、{001}、{010} 和 {101} 等晶面的表面能分别为 $1.09J/m^2$、$0.90J/m^2$、$0.53J/m^2$ 和 $0.44J/m^2$，{101} 是热力学最稳定晶面，在合成过程中也是最常暴露的晶面；相比之下，{001} 晶面属于高能面，也意味着是光催化反应中的高活性面。高暴露 {001} 晶面的 TiO_2 降解亚甲基蓝效率明显高于 P25。因此，合成具有特定晶面暴露的半导体光催化剂成为改善材料光催化性能的有效途径之一。

（7）石墨烯/半导体复合　石墨烯与半导体复合所构成新型复合光催化剂能明显提高半导体光催化反应效率。一方面，石墨烯为二维单层材料，具有高的导电性和优良的电子迁移能力，与半导体复合后，可有效捕获光生电子，促进光生电子与空穴分离，增强半导体的光催化活性；另一方面，石墨烯具有大的比表面积，可以提高降解污染物在催化剂表面的吸附能力，促进污染物的光催化降解反应。研究表明，石墨烯可以用来提高 TiO_2 的光催化制氢活性，其高活性被归结于石墨烯的电子收集作用和提供高活性的吸附位。石墨烯/半导体复合材料作为新型光催化剂，有望在一定程度上解决环境和能源领域应用的瓶颈问题。

8.2.2.2　新型可见光催化材料

探索具有可见光响应的新型半导体材料体系一直是光催化领域研究的焦点之一。

（1）氮氧化物　在氮氧化物中，由于 N 2p 轨道具有比 O 2p 轨道更负的电势，含 N 化合物中 N 2p 贡献于价带顶，导致价带提升而导带位置几乎不变，因此氮氧化物比相应氧化物的带隙变窄。目前研究开发的氮氧化物主要有 TaON、Ta_3N_5、（Ba，Sr，Ca）（Ta，Nb）O_2N、$LaTiO_2N$ 以及 GaN-ZnO 固溶体等，均被发现具有较好的可见光响应特性。氮氧化物的主要用途之一是光催化分解水制氢。TaON 和 Ta_3N_5 的带隙宽度分别为 2.4eV 和 2.1eV，都有在可见光照射下光解水的能力，尤其在电子捕获剂（Ag^+）存在时，TaON 具有很高的光氧化水产氧的活性。$BaTaO_2N$ 的带隙宽度为 1.9eV，在存在牺牲剂的情况下，能够在可见光照射下将 H_2O 还原成 H_2；若 $BaTaO_2N$ 与 $BaZrO_3$ 形成固溶体，带隙宽度仅为 $1.70 \sim 1.80eV$，具有潜力实现在可见光照射下同时光催化氧化和还原水。虽然 GaN 和 ZnO 的带隙都大于 3.0eV，但由于 N 2p 和 Zn 3d 轨道间的 p-d 排斥提升了价带位置而未影响导带位置，所以 GaN-ZnO 固溶体的能带都在 3.0eV 以下，且能带位置非常适合在可见光下光解水。虽然氮氧化物具有适宜的带隙，能够吸收可见光，但是由于其能带位置与水的氧化还原电位不完全匹配，导致氮氧化物光催化分解水反应绝大多数为半反应，即必须添加电子或空穴牺牲剂才能实现光催化分解水分别放出氢气和氧气。此外，由于 N 具有比 O 更高的能级，在产氧的过程中其自身先于 O^{2-} 氧化，因此，氮氧化物都不大稳定，容易在光照下发生解离。

（2）Bi 系半导体材料　Bi 系半导体光催化剂具有独特的晶体结构和电子结构，因其在可见光下具有良好的光催化性能成为新型光催化剂的研究热点之一。一方面，Bi 的外层电子为 $6s^2 6p^3$，在铋系半导体中，Bi 可失去 3 个电子，由于 Bi 6s 轨道可与 O 2p 轨道杂化提高了价带位置，使得能带变窄从而实现对可见光的响应；而且杂化有效增加了价带的宽度，有利于提高空穴的移动性，减少光生载流子的复合。另一方面，不同的 Bi 系半导体光催化剂有各自不同的形貌，优良的形貌对制备高效光催化剂具有重大作用。已报道的含铋光催化剂主要有 Bi_2O_3、$BiVO_4$、Bi_2WO_6、Bi_2MoO_6、$Bi_4Ti_3O_{12}$、$Bi_{12}TiO_{20}$、$BiSbO_4$、$BiOX$（X = Cl、Br、I）和 $Bi_2O_2CO_3$ 等。Bi_2O_3 有四种主要晶相，即 α 相、β 相、γ 相和 δ 相，禁带宽度在 $2.0 \sim 3.96eV$ 之间，四种结构的 Bi_2O_3 光催化活性均优于 P25。然而，单一 Bi_2O_3 作光催化剂存在两大缺陷：一是光生电子和空穴易复合，光量子效率低；二是在反应过程中不稳定。不同形貌的 Bi_2WO_6、Bi_2MoO_6、$BiVO_4$ 等微纳米结构均表现出良好的可见光催化降解有机物的活性，但这些材料的光量子效率不高，光生电子和空穴容易复合，且部分材料对可见光的吸收有限，使其离实际应用仍存在较大差距。

（3）Ag 系半导体材料　银系半导体材料作为优良的无机抗菌剂被广泛应用于纺织、建材和环保等领域，同时又是一种重要的无机光敏剂材料。近年来的研究表明，某些含 Ag 化合物在光催化领域有巨大的应用潜力。已报道的含银光催化剂主要有 Ag_2O、AgX（X = Cl，Br，I）、Ag_3PO_4、Ag_3VO_4 等。Ag_2O 是一种 p 型半导体，带隙宽度为 1.46eV，在可见光区有较强的光吸收，是一种高活性和高选择性的窄带隙光催化剂；但 Ag_2O 在光照后产生的光电子会将 Ag^+ 还原成 Ag_n 单质簇，而价带中的空穴会氧化晶格中的 O^{2-} 而释放出 O_2，所以会产生催化剂本身的光腐蚀现象，较少单独应用在光催化领域，但可作为光敏剂提高 TiO_2 等宽带隙半导体对可见光的吸收强度。AgX 的带隙宽度在 $2.5 \sim 3.25eV$ 之间，由于 AgX 的能带结构并不合理，价带电位远比 O_2/H_2O 的电势更正，具有很高的光催化氧化活性，但导带电位反而比 H^+/H_2 的电势更正，致使光生电子无法作用于水产生 H_2，转而与晶格中的 Ag^+ 结合形成单质银，因而 AgX 也很少单独用作光催化材料。Ag_3PO_4 的直接带隙为 2.43eV，间接带隙为 2.36eV，可吸收波长小于 530 nm 的可见光；Ag_3PO_4 具有极强的光催化氧化能力和光生电荷分离能力，能够将水氧化产生 O_2 以及氧化分解有机物，同时具备分解水和净化水的双重潜力，但其导带能势也不足以将水还原为 H_2。Ag_3VO_4 的禁带宽度约为 2.06eV，可见光响应范围较宽，其能带位置对于光催化制氢或降解有机污染物来说都十分有利。另外，Ag_3VO_4 具有很好的光稳定性，光生电子不会将 Ag^+ 还原成单质银，使得 Ag_3VO_4 成为一种极有前景的可见光响应光催化剂，但如何提高 Ag_3VO_4 的电荷分离能力还需要进一步的实验来探索。

（4）单层碳氮化合物 g-C_3N_4　g-C_3N_4 是一种非金属半导体，由地球上含量较多的 C、N 元素组成，带隙约 2.7eV，对可见光有一定的吸收，抗酸、碱、光的腐蚀，稳定性好，结构和性能易于调控，具有较好的光催化性能，近年来在光催化领域受到广泛关注。g-C_3N_4 的导带和价带跨立在 H^+/H_2 和 O_2/H_2O 氧化还原电势的两侧，所以 g-C_3N_4 可用来催化水的分解。在 g-C_3N_4 光解水制氢时，激发至导带的电子与氢离子结合，留下的空穴由催化体系中加入的三乙醇胺、维生素 C 或甲醇等空穴捕获剂及时移除；在光解水制氧时，H_2O 分子与光激发产生的空穴结合，释放出氧气，电子则需要加入 $AgNO_3$ 等电子捕获剂去除。g-C_3N_4 受激产生的光生电子能够有效活化分子氧产生超氧自由基，而光生空穴不能直接氧化水或羟基生成羟基自由基，因此，g-C_3N_4 非常适用于以分子氧为氧化剂的有机光催化选择性合成。然而，g-C_3N_4 高的载流子复合率导致其光催化活性较低，实际应用效果并不理想，为此，科研人员采用了多种方法如形貌调控、掺杂或构造异质结等来优化 g-C_3N_4 的光催化活性。

光催化剂的发展限制着光催化技术的发展，光催化技术实现产业化应用的关键是研制出高效宽谱响应的光催化材料。光催化材料的吸收光谱与太阳光谱相匹配是提高太阳能利用率的前提，而高的光催化活性使光催化材料的应用成为可能。开发高效可见光响应的光催化剂，提高光量子效率，已成为光催化领域研究的重点课题。

8.3 光催化应用技术

近年来国内外针对光催化领域的重大科学与技术问题，开展了系统深入研究，在提高光催化效率、实现可见光催化过程和解决工程化关键技术问题等方面有所突破，光催化技术应用领域不断拓展。

8.3.1 在环保方面的应用

（1）污水处理　利用光催化反应，可对水中的卤代有机物、染料、农药、表面活性剂等进行有效地分解，使其全部或部分矿化为 CO_2、H_2O 等无机小分子，如表 8-1 所示。此外，纳米 TiO_2 光催化剂还能有效解决汞、铅、铬等重金属离子的污染问题，使得高价的重金属离子还原为毒性较低的低价离子。

表 8-1　主要有机物光催化降解反应

有机物	催化剂	光源	光解产物
烃	TiO_2	紫外	CO_2，H_2O
卤代烃	TiO_2	紫外	HCl，CO_2，H_2O
羧酸	TiO_2	紫外，氙灯	CO，H_2，烷，烃，醇
表面活性剂	TiO_2，ZnO	日光灯	CO_2，SO_3^{2-}，HCl
染料	TiO_2	紫外	CO_2，H_2O，无机离子，中间物
含氮有机物	TiO_2	紫外	CO_3^{2-}，NO_3^-，NH_4^+，PO_4^{3-}，F^- 等
有机磷杀虫剂	TiO_2	紫外，太阳光	Cl^-，PO_4^{3-}，CO_2

（2）净化空气　利用光催化氧化技术，可在室温下利用空气中的氧气和水蒸气去除空气中的有害污染物，如甲醛、硫化物和氮化物等。例如，将 TiO_2 制成涂料，可对 NO_x 进行有效的降解，将吸附到 TiO_2 表面上的 NO 及 NO_2 氧化生成硝酸；作为净化涂料，同时还能降解大气中的硫化物、醛类、卤代烃、多环芳烃等污染物，具有广阔的应用前景。

（3）CO_2 还原　现代社会发展依靠化石燃料的消耗，产生大量的 CO_2，造成温室效应。TiO_2 基光催化材料具有还原 CO_2 的能力，利用光催化技术将 CO_2 还原成甲烷、甲醇等低碳有机化合物或者燃料，有利于减轻大气温室效应。但如何制备具有较高光催化效率的催化剂，提高甲醇等产物的产率还需要科学家们持之以恒的研究探索。

8.3.2　在能源方面的应用

与化石燃料相比，氢能燃烧值高，燃烧性能好，点燃快，且燃烧产物是水，清洁无污染，已被普遍认为是一种理想的高效、清洁的绿色能源。目前氢能主要通过煤或天然气重整来获得，必然会造成非可再生能源消耗，并带来环境污染问题。自 1972 年日本学者 Fujishima 和 Honda 通过光照 TiO_2 半导体电极成功制备氢气以来，以半导体作光催化剂，直接利用太阳光催化分解水制氢，将太阳能转变为氢能，为解决能源危机和环境污染问题提供了一条新的途径。纳米 TiO_2 受光激发产生的电子-空穴对，具有分解水生成氢气和氧气的能力，但在实际反应过程中，由于半导体能带弯曲及表面过电位等因素的影响，往往需要加入牺牲剂来提高光解水的催化反应活性。光催化制氢的研究在近年已经取得较大进展，但其效率还有待进一步提高。

8.3.3　在有机合成方面的应用

光催化选择性有机合成是近年来研究拓展的光催化技术的新应用。众所周知，传统的有机合成不仅步骤烦琐，而且所使用的氧化剂通常是一些具有毒性或者腐蚀性的强氧化剂，合成较困难，转化率低，副产物多。光催化选择性氧化还原反应通常在简单温和的条件下即可发挥作用，避免了在传统有机合成中所使用的复杂步骤和苛刻条件，可以很好地解决由此带来的环境和能源问题，而且通过对反应途径和产物进行一定程度的控制，可以提高目标产物的选择性和产率。光催化选择性合成有机物技术因其独特的优点，为有机合成提供了一种新的方法和途径，得到了越来越多的关注，在聚合、芳香族的羟基化、胺的氧化、烯烃的环氧化及羰基化等有机反应上被广泛应用，并取得了丰富成果，已成为光催化领域的一个重要前沿方向。

8.3.4　在医疗卫生方面的应用

纳米 TiO_2 光催化剂具有很好的抑制或杀灭细菌、真菌、病毒等作用。实验显示，当细菌吸附在 TiO_2 表面时，超氧离子自由基和羟基自由基能破坏细胞膜，进入细菌体内，阻止成膜物质的传输，切断其呼吸系统，从而杀灭细菌，同时还能降解细菌释放出的有害物质，彻底消除细菌的危害。研究表明，TiO_2 光催化剂对大肠杆菌、沙门氏菌、金黄色葡萄球菌、芽枝菌、曲霉和绿脓杆菌等均有很强的杀灭能力。将 TiO_2 掺杂到塑料、玻璃、陶瓷、不锈钢等日常生活用品里，可达到极为优良的抗菌抑菌效果，含有 TiO_2 光催化剂的墙砖和地砖被广泛应用于医院、餐厅等公共场所。

TiO_2 光催化技术还可应用于癌症治疗。TiO_2 是一种比较稳定和安全的化合物，对动物体无毒性，注入体内的 TiO_2 颗粒在紫外线照射下产生的活性氧等组分的强氧化作用能够有效地杀伤癌细胞。但目前纳米 TiO_2 通过光催化氧化杀伤癌细胞的机制仍未探明，纳米 TiO_2 还未真正应用于临床抗癌，今后的研究重点主要集中在抗癌机理、治疗效率以及临床应用等方面。

8.3.5　在金属防腐方面的应用

光催化防腐技术是利用 TiO_2 等光催化材料作为金属防护层，通过转换太阳能起到对基体金属的永久性防腐蚀保护作用。光催化防腐的原理是：在光照情况下，纳米 TiO_2 受激产生光生电子-空穴对，在空间电荷层电场的作用下，空穴被迁移到半导体粒子表面进行氧化反应，而电子向电极基底运动并通过外电路到达金属对电极，从而使金属的腐蚀电位负移，自腐蚀电流密度减小，实现阴极保护。该技术的最大特点是在常温和常压下，只利用催化剂、光、空气和水就能实现，而且 TiO_2 涂层本身还具有自清洁的效果。TiO_2 能起到降低金属腐蚀电位的作用，其本身的导带电位必须高于金属的自腐蚀电位，否则会加速金属的腐蚀。另外，实际应用中应考虑 TiO_2 受激生成的光生电流与金属的腐蚀电流密度相匹配的问题。因而，目前金属的光致阴极保护还局限在腐蚀电位比较正、腐蚀电流密度比较小的金属材料上。

由于光催化反应满足了低能耗、对环境友好的需求，在诸多领域得到广泛研究和应用。虽然经过四十多年的发展，光催化技术已经有了长足进步，但光催化材料的光谱响应范围窄和光催化效率普遍较低的现状，严重影响了其在实际生产生活中的应用。如何解决这两个问题，仍是光催化领域研究的重点，对推动光催化技术的发展和实际应用至关重要。

参 考 文 献

[1] 陈昱，王京钰，李维尊，鞠美庭. 新型二氧化钛基光催化材料的研究进展 [J]. 材料工程，2016，44（3）：103-113.

[2] 荆涛，戴瑛，马晓娟，黄柏标. 拓展光催化材料光谱响应的研究进展 [J]. 中国光学，2016，9（1）：1-15.

[3] Fujishima A. Honda K. Electrochemical photolysis of water at a semiconductor electrode [J]. Nature, 1972, 238: 37-38.

[4] Carey J H, Lawrence J, Tosine H M. Photodechlorination of PCB's in the presence of titanium dioxide in aqueous suspensions [J]. Bull Environ Contam Tox, 1976, 16 (6): 697-701.

[5] 王俊鹏. 半导体材料的能带调控及其光催化性能的研究 [D]. 山东：山东大学，2013.

[6] 王韶颖. Ti 基光催化材料的微结构调控及性质研究 [D]. 山东：山东大学，2013.

[7] 李娣. 几种半导体光催化剂的制备及光催化性能研究 [D]. 天津：南开大学，2014.

[8] 胡胜鹏. 几种铋系半导体微纳米结构的合成及光催化性能研究 [D]. 哈尔滨：哈尔滨工业大学，2014.

[9] 李覃. 硫化物基光催化剂的制备和可见光光催化产氢活性 [D]. 武汉：武汉理工大学，2014.

[10] 王倩. 新型半导体复合颗粒的制备及其光催化性能研究 [D]. 北京：北京化工大学，2014.

[11] 孙懂山. 可见光响应氮（氧）化物光催化/光电化学分解水活性的研究 [D]. 贵阳：贵州大学，2015.

[12] 刘长坤，谢娟，王虎，吴启凤. 光催化技术应用进展 [J]. 材料导报网刊，2008，1：52-55.

[13] 王家恒，宫长伟，付现凯，等. TiO_2 光催化剂的掺杂改性及应用研究进展 [J]. 化工新型材料，2016，44（1）：15-18.

[14] 付荣荣，李延敏，高善民，等. TiO_2 光催化剂的形貌与晶面调控 [J]. 无机化学学报，2014，30（10）：2231-2245.

[15] 谢立进，马峻峰，赵忠强，等. 半导体光催化剂的研究现状及展望 [J]. 硅酸盐通报，2005，6：80-84.

[16] 陈喜娣，蔡启舟，尹荔松，何剑. 纳米 $\alpha\text{-}Fe_2O_3$ 光催化剂的研究与应用进展 [J]. 材料导报，2010，24（11）：118-124.

[17] 白雪，李永利. 银系光催化材料的新进展 [J]. 硅酸盐通报，2012，31（1）：84-87.

[18] 周丽，邓慧萍，张为. 可见光响应的银系光催化材料 [J]. 化学进展，2015，27（4）：349-360.

[19] 李旦振，付贤智. 具有高活性宽光谱响应的新型光催化材料 [J]. 中国科学：化学，2012，42（4）：415-432.

[20] 蔡莉. 胶原纤维为模板制备介孔 TiO_2 纤维及光催化活性研究 [J]. 功能材料，2013，44（23）：3447-3451.

[21] 苏华枝，彭诚，吴建青. 氧化钛光催化材料及其在陶瓷中的应用 [J]. 佛山陶瓷，2016，26（1）：1-9.

[22] 汪家喜，魏晓骏，沈佳宇，等. 光催化选择性合成有机物 [J]. 化学进展，2014，26（9）：1460-1470.

[23] 张楠，张燕辉，潘晓阳，等. 光催化选择性氧化还原体系在有机合成中的研究进展 [J]. 中国科学，2011，41（7）：1097-1111.

[24] 段芳，张琴，魏取福，等. 铋系半导体光催化剂的光催化性能调控 [J]. 化学进展，2014，26（1）：30-40.

[25] 楚增勇，原博，颜廷楠. $g\text{-}C_3N_4$ 光催化性能的研究进展 [J]. 无机材料学报，2014，29（8）：785-794.

［26］ Grätzel M. Photoelectrochemical cells［J］. Nature，2001，414：338-344.

［27］ Chen X，Shen S，Guo L，et al. Semiconductor-based photocatalytic hydrogen generation［J］. Chem Rev，2010，110（11）：6503-6570.

［28］ Cheng H，Huang B，Lu J，et al. Synergistic effect of crystal and electronic structures on the visible-light- driven photocatalytic performances of Bi_2O_3 polymorphs［J］. Phys Chem Chem Phys，2010，12：15468-15475.

［29］ Zheng Z，Huang B，Qin X，et al. Highly efficient photocatalyst：TiO_2 microspheres produced from TiO_2 nanosheets with a high percentage of reactive ｛001｝ facets［J］. Chem Eur J，2009，15（46）：12576-12579.

［30］ Wang Z，Huang B，Dai Y，et al. Topotactic transformation of single-crystalline $TiOF_2$ nanocubes to ordered arranged 3D hierarchical TiO_2 nanoboxes［J］. CrystEngComm，2012，14（14）：4578-4581.

［31］ Wang Y，Li X，Lu G，et al. Highly Oriented 1-D ZnO Nanorod Arrays on Zinc Foil：Direct Growth from Substrate，Optical Properties and Photocatalytic Activities［J］. J Phys Chem C，2008，112（19）：7332-7336.

［32］ Lu Y，Liu G，Zhang J，et al. Fabrication of a monoclinic/hexagonal junction in WO_3 and its enhanced photocatalytic degradation of rhodamine B［J］. Chin J Catal，2016，37（3）：349-358.

［33］ Baker D R，Kamat P V. Photosensitization of TiO_2 Nanostructures with CdS Quantum Dots：Particulate Versus Tubular Support Architectures［J］. Adv Funct Mater，2009，19（5）：805-811.

［34］ 苏文悦，付贤智，魏可镁. SO_4^{2-} 表面修饰对 TiO_2 结构及其光催化性能的影响［J］. 物理化学学报，2001，17（1）：28-31.

［35］ Barnard A S，Curtiss L A. Prediction of TiO_2 Nanoparticle Phase and Shape Transitions Controlled by Surface Chemistry［J］. Nano Lett，2005，5（7）：1261-1266.

［36］ Hara M，Hitoki G，Takata T，et al. TaON and Ta_3N_5 as new visiblelight driven photocatalysis［J］. Catal Today，2003，78（1-4）：555-560.

［37］ Hara M，Takata T，Kondo J N，et al. Photocatalytic reduction of water by TaON under visible light irradiation［J］. Catal Today，2004，90（3-4）：313-317.

［38］ Maeda K，Takata T，Hara M，et al. GaN：ZnO Solid Solution as a Photocatalyst for Visible-Light-Driven Overall Water Splitting［J］. J Am Chem Soc，2005，127（23）：8286-8287.

［39］ Maeda K，Domen K. Water oxidation using a particulate $BaZrO_3$-$BaTaO_2N$ solid-solution photocatalyst that operates under a wide range of visible light. Angew［J］. Chem Int Ed，2012，51（39）：9865-9869.

［40］ Xu L，Yang X，Zhai Z，et al. EDTA-Mediated Shape-Selective Synthesis of Bi_2WO_6 Hierarchical Self-Assemblies with High Visible-Light-Driven Photocatalytic Activities［J］. Cryst Eng Comm，2011，13（24）：7267-7275.

［41］ Li H，Li K，Wang H. Hydrothermal Synthesis and Photocatalytic Properties of Bismuth Molybdate Materials［J］. Mater Chem Phys，2009，116（1）：134-142.

［42］ Han M，Chen X，Sun T，et al. Synthesis of Mono-Dispersed m-$BiVO_4$ Octahedral Nano-Crystals with Enhanced Visible Light Photocatalytic Properties［J］. Cryst Eng Comm，2011，13（22）：6674-6680.

［43］ Yi Z，Ye J，Kikugawa N，et al. An orthophosphate semiconductor with photooxidation properties under visible-light irradiation［J］. Nature Mater，2010，9：559-564.

［44］ Xiang Q，Yu J，Jaronie M. Synergetic effect of MoS_2 and graphene as cocatalysts for enhanced photocatalytic H_2 production activity of TiO_2 nanoparticles［J］. J Am Chem Soc，2012，134（15）：6575-6578.

［45］ Law M，Greene L E，Johnson J C，et al. Nanowire dye-sensitized solar cells［J］. Nature Mater，2005，4：455-459.

［46］ Inoue T，Fujishima A，Konishi S，et al. Photoelectrocatalytic reduction of carbon dioxide in aqueous suspensions of semiconductor powders［J］. Nature，1979，277：637-638.

［47］ 黄金樵，程金妹，林昶. 抗肿瘤光催化氧化剂纳米 TiO_2 的研究进展［J］. 山东大学耳鼻喉眼学报，2008，22（5）：416-432.

［48］ 黄宁平，黄丹，徐敏华等. 超微粒 TiO_2 对 U937 细胞光杀伤效应及机理研究［J］. 生物化学与生物物理进展，1997，24（5）：470-473.

［49］ 张鉴清，冷文华，程小芳等. 金属的光电化学方法防腐蚀原理及研究进展［J］. 中国腐蚀与防护学报，2006，26（3）：188-192.

［50］ 孙恺，汲生荣，许文帅等. 光电材料在金属防腐蚀中的应用［J］. 绿色科技，2012，12：248-249.

第**9**章

微纳粉体在电子材料
工业中的应用技术

▶▶

纳米技术是一门在 $0.1\sim100\mu m$ 尺度空间内，对电子、原子和分子的运动规律和特性进行研究并加以应用的高科技学科，它的目标是用单原子、分子制造具有特定功能的产品。纳米科技正在推动人类社会并产生巨大的变革，它不仅促使人类认识的革命，而且将引发一场新的工业革命。

纳米技术是 20 世纪末期崛起的崭新科学技术领域，是一个全新的高科技学科群，包括纳米电子学、纳米光电子学、纳米光子学、纳米物理学、纳米光学、纳米材料学、纳米机械学、纳米生物学、纳米测量学、纳米工艺学、纳米医学、纳米显微学、纳米信息技术、纳米环境工程和纳米制造等，是一门基础研究与应用探索相互融合的新兴技术。

9.1 纳米电子技术

纳米电子学是纳米技术的重要组成部分，是传统微电子学发展的必然结果，是纳米技术发展的主要动力。纳米电子学在传统的固态电子学基础上，借助最新的物理理论和最先进的工艺手段，按照全新的概念来构造电子器件与系统。纳米电子学在更深层次上开发物质潜在的信息和结构的能力，使单位体积物质储存和处理信息的功能提高百万倍以上，实现了信息采集和处理能力的革命性突破。纳米电子学与光电子学、生物学、机械学等学科结合，可以制成纳米电子/光电子器件、分子器件、纳米电子机械系统、纳米光电子机械系统、微型机器人等，将对人类的生产和生活方式产生变革性的影响，纳米电子/光电子学将成为 21 世纪信息时代的关键科学技术。

9.1.1 纳米结构的微加工技术

在纳米层次上器件的微加工技术，一般可分为"自上而下"（top down）和"自下而上"（bottom up）两种途径的加工技术或这两种加工技术的融合。"自上而下"是指通过微机械加工或固态技术，不断将产品尺寸微型化，目前是采用高分辨率纳米光刻方法在所需材料上制作纳米量级图形。随光刻技术的不断革新和发展，可制作小于 100nm 线宽图形，并正朝着几十个纳米乃至几个纳米特征图形的方向发展。通常采用的纳米光刻方法有电子束、离子束、X 射线、远紫外加波前工程、干涉光刻、原子光刻等。目前表面微加工的手段有离子束的搬迁与涂镀、分子束外延、电子束与光束的刻蚀等。而"自下而上"是指利用扫描隧道显微镜微加工技术，以原子、分子为基本单元，根据需要进行设计和组装，最终构筑成具有特定功能的产品。

自从纳米技术、信息技术、材料科学技术和生物技术被列为 21 世纪的四大科学技术以来，在国际和国内出现了一个纳米技术研究和开发的热潮。但在纳米热潮的同时，也出现了对纳米概念的某些误解和"泛用"纳米以及伪纳米产品的出现。针对这种情况，白春礼院士及时地提出"全面理解内涵促进健康发展"的发展方针，指出对纳米器件，尤其是纳米电子器件的认识和大力发展纳米电子器件研究是一个非常重要的问题。

纳米器件被认为是利用纳米级加工和制备技术，具体可分为以下几种：

①外延技术：金属有机化学汽相淀积（MOCVD）技术、分子束外延（MBE）技术、原子层外延（AEE）、化学束外延（BE）；

②光刻技术：电子束（EB）光刻技术、纳米光刻技术、电子束刻蚀、聚焦离子束刻蚀等；

③微细加工技术：扫描探针显微镜（SPM）应用研究、纳米材料制备方法（自组装生长、分子合成）等设计制备的具有纳米级（1～100nm）尺度及一定功能的器件。

9.1.2　纳米电子材料的应用

9.1.2.1　纳米单电子器件

利用纳米电子学采用纳米电子材料和纳米光刻技术已研制出了许多纳米电子器件，如：电晶体管（SET）、单岛单电子晶体管、金属基 SET、半导体 SET、纳米粒子 SET、多岛 SET、单电子静电计、单电子存储器（SEM）、单电子逻辑电路、单电子 CMOS 电路、金属基单电子晶体管（SET）存储器、半导体 SET 存储器、硅纳米晶体制造的存储器、纳米浮栅存储器、单电子数字集成电路、单电子晶体管（SET）逻辑集成电路、纳米硅微晶薄膜器件和聚合体电子器件等。

库仑阻塞现象是构想和设计单电子器件的主要物理依据。为了能够从实验上清楚地观测到这一现象，必须满足：①电子的充电能 E_0 必须大于热能 kT；②隧道结电阻要远大于量子电阻 $R_k = 26k\Omega$；③从隧道结引出的导线杂散电容应尽可能小。这分别是为了克服热涨落、量子涨落和外界干扰等不利因素而考虑的。目前，虽然已设计和制成了多种结构的单电子器件，但所能达到的工作温度都较低。因此，选取性质适宜的材料类型，设计合理的器件结构和采用技术先进的工艺方法，以制备出能在较高温度乃至室温（300K）下工作、性能稳定可靠并易于实现大规模集成的单电子器件，一直是材料和器件物理学家不断追求的目标。下面，我们主要介绍四种结构类型的单电子器件。

（1）基于 Si 纳米量子点的单电子器件　粒径尺寸仅有几个纳米的 Si 量子点，是一种典型的具有强量子限制效应和量子隧穿特性的低维结构，在各种 Si 基纳米量子器件，如 Si 基发光器件、Si 基光波导、Si 基光学微腔、Si 激光器以及共振隧穿器件中都有着潜在的重要应用。尤其是近些年来，Si 基单电子器件的研究开始呈现出良好的发展势头，而纳米量子点的自组织生长技术，又为这种单电子器件的制作开辟了一条新的工艺途径。

Dutta 等采用超高频等离子体工艺，制备了自组织生长平均晶粒尺寸为 8nm 和密度分布为 $4 \times 10^{11}/cm^2$ 的纳米晶 Si 薄膜，并以此为有源区制作了可以工作在 77～300K 下的 Si 纳米量子点浮置栅单电子存储器。图 9-1 显示出了该器件的剖面结构。由图 9-1 可以看出，该存储器的主要结构特点是在埋层氧化物和栅氧化物之间设置了一个厚度为 25nm 的 SOI 层和一个厚度为 1nm 的超薄氧化层。其中，SOI 层为源-漏之间的电子提供了一个输运沟道，而超薄氧化层可以控制电子隧穿势垒的形成。对该器件的 I_D-V_G 特性的测量分析表明，77K 下的电荷保存寿命大于 1h。研究指出，该单电子存储器中的电荷存储效应，是来自于电子在 Si 纳米晶粒与 SOI 层沟道之间通过超薄氧化层的俘获与释放。

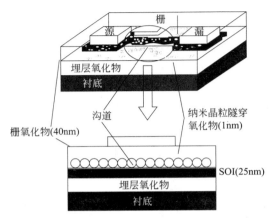

图 9-1 单电子存储器的器件结构

Baron 等采用低压化学气相沉积（LPCVD）方法，在具有 1.2nm 厚 SiO_2 层的 Si(100) 衬底上，自组织生长了密度为 $2 \times 10^{12}/cm^2$，晶粒直径为 4～5nm 和平均高度为 3nm 的半球状 Si 纳米量子点，并以此作为有源区制作了双势垒隧穿结构。结果表明，在 30K 和 300K 下都可以清楚地观测到该结构所呈现出的电流呈库仑台阶现象。其电流随偏置电压的库仑振荡特性由 Si 纳米晶粒中的能级量子化效应、单电子电荷效应以及电子 Si-n$^+$ 在电极中的量子态和 Si 量子点之间的隧穿效应所支配。

（2）基于碳纳米管的单电子器件　纳米碳管是一种非常好的准一维纳米结构材料，具有很多惊人的物理特性。按其结构特性的不同，它可以分成单壁碳纳米管和多壁碳纳米管；按其导电性能的不同，它又可以分为金属型碳纳米管和半导体型碳纳米管。由于碳纳米管具有明显的量子特性，人们已开始将其用于单电子晶体管的研制。更进一步的目标是追求和实现将单根碳纳米管在芯片上集成，并组成能展示数字逻辑功能的电路，其发展前景十分诱人。

Cui 等利用单壁碳纳米管作为有源区制备了能够在室温下工作的单电子晶体管。该器件的工艺特点是：通过局域化学调整技术在单壁碳纳米管中可以形成长度为 10nm 的小量子点。由于在该量子点中的分立量子化能级间隔具有较大的值（48meV），远大于室温下的热能（26meV），因此在 300K 下能够观测到该器件中的电导振荡。

（3）基于异质结二维电子气的单电子器件
在调制掺杂异质结构中形成的二维电子气，不仅是制作高电子迁移率晶体管及其集成电路的理想物理系统，而且也是设计和制作单电子晶体管的一种主要结构形式。它的基本原理是：如果在异质结构的表面设置一个特定的金属栅极，并且在该栅极上施加一负偏置电压，那么由于场效应的作用，金属栅下面的 2DEG 将会被耗尽，而在其中间未被耗尽的区域就会形成量子点；在栅偏压的作用下，沿着异质结界面方向的点接触为势垒区，而量子点则为中心岛区。

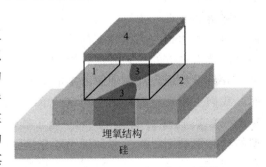

图 9-2 基于异质结的单电子器件
1—源极；2—漏极；3—内平面点
接触金属栅极；4—顶层栅极

Wang 等的研究小组利用 GaAs/InGaAs/AlGaAs、掺杂的 AlGaAs/GaAs 和 AlGaAs/In

三种类型的异质结制作了单电子晶体管。由于这类结构对二维电子气具有强量子限制作用，因此有较高的薄层电子波度和电子迁移率值，故可以使得单电子器件能在 77K 下进行工作。其后，他们又利用纳米电极对技术制作了具有点接触沟道单电子晶体管，同样实现了 70K 下的库仑阻塞振荡。该器件的结构形式如图 9-2 所示。图中的 1 和 2 分别为源极和漏极；3 为内平面点接触金属（IPPCM）栅极；4 为顶层栅极；埋层氧化物是用来绝缘 IPPCM 栅和 Si 衬底的。在这种结构中，当在顶层栅极施加一正向偏压时，二维电子气可以被形成在 IPPCM 的反型层中。如果进一步改进 IPPCM 的制备方法，还可以使得该器件在更高温度下进行工作。

（4）基于有机分子结构的单电子器件　由于受到半导体工艺和微电子技术加工精度的限制，以各种半导体材料和结构作为有源区的单电子器件的尺寸都难以从根本上得以减小。近年，随着有机半导体器件所取得的研究进展，基于有机分子的单电子器件研究也初露端倪。将有机分子用于纳米电子器件研究主要有两个优点：一是器件的结构尺寸可以显著减小，即隧道电容足够小；二是可以提高单电子转移过程的稳定性与可靠性，这些

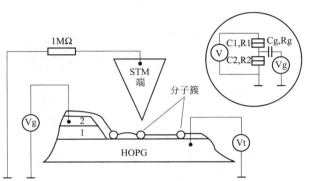

图 9-3　基于有机分子结构的单电子器件
1—Al_2O_3 绝缘层；2—Au 膜电极

都有利于单电子器件在较高温度下进行工作。Gubin 等基于一个单分子有机团簇试制了能在室温下工作的单电子隧穿晶体管。图 9-3 示出了该器件具有控制电极的双隧穿结构，其中，1 和 2 分别为绝缘层 Al_2O_3 和 Au 膜电极，HOPG 为热解石墨衬底，而有机分子团簇为 Pt_5 $(Co)_6[P(C_2H_5)_3]_4$。当扫描隧道显微镜（STM）探针直接与有机分子团簇发生电接触时，则该结构的隧穿电流大小可以由"STM 探针-团簇分子-衬底"这样一个隧穿系统所控制。

9.1.2.2　电子波器件

电子波器件包括电子波干涉器件、短线波导型干涉器件、Mach Zender 干涉计（静电干涉器件）、定向耦合器件、衍射器件、量子线沟道场效应晶体管（FET）、平面超晶格 FET、电子速度调制 FET 谐振隧穿器件等。

9.1.2.3　量子波器件

这类器件中的电子处于相位相干结构中，其行为以波动性为主，这类器件包括量子线晶体管、量子干涉器件、谐振隧穿二极管晶体管等。

9.1.2.4　纳米芯片

集成电路或称芯片（chip）在电子学中是一种把电路（主要包括半导体装置，也包括被动元件等）小型化的方式，并通常制造在半导体晶圆表面上。1906 年，第一个电子管诞生；1912 年前后，电子管的制作日趋成熟引发了无线电技术的发展；1918 年前后，逐步发现了半导体材料；1920 年，发现半导体材料所具有的光敏特性；1932 年前后，运用量子学说建

立了能带理论研究半导体现象；1956 年，硅台面晶体管问世；1960 年 12 月，世界上第一块硅集成电路制造成功；1966 年，美国贝尔实验室使用比较完善的硅外延平面工艺制造成第一块公认的大规模集成电路。1988 年：16MDRAM 问世，1cm² 大小的硅片上集成有 3500 万个晶体管，标志着进入超大规模集成电路阶段的更高阶段。1997 年：300MHz 奔腾 Ⅱ 问世，采用 0.25μm 工艺，奔腾系列芯片的推出让计算机的发展如虎添翼，发展速度让人惊叹。2009 年：intel 酷睿 i 系列全新推出，创纪录采用了领先的 32nm 工艺，并且下一代 22nm 工艺正在研发。图 9-4 所示为纳米芯片。集成电路制作工艺的日益成熟和各集成电路厂商的不断竞争，使集成电路发挥了它更大的功能，更好地服务于社会。由此集成电路从产生到成熟大致经历了如下过程：电子管→晶体管→集成电路→超大规模集成电路。

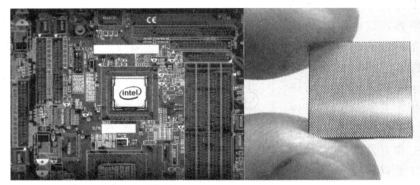

图 9-4　纳米芯片

　　据国外媒体报道，美国军方目前正在秘密资助一项用于间谍任务的"生物武器"计划，该计划将利用甲虫或其他体型较小的昆虫，来实现窃听或拍照等秘密任务。

　　美国国防部科技计划局已经花费数年时间，研制出一种可以执行秘密间谍任务的电子生物武器。科研人员将一个微型的电子芯片植入甲虫大脑，通过电脑实现无线遥控"间谍甲

图 9-5　被科研人员植入芯片的甲虫

虫"（图 9-5）。据科研人员介绍，美军计划利用这种植入设备，通过刺激甲虫的大脑来振动翅膀，控制甲虫的起飞、飞行和降落等活动。这种设备是纳米级的芯片，遥控者可以通过控制甲虫一侧或另一侧的基底肌肉使翅膀振动，从而实现控制方向。同时，科研人员还将一个微型电池和一个带有收发器的微型控制器植入了甲虫体内。值得注意的，植入这些芯片的时间，恰好是这些甲虫成蛹

的时候。此外，科研人员还希望对这些可远程遥控的甲虫进行局部"改造"，打造成未来战士版的机器甲虫，试图在这些甲虫身上安装照相设备、GPS 设备或微型武器。军方希望通过这种方式，研制出更多可用于军事的生物武器，远程遥控只是这项研究的初步阶段，在未来还将实现更多的功能。

　　2008 年，IBM 公司向外界展示了 32nm 芯片技术，新技术可提高手机和高性能服务器所用芯片的性能，并大大降低电力消耗。IBM 公司称，按 IBM 公司测试标准，在同等工作电压条件下，与 45nm 工艺芯片相比，用这种名为"high-k/metal gate"（HKMG）的新技

术制造的 32nm 芯片可使处理器性能改进 30%，同时还能使电耗降低 50%。

9.2 纳米光电子技术

光电子技术正向光电子集成，进而将向纳米光电子集成方向发展。纳米光电子学是在纳米半导体材料的基础上发展起来的，是纳米电子学发展的方向。纳米光电子学是研究纳米结构中电子与光子的相互作用及其器件的一门高技术学科。光电子技术与纳米电子技术相结合而产生了纳米光电子技术。光学、光电子学、纳米光学与纳米电子学相结合开拓出了一门崭新的学科——纳米光电子学。纳米光电子学将成为纳米光通信技术发展的重点。

利用纳米光电子学采用纳米光电子材料和纳米光刻技术已研制出许多纳米光电子器件，如：纳米激光器（量子线激光器、量子阱激光器、量子点激光器、红外量子级联激光器、光电调制器、超晶格多量子阱激光器、垂直腔面发射激光器）、InGaAs/GaAs 多量子阱自电光效应器件（MQW-SEED）、光电集成器件（CMOS/SEED）、纳米光导集成电路、i9 振隧穿二极管（RTD）光电集成电路、硅纳米颗粒光电元件、用 UCT-PD 和 RTD 构成了高速光电双稳态逻辑单元、应用于 80Gb/s 的时分复用（TDM）系统，还用 RTD 的结构制成新的光电负阻 RTD 器件、纳米级硅化铂肖特基势垒红外焦平面阵列（Nano-PtSi SBIRFPA）、纳米 CMOS 自电光效应器 4q（SEED）、单电子纳米光开关、紫外纳米激光器、纳米阵列激光器、微型传感器、纳米电容器阵列、纳米结构离子分离器等。

9.2.1 纳米激光器

2001 年美国加利福尼亚大学伯克利分校的研究人员在只有人类头发丝千分之一的纳米光导线上制造出了世界上最小的激光器——纳米激光器。这种激光器不仅能发射紫外线，经过调整后还能发射从蓝光到深紫外的光。研究人员使用一种称为取向附生的标准技术，用纯氧化锌晶体制造出了这一激光器，他们先是"培养"纳米导线，在金上形成的纯氧化锌导线直径为 20～150nm。当纳米导线长到 10000nm 时，"培养"过程终止。在温室下，当研究人员用另一种激光将纳米导线中的纯氧化锌晶体激活时，纯氧化锌晶体将发射出波长只有 17nm 的激光。研究人员希望今后能够用电流来激活纳米激光器，这样纳米激光器就能用于电路。纳米激光器最终有可能被用于鉴别化学物质，提高计算机磁盘和光子计算机的信息存储量。

9.2.2 紫外纳米激光器

继微型激光器、微碟激光器（microdisk laser）、微环激光器、量子雪崩激光器（quantum cascade laser）问世之后，美国加利福尼亚-伯克利大学的化学家杨培东及其同事制作成室温纳米激光器，它在光激励下，发射线宽小于 0.3nm、波长 385nm 的激光，这种氧化锌纳米激光器被认为是世界上最小的激光器，也是纳米技术的首批实际器件之一。在开发的初始阶段，研究人员就预言这种 ZnO 纳米激光器由于容易制作，亮度高及体积小甚至优于 GaN 蓝光激光器。由于能够用催化外延晶体生长的汽相输运法制作高密度纳米线阵列，使 ZnO 纳米激光器可以开发出许多 GaAs 器件所不可能涉及的应用领域。

9.2.3 微型激光器

2010 年左右，半导体蚀刻线条的宽度小到 100nm 以下。在这些电路中穿行的将只有少数几个电子，因此增加一个或者减少一个电子都会造成很大差异，这就明确地把芯片制造商放到了量子世界中。借助纳米技术，科学家对新一代微型激光器的研究与开发方兴未艾。

(1) 量子阱激光器　由直径小于 20nm 的一物质堆构成或者相当于 60 个硅原子排成一长串的量子点，可以控制非常小的电子群的运动而不与量子效应发生冲突，如果这一物质堆是由有着适当性质的原子构成的，它就能对一个自由电子产生一种约束力，除非外界能量施加一个大小很精确的推力，否则这个电子就无法逃逸出去。这种"量子约束"产生了一些有趣的现象，应用这一现象可制造出光盘播放机中小而高效的激光器。这些所谓的量子阱激光器是由两层其他材料夹着一层超薄的半导体材料制成的。处在中间的电子被圈在一个量子平台上，只能够在两维空间中移动。这使得为产生激光而向这些电子注入能量变得容易一些。其结果是，用较少的能量可以产生较强的激光。

(2) 量子线激光器　目前，科学家已研制出功率比传统激光器大 1000 倍的微型激光器，从而使研究人员向创造速度更快的计算机和通信设备迈进了一步。研究人员说，试验中采用的微型激光器将可以用于提高音频、视频、互联网以及其他采用通信方式的速度，这种激光器也可作为全新网络的基础。这种微型激光器是耶鲁大学、朗讯科技公司光纤网络的贝尔实验室以及德国德累斯顿马克斯·普朗克物理研究所的科学家们共同研制出来的微型激光器，将使制造计算机的厂家能够在某些部件中用光器件来代替电子器件。这种微型激光器与目前所采用的激光器的区别在于研究人员捕获、控制和发射激光束的方法不同。以前，科学家们捕获、控制和发射激光是在一个非常圆的圆柱中进行的。其不利之处在于激光束的功率不够大，而且很难控制。新的方法是，在其内部电子只能在一个方向上移动。量子线激光器能够以超过量子阱激光器实际极限的功率发射激光，这可能对通信有极大的好处。这些较高功率的激光器也许会减少对昂贵的中继器的要求，这些中继器需要每隔 50 英里（1 英里＝1.609km）在通信线路上安装一个，以再次产生激光脉冲，因为脉冲在光纤中传播时强度会减弱。

(3) 量子点激光器　科学家们希望用量子点方法代替量子线方法以获得更大的收获，但是研究人员已制成的量子点激光器却不尽人意。原因是多方面的，包括制造一些大小几乎完全相同的电子群有困难。大多数量子装置要在极低的温度条件下工作，甚至微小的热量也会使电子变得难以控制，并且陷入量子效应的困境。但是，通过改变材料可使量子点能够更牢地约束它们的电子，日本电子技术实验室的松本和斯坦福大学的詹姆斯·哈里斯等少数电气工程师最近已制成可在室温下工作的单电子晶体管。但很多问题诸如开关速度可能不快，而且偶然的电现象易使单个电子脱离预定的路线。因此，大多数科学家正在努力研制全新的方法，而不是试图仿照目前的计算机设计量子装置。专家预言，有朝一日数以 10 亿计的量子点可能会堆在平常传统的硅片上，这有望成为一台尖端的超级计算机，这一前景使得量子点激光器成为最热门的研究开发课题之一。

(4) 微碟激光器　微碟激光器是由贝尔实验室的 Richart 及其同事们开发出来的。运用先进的蚀刻工艺（类似于制造芯片时使用的光刻技术）使它的外形结构看来像一张微观的圆桌，这些半导体碟的周围是空气，下面靠一个微小的底座支撑。由于半导体和空气的折射率相差很大，微碟内产生的光在此结构内发射，直到所产生的光波积累足够多的能量后，沿着它的边缘掠射出去，这种激光器工作效率很高、能量阈值很低，工作时只需大约 $100\mu A$ 的电流。

微碟激光器是当代半导体研究领域的热点之一，半导体激光器的应用覆盖了整个光电子学领域，已成为当今光电子科学的核心技术。由于半导体激光器列阵在军事领域的重要作用，该类激光器列阵在工业、医疗、信息显示等领域具有广泛的应用前景，也可用于军事上的跟踪、制导、武器模拟、点火引爆、雷达等诸多方面。

（5）未来的纳米管光开关 据"Photonics Spectra"报道，纳米管光开关将成为未来超高速全光开关的主要竞争者。未来时分复用通信和自由空间光计算系统采用的超高速全光开关将是一个集成化的模块。碳纳米管的非线性光学特性使这种结构对于这种光子应用将是非常适合的。美国纽约 Rensselar Phlytechnic Institute 正在研究单壁碳纳米管和聚合物的组成特性，确定这种单壁纳米管光开关特性的主要工艺参数：衰减时间和调制深度，这主要取决于三级非线性极性特性。

9.2.4 纳米光电探测器

光电探测器主要分为三类：光电导（PC）探测器、光伏（PV）探测器、光电子发射（PE）探测器以及利用表面势垒制成的各种结型探测器（包括金属-半导体-金属点接触二极管、肖特基势垒光电二极管等）。

（1）光电导（PC）探测器 利用光电导效应制成的探测器件称为光电导探测器，也可称为光敏电阻。一般光电导探测器所用的材料主要是Ⅱ～Ⅵ族的化合物半导体，如 ZnO（氧化锌）、CdS（硫化镉）、CdTe（碲化镉）、PbS（硫化铅）之类的烧结体和 InSb（锑化铟）、GaN（氮化镓）、GdS（硫化镉）等Ⅲ～Ⅴ族化合物半导体，也可用 Si（硅）、Se（硒）等单质，其敏感波长在可见光波长附近，包括红外线波长和紫外线波长。

（2）光伏（PV）探测器 应用光生伏特效应原理的光探测器称为光伏探测器。根据结构可分为半导体光敏二极管，光敏三极管，异质结势垒，pn结以及肖特基结等。

（3）光电子发射（PE）探测器 光电倍增管是典型的光电子发射型（外光电效应）探测器，具有很高的电流增益，特别适用于微弱光信号的探测。根据所选用的光电阴极材料不同，它的光谱范围可覆盖从紫外到近红外区的整个波

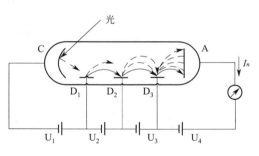

图 9-6 光电倍增管的工作原理

段。如图 9-6 所示，光电倍增管的结构一般包括光学系统、阳极 A、光电阴极 C 和一系列倍增电极（D_1，D_2，D_3）几部分。最为关键的是光电阴极，入射光照射在阴极表面，阴极向外发射电子，再经过一系列的倍增放大，最后由阳极收集电流，形成探测信号，而光电阴极的灵敏度和响应波长由阴极材料决定。光电倍增管的结构有多种，如盒栅式、直线聚焦式、百叶窗式和微通道板式等。

ZnO 紫外光电探测器的研究报道较多，其中性能较好的有 Liu 等用 MOCVD 方法制备的 N 掺杂 ZnO 光电探测器，其上升时间为 $1\mu s$，下降时间为 $1.5\mu s$，5V 下暗电流仅有 450nA，光响应度为 400A/W。此外，虽然有很多研究小组采用多种方法制备了 ZnO 薄膜光电探测器，但多数器件在响应速度上都比较慢，和实用器件有一定距离。

ZnO 基的紫外光电二极管有异质结和同质结两种。Jeong 等和傅竹西等在 p-Si 基片上沉积 ZnO 薄膜，制作出紫外增强型光电探测器，明显增强了 200～400nm 紫外线的响应，同时在可见光区域保持了 Si 的光响应特性，这种增强型紫外探测器可适用于紫外和可见光区

域。Ohta 等制备的 n-ZnO/p-NiO 异质结型的紫外探测器，其光电转换的效率为 0.01%，光响应度达到 0.3A/W(360nm)。Alivov 等制备的 n-ZnO/p-SiC 异质结型紫外探测器，光响应度为 0.045A/W。也有研究报道了 ZnO 薄膜的同质结紫外探测器，其 PN 结都显示出较好的整流特性。

紫外光电探测器正朝着超高速、高灵敏、宽带宽以及单片集成的方向发展，它可广泛应用于空间科学、通信、生物学、生物医学、水净化处理，火灾预警、环境污染监测等领域，都有着极好的前景。

9.3 纳米磁性学

纳米磁性材料具有不同于常规材料的磁特性，如小尺寸效应、量子尺寸效应、表面效应等。纳米微粒的小尺寸效应，使其具有常规粗晶材料不具备的磁特性。主要表现为：超顺磁性、矫顽力、居里温度和饱和磁化强度。

（1）超顺磁性 纳米微粒的尺寸减小到某一值时，就进入超顺磁状态。例如，粒径小于 20mn 的 $Zn_{0.5}Ni_{0.5}Fe_2O_4$ 铁氧体纳米颗粒为顺磁体，Fe_3O_4 的粒径为 16nm 时就会变成顺磁体，粒径为 85nm 的纳米镍微粒，矫顽力很高，而当粒径小于 15nm 时，其矫顽力 $H_c \rightarrow 0$，即进入了超顺磁状态。

超顺磁状态的形成主要有以下几个原因：在尺寸很小的情况下，当各向异性能可以与热运动能相比较时，磁化强度的方向就不在一个固定的易磁化方向上，易磁化方向作没有规律的变化，从而导致超顺磁性现象的出现。

（2）矫顽力 颗粒尺寸大约为 3nm 的 $ZnO_{0.5}Ni_{0.5}Fe_2O_4$ 铁氧体纳米颗粒的矫顽力可以高达 140A/m，随着颗粒尺寸变小，其饱和磁化强度 M_s 跟着下降，但是矫顽力却显著增加，矫顽力达到最大时所对应的晶粒尺寸称为临界尺寸。

（3）居里温度 居里温度是一个重要参数，用来衡量物质的磁性。对于纳米微粒，小尺寸效应和表面效应是导致纳米微粒的磁性不同于块状磁体磁性的主要原因。由于纳米磁性材料的颗粒尺寸和表面积较小，使得它的居里温度较低。

（4）饱和磁化强度 与块状材料相比，纳米磁性材料的颗粒矫顽力较大，M_s 较小，即使外加磁场比较大，铁氧体纳米颗粒的磁化强度也不能达到饱和状态。纳米颗粒强烈的表面效应使得纳米颗粒中阳离子的占位和磁矩排列都发生了很大变化，导致了纳米材料的宏观性能和微观结构与块状材料相比有很多的不同。

磁性材料一直是国民经济、国防工业的重要支柱与基础，应用十分广泛，尤其在信息存储、处理与传输中已成为不可或缺的组成部分，广泛地应用于电信、自动控制、通信、家用电器等领域，在微机、大型计算机中的应用具有重要地位。信息化发展的总趋势是向小、轻、薄以及多功能方向进展。因而要求磁性材料向高性能、新功能方向发展。纳米技术使古老的磁学变得年轻活跃，磁性材料已进入纳米磁性材料的新纪元。尤其是纳米巨磁阻材料可使存储密度提高到 20M 字节，使磁存储技术获得新生，有巨大的市场潜力。自 20 世纪 50 年代之后，由于种类繁多的磁性材料的问世，磁性材料已成为促进高新技术发展和当代文明进步不可替代的材料。纳米磁性材料具有常规粗晶粒所不具备的磁特性，如超顺磁性，高的矫顽力 H_c，高的居里温度 T_c 等特性，应用非常广泛。

9.3.1　巨磁电阻材料

磁性金属和合金一般都有磁电阻现象。所谓磁电阻是指在一定磁场下电阻发生改变的现象。人们把这种现象称为磁电阻。所谓巨磁电阻就是在一定的磁场下电阻急剧减小，减小的幅度一般比通常磁性金属与合金材料的磁电阻数值约高 10 余倍，巨磁电阻效应是近 10 年来发现的新现象。由于巨磁阻多层膜在高密度读出磁头、磁存储元件上有广泛的应用前景，美国、日本和西欧都对发展巨磁电阻材料及其在高技术上的应用投入很大的力量。我国科技工作者在颗粒膜巨磁电阻研究方面也取得了进展，在颗粒膜的研究中发现了磁电阻与磁场线性度甚佳的配方与热处理条件，为发展新型的磁敏感元件提供了实验上的依据。

由于巨磁电阻效应大，易使器件小型化、廉价化。除读出磁头外同样可应用于测量位移、角度等的传感器中，可广泛应用于数控机床、汽车测速、非接触开关和旋转编码器中。与光电等传感器相比，它具有功耗小、可靠性高、体积小、能工作于恶劣的工作环境等优点。利用巨磁电阻效应在不同的磁化状态具有不同电阻值的特点，可以制成随机存储器（MRAM），其优点是在无电源的情况下可继续保留信息。

9.3.2　磁制冷材料

磁制冷是利用自旋系统磁熵变的制冷方式，与通常的压缩气体制冷方式相比，它具有效率高、功耗低、噪声小、体积小、无污染等优点。磁制冷材料发展的趋势是由低温向高温发展。20 世纪 30 年代利用顺磁盐作为磁制冷工质，采用绝热法去磁方式成功地获得 mK 量级的极低温。近年来，由于氟利昂气体制冷剂的禁用，室温磁制冷更成为国际前沿研究课题。20 世纪 80 年代以来，人们在磁制冷材料方面开展了许多研究工作。1997 年报道钙钛矿磁性化合物磁熵变超过金属 Gd，同年报道 $Gd_5(Si_2Ge_2)$ 化合物的磁熵变可高于金属 Gd 一倍。尽管室温磁制冷离实际应用还有一定的距离，但它正一步步走向实用化。据报道，美国已研制成以 Gd 为磁制冷工质的磁制冷机。如将磁制冷工质纳米化，可能用来展宽制冷的温区，室温磁制冷如能实现，必将产生巨大的经济效益和深远的社会影响。

9.3.3　纳米微晶软磁材料

最早的纳米晶软磁合金是日立金属（株）于 1988 年开发成功的商品名 Finemct 的铁基纳米晶软磁合金。这是在 Fe-Si-B 基础合金中同时添加 Nb 和 Cu 元素，成分表示为 $Fe_{73.5}Cu_1Nb_3Si_xB_{22.5-x}$（通常 $x=13.5$ 或 16.5）。由于这种新型合金的软磁化能明显优于同类非晶材料，故而受到广泛重视，很快被用于饱和电抗器、高频大功率变压器等磁芯材料。在这种合金中，Nb 和 Cu 的同时存在，对晶粒细化和阻止非磁性硼化物的生成起了重要作用。

纳米微晶软磁材料目前沿着高频、多功能方向发展，其应用领域将遍及软磁材料应用的各方面，包括功率变压器、脉冲变压器、高频高压器、饱和电抗器、互感器、磁屏蔽、磁头、磁开关、传感器等，它将成为铁氧体的有力竞争者，新近发现的纳米微晶软磁材料在高频场中具有巨磁阻抗效应，又为它作为磁敏感元件的应用增添了多彩的一笔。

9.3.4　纳米微晶稀土永磁材料

稀土永磁合金是稀土元素 R（Sm，Nd，Pr 等）与过渡金属 TM（Co，Fe 等）所形成的一类高性能永磁材料。通常以技术参量最大磁能积 $(BH)_{max}$、剩磁 B_r、磁感矫顽力 H_{cB}、

内禀矫顽力 H_{CJ} 等来衡量该类物质的性能。这些量的数值越大，材料的性能越好，而使用这类材料的磁性器件便可小型化、轻量化、高性能化。稀土永磁材料是永磁材料的一种，它的发展经历了 $SmCo_5$，Sm_2Co_{17} 和 $Nd_2Fe_{14}B$ 三个发展阶段。迄今为止，Nd-Fe-B 永磁材料仍然以其他材料不可比拟的硬磁性能位居永磁材料应用发展之首位。目前研究方向是探索新型的稀土永磁材料，如 $ThMn_{12}$ 型化合物、$Sm_2Fe_{12}C$ 化合物等，重点是改善磁体的温度性能，提高磁体的抗腐蚀性，寻找新型结构和成分的磁体，以进一步提高这类磁体的硬磁性能。另一方面是研制纳米复合稀土永磁材料，通常软磁材料的饱和磁化强度高于永磁材料，而永磁材料的磁晶各向异性又远高于软磁材料。如将软磁相与永磁相在纳米尺度范围内进行复合，就有可能获得兼备高饱和磁化强度、高矫顽力二者优点的新型永磁材料。

纳米磁性微粒由于尺寸小、具有单磁畴结构、矫顽力很高的特性，用它制作磁记录材料可以提高信噪比，改善图像质量。作为磁记录单元的磁性粒子的大小必须满足以下要求：颗粒的长度应远小于记录波长；粒子的宽度应该远小于记录深度；一个单位的记录体积中，尽可能有更多的磁性粒子。纳米磁性微粒除了上述应用外，还可作为光快门、光调节器、激光磁艾滋病毒检测仪等仪器仪表、抗癌药物磁性载体、细胞磁分离介质材料、磁性液体、复印机墨粉材料以及磁印刷和电磁吸波材料方面等。磁性液体广泛地应用于旋转密封，如磁盘驱动器的防尘密封、高真空旋转密封等，以及扬声器、阻尼器件、磁印刷等。早期采用铁氧体纳米微粒，最典型的是 Fe_3O_4，继后研制成功金属与氮化铁纳米微粒磁性液体。纳米磁性微粒作为靶向药物、细胞分离、磁控造影剂等医疗应用也是当前生物医学的一个热门研究课题，有的已步入临床试验阶段。吸波材料不仅用于国防隐形飞机、坦克等用途，而且民用的防电磁干扰材料应用也日益增加。纳米磁性颗粒作为吸收材料的组成之一，亦备受重视。

9.3.5　在磁记录方面的应用

纳米材料可作为数据记录采集材料，由于磁性纳米微粒尺寸小，具有单磁畴结构，矫顽力很高的特性，用它可以作为记录数据的器件，如录像磁带的磁体就是用磁性材料做成。它不仅记录信息量大，而且具有信噪比高、图像质量高等优点。磁记录薄膜可以用来存储数据，用过渡金属制成的磁记录薄膜，因自身的饱和磁化强度较高，而且不含任何胶黏物，所以允许采用磁性介质厚度更小，这对于提高数据的记录密度和成本的降低都非常有利。用磁性材料可以做成磁头，磁头使用电磁感应原理制作而成，磁头可以作为独处和写入的工具。用高磁导率制成的磁头具有很好的软磁性能和耐磨性。用巨磁阻材料制作而成的磁头具有信号灵敏度高，而且信号强度不受偶磁头运动而速度影响，不需要制备感应线圈等特点。此外，采用纳米微晶磁材料，可以制作功率变压器、脉冲变压器、高频变压器、互感器、磁屏蔽、磁开关、传感器等等。

综上所述，以微电子器件为基础的计算机和自动化设备进入社会的各个领域，成为发达国家的主要经济支柱之一。微电子器件发展的小型化趋势更加引导人们关注纳米科技，这是由于当电子功能元件尺寸小到纳米级时，器件的运行机理、加工技术和材料与微电子器件相比有很大的不同，有着丰富的理论研究内容，同时纳米器件的诱人应用前景，日益被发达国家和国际大公司所重视。

参 考 文 献

[1]　郭树田 . 纳米电子学 [J] . 微纳电子技术，2004，3：6-24.

[2]　彭英才，傅广生.晶粒有序 Si 基纳米发光材料的自组织化生长［J］.材料研究学报，2004，18（5）：449.

[3]　Dutta A，Hayafune Y，Oda S. Single electron memory devices based on plasma derived silicon nanocrystals［J］.Jpn J Appl Phys，2000，39（8B）：1855.

[4]　Baron T，Gentile P，Magnea N，et al. Single electron Charging effect in individual Si nanocrystal［J］.Appl Phys Lett，2001，49（8）：1175.

[5]　Cui J B，Burghard M，Kern K，et al. Room temperature single electron transistor by local chemical modification of carbon nanotubes［J］.Nano Letter，2002，2（2）：177.

[6]　Wang T H，Li H W，Zhou J M. Single-electron transistors with point contact channels［J］.Nanotechnology，2002，13：221-225.

[7]　Gubin S P，Gulayev Y V，Khommutor G B，et al. Molecular clusters as a building blocks for nanoelectronics：the first demonstration of a cluster single-electron tunneling transistor at room temperature［J］.Nanotechnology，2002，13（2）：185-194.

[8]　江兴.IBM 推出 32 纳米芯片技术［J］.半导体信息，2008，5：30-31.

[9]　程开富.纳米电子与光电子器件概述［J］.纳米器件与应用，2003，3（1）：18-21.

[10]　程开富.纳米光电器件的最新进展及发展趋势［J］.纳米器件与技术，2004，8，14-20.

[11]　Liu Y，Gorla C R，Liang S，et al. Ultraviolet detectors based on epitaxial ZnO films grown by MOCVD［J］.J Electron Mater，2000，29：69-74.

[12]　D Basak，G Amin，B Mallik，et al. Photoconductive UV detectors on Sol-gel synthesized ZnO films［J］.J Cryst Growth，2003，256：773-774.

[13]　叶志镇，张银珠，陈汉鸿等.ZnO 光电导紫外探测器的制备和特性研究［J］.电子学报，2003，31（11）：1605-1607.

[14]　Zheng X G，Li Q Sh，Zhao J P，et al. Photoconductive ultraviolet detectors based on ZnO films［J］.Appl Surf Sci，2006，253：2264-2267.

[15]　边继明，李效民，赵俊亮等.PLD 法生长高质量 ZnO 薄膜及其光电导特性研究［J］.无机材料学报，2006，21（3）：7 01-706.

[16]　Jeong I S，Kim J H，Seongil L M. Ultraviolet-enhanced photodiode employing n-ZnO/p-Si structure［J］.Appl Phys Lett，2003，83（14）：2946-2948.

[17]　王丽玉，谢家纯，林碧霞等.n-ZnO/p-Si 异质结 UV 增强型光电探测器的研究［J］.电子元件与材料，2004，23（1）：42-44.

[18]　孙腾达，谢家纯，梁锦等.ZnO 欧姆电极制备与 n-ZnO/p-Si 异质结紫外光电特性［J］.中国科学技术大学学报，2006，36：328-332.

[19]　Ohta H，Kamiya M，Kamiya Toshio，et al. UV-detector based on pn-heterojunction diode composed of transparent oxide Semiconductors，p-NiO/n-ZnO［J］.Thin Solid Films，2003，445：317-321.

[20]　Alivov Y I，Ozgur U，Dogan S，et al. Photoresponse of n-ZnO/p-SiC heterojunction diodes grown by plasma-assisted molecular-beam epitaxy［J］.Appl Phys Lett，2005，86：241108.

[21]　Liu K，Saturai M，Aono M. ZnO-Based Ultraviolet Photodetectors［J］.Sensors，2010，10：8604-8634.

[22]　Moon T H，Jeong M C，Lee W，et al. The fabrication and characterization of ZnO UV detector［J］.ApplSurfSci，2005，240：280-285.

[23]　Mandalapu L J，Yang Z，Xiu F X，et al. Homojunction photodiodes based on Sb-doped p-type ZnO for ultraviolet detection［J］.Appl Phys Lett，2006，88：09213.

[24]　朱屯，王福明，王习东等.国外纳米材料技术进展与应用［M］.北京：化学工业出版社，2002：96-97.

[25]　Adriana S，Jose D，Waldemar A A. Nanosized powders of Ni-Zn ferrite：Synthesis，structure，and magnetism［J］.J Appl Phys，2000，87：4352-4357.

[26]　Yang D P，Lavoie L K，Zhang Y D，et al. Mssbauer spectroscopic and X-ray diffraction studies of structural and magnetic properties of heat-treated（$Ni_{0.5}Zn_{0.5}$）Fe_2O_4 nanoparticles［J］.J Appl Phys，2003，93：7492-7494.

[27]　张志焜，崔作林.纳米技术与纳米材料［M］.北京：国防工业出版社，2000.

[28]　Upadhyay C，Vverma H C，AnandS. Cation distribution in nanosized Ni-Zn ferrites［J］.J Appl Phys，2004，95：5746-5752.

［29］ Upadhyay C，Vverma H C. Anomalous change in electron density at nuclear sites in nanosize ferrite［J］. Appl Phys Lett，2004，85：2074-2076.

［30］ Jeong H Sh，Soonchil L，Jung H P，et al. Coexistence of ferromagnetic and antiferromagnetic ordering in Fe-inverted zinc ferrite investigated by NMR［J］. Phys Rev B，2006，73：1-4.

［31］ 吴卫和，王德平，姚爱华等. 热处理温度对纳米 Mn-Zn 铁氧体微粒的 Ms、Hc 的影响［J］. 功能材料，2006，10（37）：1551-1560.

［32］ 朱屯，王福明，王习东等. 国外纳米材料技术进展与应用［M］. 北京：化学工业出版社，2002：96-104.

［33］ Guo Z B，Du Y W，Zhu J S，et al. Large magnetic entropy change in Perovskite——type manganese oxides［J］. Phys Rev Lett，1997，78：1142-1145.

［34］ Pecharsky V K，Gschneidner Jr K A. Giant magnetocaloric effect in Gd_5（Si_2Ge_2）［J］. Physical Review Letter，1997，78：4494-4497.

［35］ 刘宏宾，苗利湘. 论稀土材料的现状与发展［J］. 湖南冶金，2002，(3)：3-6.

［36］ 王占勇，谷南驹，王宝齐等. 纳米复合稀土永磁材料［J］. 金属热处理，2002，27（6）：9-12.

［37］ 刘辉，钟伟，都有为. 新型磁性液体的制备及其旋转轴动态封油技术研究［J］. 磁性材料及器件，2001，32（2）：45-49.

［38］ 申德君，张朝平，罗玉萍等. 反相微乳液化学剪裁制备明胶 γ-Fe_2O_3 纳米复合微粒［J］. 应用化学，2002，19（2）：121-125.

［39］ 金延. 磁记录材料的发展［J］. 金属功能材料，2002，9（3）：40-41.

第10章

微纳粉体在气敏材料领域的应用技术

▶▶

随着工业的发展，气体污染日益严重，时刻危害着人体健康。气体传感器在日常生活、生产中的作用日渐突出，并且应用越来越广泛。气敏传感器的作用主要是将检测对象气体的存在及浓度变化变换为电信号。检测方式可分为测量电位、电流、电阻、热量、温度、热传导、光的折射率、光的吸收等的变化和伴随电化学反应、化学吸附、化学发光等的化学反应。气体传感器主要有半导体气体传感器、固体电解质气体传感器、接触燃烧式气体传感器、光学式气体传感器、石英谐振式气体传感器以及表面声波气体传感器。其中，近年来研究最为广泛的就是半导体气体传感器。半导体气体传感器主要包括金属氧化物半导体气体传感器和有机半导体气体传感器。

10.1 金属氧化物的气敏性

金属氧化物半导体气体传感器以金属氧化物半导体为敏感材料，在一定温度下氧化物的电阻值随着周围气体的浓度和种类（氧化性气体或还原性气体）的不同而发生变化，通过这一现象来判断和探测气体。

用作电阻控制型半导体氧化物气敏元件的金属氧化物主要有两大类：n 型半导体与 p 型半导体。n 型半导体氧化物主要包括 ZnO、SnO_2、In_2O_3、TiO_2、Cr_2O_3、MoO_3、WO_3、Nb_2O_5、V_2O_5 以及 Fe_2O_3；而 p 型半导体氧化物主要包括 NiO、CuO_x 以及 CoO_x。上述金属氧化物中，ZnO、SnO_2、Fe_2O_3 与 In_2O_3 是国内外研究最为广泛的几种气敏材料。

10.1.1 金属氧化物气敏性工作原理

半导体金属氧化物气敏传感器的气敏特性，是在一定温度下半导体氧化物与所接触的气体发生反应而导致其电阻值发生变化的现象。如对于 n 型半导体氧化物 SnO_2，一般吸附还原性气体时电阻下降，吸附氧化性气体时其电阻升高。根据测试气体与金属氧化物敏感材料的作用位置不同，半导体金属氧化物气敏传感器的响应机理可分为表面控制型和体控制型。体控制型是利用检测气体与半导体组成元素发生反应产生半导体结构变化而引起的电阻变化来进行检测，代表材料是 $Y-Fe_2O_3$。更多的金属氧化物半导体气敏机理是表面控制型。

由于半导体气敏传感器必须在裸露的状态以及较高温度下工作；敏感材料结构复杂、性质各异；被测气体种类繁多，吸附反应过程较为复杂；以及为了改善传感器的某些性能常常加入一些催化剂、黏合剂、电导调节剂等诸多因素的影响，半导体敏感机理十分复杂，将这些因素与气敏性能联系起来也很困难。因此，到目前为止，还未形成统一的敏感机理。下面我们以应用最广的敏感材料 SnO_2 对还原性气体的响应为例，介绍被大家普遍接受的表面吸附控制型机理。

SnO_2 由于氧空位或锡间隙离子的存在，属于 n 型半导体，气敏效应明显，一般认为其气敏机理是表面吸附控制型机理。如图 10-1 所示，在洁净的空气（氧化性气氛）中加热到一定的温度时，O_2 会在 SnO_2 表面吸附，形成多种吸附氧物种，电子由 SnO_2 晶粒向吸附氧转移，在 SnO_2 晶粒表面形成耗尽层，敏感材料的晶电导降低。而在暴露于还原性被测气氛（如 CO、H_2）中时，被测气体与吸附氧物种发生反应，SnO_2 晶粒表面或晶界处的吸附氧脱附，耗尽层变薄，从而引起材料电导的增加，通过材料电导的变化来检测气体。理论模型方程如下：

$$O_2 \Longrightarrow O_2(ads) \text{物理吸附}$$

$$O_2(ads) + e^-(CB) \Longrightarrow O_2^-(ads) \text{离子吸附}$$

$$O_2^-(ads) + e^-(CB) \Longrightarrow 2O^-(ads) \text{离子吸附}$$

$$O^-(ads) + e^-(CB) \Longrightarrow O^{2-}(ads) \text{离子吸附}$$

$$CO(g) + O^-(ads) \Longrightarrow CO_2(g) + e^- \text{吸附氧解吸}$$

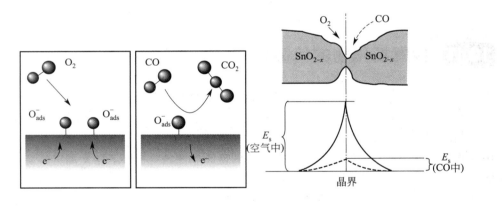

图 10-1　CO 与 SnO_2 传感器表面化学反应模拟示意图及晶界势全变化

除了上面气敏材料吸附气体产生化学反应的接受功能，材料还需要将化学信号转化为电信号输出。在进行气敏测试时，半导体金属氧化物表面随着氧的吸附脱附，材料的耗尽层厚度发生变化。根据颗粒大小与敏感材料耗尽层厚度之间的关系，晶粒尺寸效应被广泛采用来描述纳米材料的在气敏测试过程中的电导变化，如图 10-2 所示。当颗粒尺寸 D 远大于两倍的耗尽层厚度 L，即 $D \gg 2L$ 时，耗尽层只占整个晶粒很小的一部分，耗尽层的变化对材料的载流子浓度影响不大，材料的电导主要由晶界势垒高度控制的载流子迁移率决定。材料与还原性气体接触后吸附氧脱附，电子注入耗尽层，降低了晶界势垒，会使载流子迁移率显著增加，使得电导增大。当 D 减小到接近 $2L$，即 $D \geqslant 2L$ 时，耗尽层的存在会使得材料的载流子浓度减小，同时晶界势垒升高，晶粒间颈部沟道表面的耗尽层降低了沟道宽度，载流子迁移率下降；材料与还原性气体接触后一方面耗尽层变薄，载流子浓度增大；另一方面，颈部沟道变宽，载流子迁移率升高，此时电导率由载流子浓度和载流子迁移率共同调节。当晶粒尺寸进一步减小，$D<2L$时，每个晶粒内导电电子全部耗尽，所有晶粒中能带都变成平的，载流子迁移率不再变化，吸附氧脱附后载流子浓度大幅度上升，传感器的响应会有一个突变，此时为晶粒控制型。

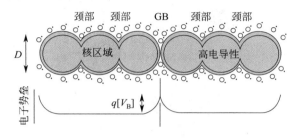

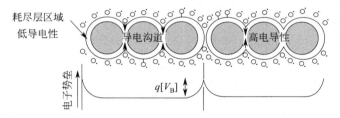

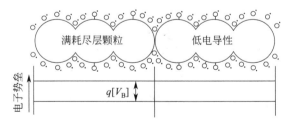

图 10-2　n 型半导体金属氧化物气敏传感器的晶粒尺寸效应模型

10.1.2　金属氧化物在气敏传感器上的应用

金属氧化物半导体气敏传感器在气敏传感器的实际应用中占据着重要地位，已在城市交通、医疗卫生、石油化工等国民经济各部门的有毒有害气体、可燃易爆气体的检测和控制方面得到了广泛应用。例如，查酒驾时用的酒精测试仪，即可用金属氧化物制备成对酒精敏感的气敏传感器。Hongyan Xu 等以 ZnO 作为敏感材料，制备了对乙醇敏感的气敏传感器，对乙醇表现出较好的气敏性能。此外，还有家庭用煤气报警器、液化气报警器、一氧化碳传感器以及煤矿等场地常用的监测瓦斯的传感器等都可以金属氧化物作为敏感材料，部分气敏传感器实物如图 10-3 所示。

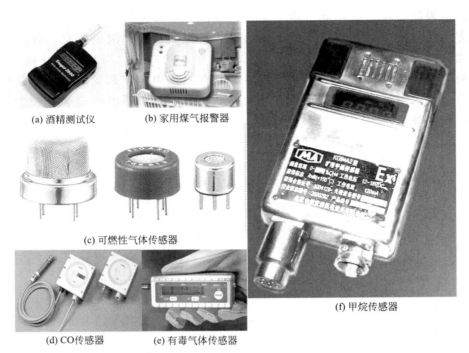

(a) 酒精测试仪　　(b) 家用煤气报警器

(c) 可燃性气体传感器

(f) 甲烷传感器

(d) CO传感器　　(e) 有毒气体传感器

图 10-3　不同种类气敏传感器实物图

气体传感器能够监测的气体种类及主要应用场所如表 10-1 所示。

表 10-1　气体传感器能够监测的气体种类及主要应用场所

气体种类	主要检测气体	主要检测场所
易燃易爆气体	液化石油气、煤气 CH_4 可燃性气体或蒸汽 CO 等未完全燃烧气体	家庭、油库、油场 煤矿、油场 工厂 家庭、工厂
有毒气体	H_2S、有机含硫化合物 卤族气体、卤化物气体、NH_3 等 O_2(防止缺氧)、CO_2(防止缺氧)	特定场所 工厂 家庭、办公室
环境气体	H_2O(湿度调节等) 大气污染物(SO_2、NO_2、醛 等) O_2(燃烧控制、空燃比控制)	电子仪器、汽车、温室等 环保 引擎、锅炉
工程气体	CO(防止燃烧不完全) H_2O(食品加工)	引擎、锅炉 电子灶
其他	酒精呼气、烟、粉尘	交通管理、防火、防爆

10.2 复合金属氧化物的气敏性

复合金属氧化物是两种以上金属（包括有两种以上氧化态的同种金属）共存的氧化物。复合金属氧化物具有良好的光学、电学、磁学性能，是重要的激光材料、热释电材料、压电材料和强磁性材料等，应用极为广泛。

在气敏方面，传统的单一金属氧化物半导体敏感材料存在着灵敏度低、选择性差、抗环境干扰差等缺点，仅仅靠形貌的调整并不能完全解决这一问题。而半导体材料的敏感特性除了与其结构和形貌有很大关系外，材料的组分对其敏感特性也有很大的影响。现如今，复合金属氧化物由于可以将物理化学性质不同的纯相材料的优点集于一身而受到了人们的广泛关注。同时由于不同材料对不同气体的催化活性有所不同，通过改变复合材料的组分可以提高敏感材料的灵敏度以及选择性。因此，在近些年有许多关于复合金属氧化物材料应用在气体传感领域的研究报道。

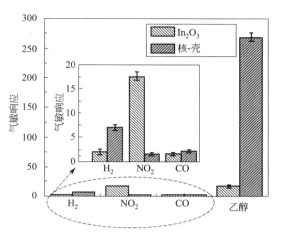

图 10-4　In_2O_3-ZnO 核壳结构气敏性能

通常认为在半导体敏感材料中加入其他氧化物，抑制了半导体材料原子扩散和晶粒长大，并通过不同组分的耦合作用，可得到良好的气敏性和稳定性。Singh 等采用两步法生长 In_2O_3-ZnO 核壳纳米线，并测其气敏性能。气敏测试表明 In_2O_3-ZnO 核壳纳米线对 CO、H_2、乙醇气体具有较好的响应，而纯相的 In_2O_3 纳米线对 NO_2 具有较好的响应和选择性，如图 10-4 所示。

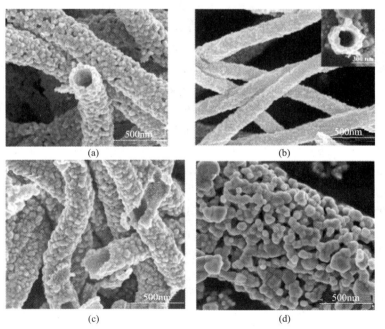

图 10-5　SnO_2 和 ZnO 不同比例的纳米纤维 SEM 图片

Wang 等利用静电纺丝技术制备出了中空分级 SnO_2-ZnO 复合纳米纤维，通过调节前驱物比例制备出 SnO_2 和 ZnO 不同比例的复合纳米纤维，如图 10-5 所示。同时研究了几种材料对甲醇气体的敏感特性。研究发现当 SnO_2 与 ZnO 的比例为 1∶1 时，材料对甲醇的灵敏度最大为 9 左右。并且具有很快的响应恢复时间，分别为 20s 和 40s。作者将材料敏感特性的提高归结于以下几个方面：首先，复合纳米纤维独特的中空结构使得材料具有很大的比表面积，能够在表面提供更多的活性位点；其次，ZnO 的协同作用可以产生更多的氧空位，更有利于材料表面的氧气吸附；第三点是 SnO_2 和 ZnO 接触界面形成同型异质结更有利于电子的相互作用，从而提升在吸附氧和载流电子之间的表面反应，其机理能带图如图 10-6 所示。基于以上三点提高了复合纤维 SnO_2-ZnO 的敏感特性。

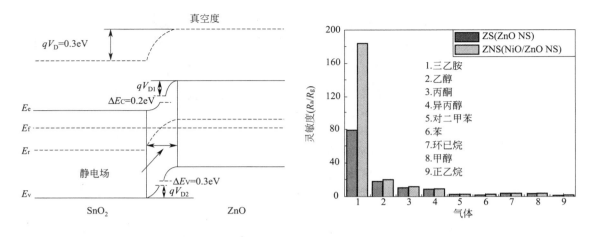

图 10-6　SnO_2 和 ZnO 复合能带　　　　图 10-7　ZnO 与 NiO/ZnO 复合材料选择性比较

此外，研究表明通过 p 型和 n 型半导体材料复合来构建 pn 结，可以有效地改善样品电子能带结构以及电子和空穴的复合速率，进而改善样品的物化性能。特别是当这种复合物的尺度是在纳米级别时，尺寸效应和表面效应将会使该类材料的应用更加广泛。Dianxing Ju 等用水热法制备 ZnO 纳米片，并以此为基础结合脉冲激光沉积法制备 NiO/ZnO 复合材料气敏传感器。气敏测试结果表明，复合 NiO 之后，材料的灵敏度和选择性获得大幅度提高，如图 10-7 所示。与纯相 ZnO 相比，复合材料气敏性能的提高主要依赖于 pn 结的形成。pn 结的形成有效地调控了复合材料注入目标气体前后的电阻变化，增大了材料的气敏性能。Ramírez 等利用两步化学气相沉积法制备出了 p-CuO 纳米颗粒生长在 n-SnO_2 纳米纤维表面的一维异质结构，同时还测试了其对 H_2S 气体的敏感特性。研究发现其对 2×10^{-6} H_2S 气体的灵敏度为 3261，同时响应时间为 2.5min，恢复时间为 9.9min。如图 10-8 所示为一维异质结构对 H_2S 气体的反应机理，从图中可以看出，p-CuO 与 n-SnO_2 异质结的形成，使得材料表面势垒增高，电阻增大。而当暴露在 H_2S 气体中时，H_2S 气体会与 CuO 反应生成 CuS。而 CuS 的导电性接近于导体，同时其功函数低于 SnO_2，这就使得材料表面势垒消失，导电性提高，大大降低了材料的阻值，致使这种一维异质结构材料对于 H_2S 气体有一个很高的灵敏度。

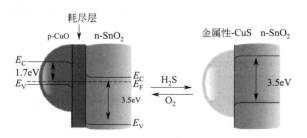

图 10-8　CuO-SnO_2 异质结构对 H_2S 气体反应机理

10.3 贵金属负载金属氧化物的气敏性

上节中论述了金属半导体氧化物与氧化物之间形成的复合材料对气敏性能的影响。但是，众所周知贵金属及其氧化物负载在半导体气敏材料表面也可以进一步提高传感器的灵敏度，改善传感器选择性以及降低工作温度等优点。贵金属及其氧化物负载在材料表面主要包括两种作用机理。一是贵金属的催化作用：主要是贵金属元素可以催化待测气体分解为活性更强的其他产物，并且吸附空气中的 O_2 使气敏反应的能量势垒提高，加强了对元件电阻的控制作用。二是由于贵金属和金属氧化物功函数的不同，会在贵金属与金属氧化物接触之后形成肖特基势垒。肖特基势垒的形成可以有效地增大材料的电阻。目前，贵金属及其氧化物与金属氧化物半导体的复合材料应用在气体传感领域也有很多研究报道。

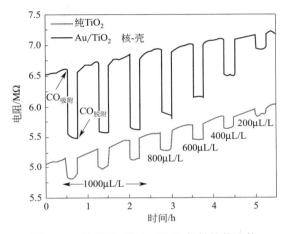

图 10-9　纯 TiO_2 和 Au/TiO_2 气敏性能比较

Yu 等通过还原法制备出 Au 纳米颗粒，并在水热条件下将 TiO_2 包覆在 Au 纳米颗粒表面，形成核壳结构。作者测试了在 600℃下对不同浓度 CO 气体的响应恢复曲线，同时与纯相 TiO_2 材料做了对比，如图 10-9 所示。从图中可以看出，复合材料在各个浓度下对 CO 气体的灵敏度都要高于纯相的 TiO_2 材料。同时作者还指出 Au/TiO_2 复合材料对 CO 气体具有很好的重复性。与 TiO_2 相比，Au/TiO_2 复合材料具有更高的灵敏度是由于 Au 纳米颗粒的催化活性。很多文献报道了由于 Au 纳米粒子的化学敏化作用提高了氧化物半导体的灵敏度。作者指出 Au 纳米粒子能够催化氧气分子的解离，从而夺走更多的 TiO_2 表面电子。因此，Au/TiO_2 复合材料相对于纯相的 TiO_2 具有更高的灵敏度。

Choi 等以气相法合成出的 SnO_2 纳米线为载体，在其表面负载 Pd/Pt 纳米粒子，合成出了 $Pd/Pt-SnO_2$ 一维复合纳米线。图 10-10 为复合材料的 SEM 与 TEM 图片，从图中可以看出 Pd/Pt 纳米粒子的尺寸约为 35nm，均匀地分布在 SnO_2 纳米线表面。作者还研究了 $Pd/Pt-SnO_2$ 复合材料对 NO_2 气体的敏感特性，如图 10-11 所示。从图 10-11(a)中可以看出，$Pd/Pt-SnO_2$ 复合材料对 NO_2 气体的敏感特性要明显好于纯相的 SnO_2 纳米线。作者将复合材料敏感性能的提升归结于 Pd/Pt 双金属团聚结构的协同效应引起的。由图 10-11(b)可以看出，Pd 的引入提升了复合材料的响应速度，Pt 的引入提升了复合材料的恢复速度，但 $Pd/Pt-SnO_2$ 的响应恢复时间明显低于其他材料。

(a) 复合材料的SEM图片

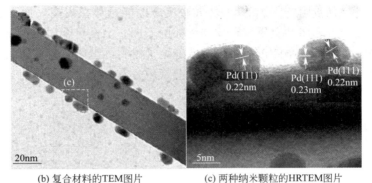

(b) 复合材料的TEM图片 (c) 两种纳米颗粒的HRTEM图片

图 10-10 复合材料的 SEM 图片与 TEM 图片

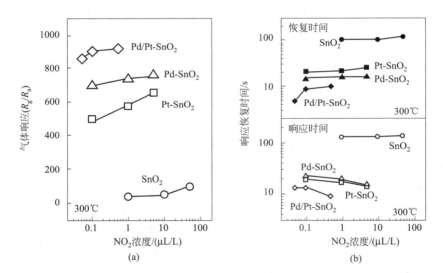

(a) (b)

图 10-11 (a) 材料对不同浓度 NO_2 气敏性能比较；
(b) 材料对不同浓度 NO_2 的响应恢复时间比较

10.4 有机-无机复合材料的气敏性

在前三节的内容中，讲述了金属氧化物基半导体在气敏传感器上的应用，分别论述了复合金属氧化物以及贵金属负载金属氧化物对氧化物材料气敏性能的影响，展现了它们具有检测灵敏度高及响应恢复快、成本低等优点。但也存在着不足，如工作温度高、选择性差和稳定性差等。有机气敏材料如金属酞菁、聚苯胺、聚吡咯等，由于其低的工作温度及高的选择性等优点，人们对其进行了深入研究。有机-无机复合材料由于其发挥了两种材料各自的优势，从而解决了两种材料单独使用时无法解决的诸多问题。有机-无机复合材料的应用领域已越来越广。作为一种新型的气敏材料，其目标在于制备出同时具有两种气敏材料优点的复合气敏材料。传统的无机气敏材料具有灵敏度高、响应恢复时间短的优点，但是其仍存在工作温度高、选择性差等缺点。新型的有机气敏材料以其低的工作温度和高选择性引起了广泛关注，但是有机气敏材料也有其自身的缺点，如响应恢复慢等。因此，通过有机-无机气敏材料的复合有望实现两种材料的优势互补，从而制备出具有高灵敏度、低工作温度和响应恢复快的新型复合气敏材料。目前国内外已有很多关于有机-无机复合气敏材料的报道，而且也已经取得了很大进展。下面介绍几种主要的有机-无机复合气敏材料的研究进展。

10.4.1　酞菁-无机复合气敏材料的研究进展

金属酞菁是研究最多的有机气敏材料之一，目前已有很多关于金属酞菁材料与无机氧化物的复合气敏薄膜的报道。

F. Siviero 等研究了 $ZnPc/TiO_2$ 纳米复合气敏薄膜。用超声波团簇分子束法制备了 ZnPc 与纳米 TiO_2 的复合材料。相对于有机气体传感器而言，复合气体传感器在稳定性和对还原性气体的灵敏度方面都有所提高。复合传感器在 150℃ 工作温度下对 $(10\sim100)\times10^{-6}$ 的还原性气体甲醇表现出了较好的响应。主要是由于薄膜的沉积方法使有机材料和无机材料之间存在着很强的相互作用，多层膜结构增大了有机和无机材料的界面面积，增强了复合传感器的性能。实验结果表明，复合材料不仅提高了单独有机气敏材料对还原性气体的响应性能，而且降低了无机气敏材料的工作温度。之前，F. Siviero 等还用相同的方法制备了 CuPc-TiO_2 复合气敏材料，工作温度为 75℃ 时，复合材料对还原性气体甲醇具有较好的气敏响应性能。也证明了通过对有机-无机气敏材料的复合获得了具有两种材料优点的新型气敏材料。Sanjay Chakane 等在金属酞菁材料表面涂覆多孔硅，不仅提高了材料对 NO_2 气体的灵敏度，同时使材料的响应恢复时间加快，而且结果证明在 Co、Cd、Al 三种金属酞菁中，Cd-PC/PS 复合材料的气敏响应性能最佳。

浙江大学的欧阳密等通过电化学阳极氧化法在 Ti 片上制备了氧化钛（TiO_2）纳米管阵列。用这种高度有序的阵列结构作为模板，利用电泳沉积的方法在模板表面沉积了一种有机半导体材料酞菁铜（CuPc），从而得到了 CuPc-TiO_2 有机-无机纳米复合结构。作者主要研究了复合材料的光电性能。其中电泳沉积制备 CuPc 膜具有借鉴意义，可以用来制备 CuPc-无机氧化物的复合气敏材料。

10.4.2　聚苯胺-无机复合材料的研究进展

在有机半导体材料中，聚苯胺是较好的有机气敏材料之一。聚苯胺作为气敏材料具有很多优点，如高灵敏度、化学稳定性好、易于合成、原料便宜等。有报道证明，有机-无机金属氧化物复合气敏材料可以起到协同和互补作用，从而提高材料的气敏性能。目前，基于不同的聚苯胺无机氧化物复合气体传感器已被报道具有很好的气敏性能，如 PANI/SnO_2、PANI/TiO_2、PANI/MoO_3、PANI/WO_3、PANI/In_2O_3。

Huiling Tai 等用原位自组装法在镀有金叉指电极的硅基片上制备了聚苯胺-TiO_2 纳米复合氨敏薄膜，研究了聚合温度对复合薄膜性能的影响。研究结果表明，在 10℃ 条件下制备的聚苯胺-TiO_2 纳米复合薄膜的气敏性的可重复性、选择性和长期稳定性都较好。纳米复合薄膜在室温下对 23×10^{-6} 的 NH_3 表现出较好的响应，响应恢复时间分别为 3s 和 60s 以内，初步探讨了复合材料的氨敏机理。这种纳米复合薄膜传感器有望成为低能耗的氨敏传感器。Xingfa Ma 等用原位聚合和溶胶凝胶结合的方法制备了聚苯胺-TiO$_2$纳米复合膜，用原位聚合法在镀有叉指电极的碳胶上通过旋涂或者扩散的方法制备膜，通过添加 TiO$_2$溶胶制备聚苯胺的纳米复合材料。实验结果表明，膜对三甲胺具有较好的气敏性，对 5.14×10^{-7} mol/mL 的三甲胺有响应。响应时间 3min 以内。复合膜的可重复性和稳定性比较好，尤其是在 N$_2$中的恢复性能非常好。

C. D. Lokhande 等用电沉积法制备了聚苯胺-CdSe、聚苯胺-TiO$_2$复合气敏膜，这种 pn 结在室温下对液化石油气显示出较高的灵敏度，对体积比 0.08% 的液化石油气响应值达 70%，响应时间在 50~100s，恢复时间为 200s。

10.4.3　聚吡咯-无机复合材料的研究进展

聚吡咯作为有机半导体材料，具有高的电导率、易于合成、高的环境稳定性和低毒等优点，可以应用于很多领域如电子器件和传感器等。聚吡咯作为一种新型有机气敏材料，已被报道对很多气体具有较好的气敏性能，如 CO$_2$、CO、NO$_2$等。目前对聚吡咯与无机氧化物的纳米复合气敏材料研究也比较多，而且国内外很多文献的报道表明通过与无机氧化物材料的复合获得了很好的性能提高。研究较多的复合材料有聚吡咯-WO$_3$、聚吡咯-Fe$_3$O$_4$、聚吡咯-TiO$_2$等。

Ichiro Matsubara 等制备了聚吡咯-MoO$_3$复合薄膜，并研究了其有机挥发性气体的气敏性能。首先将 MoO$_3$用 CVD 法沉积到 LaAlO$_3$单晶基片上，然后将聚吡咯插入 MoO$_3$膜中，制备出夹层式有机-无机复合薄膜。复合膜对有机挥发性气体具有气敏响应，呈 p 型半导体，而且复合膜对极性待测气体如甲醛和乙醛选择性较好，常温下对 100×10^{-6} 的甲醛有响应，对苯和甲苯几乎无响应。

Lina Geng 等用机械混合的方法制备了 WO$_3$与聚吡咯的复合气体传感器，并分析测试了复合传感器相对于两种单独材料对 H$_2$S 的气敏性能。随着复合材料中聚吡咯的含量增加（1%~20%），气敏性能的可重复性要高于聚吡咯，而且相对于 WO$_3$在工作温度为 90℃时的灵敏度有所提高。气敏机理与两种材料的协同作用和 p-n 结有关。

R. P. Tandon 等用乳液聚合法在水溶液中合成了聚吡咯-Fe$_3$O$_4$纳米复合材料。复合材料的电导率要高于单纯聚吡咯材料，而且随着聚吡咯含量的增加电导率会减小。复合材料对湿度和 N$_2$、O$_2$、CO$_2$等气体有较高的灵敏度。

参 考 文 献

[1] 葛春桥. 金属氧化物纳米材料的湿法制备及其气敏性能研究 [D]. 武汉：华中科技大学，2008.
[2] 王康. SnO$_2$基气敏传感器的制备与研究 [D]. 济南：山东大学，2013.
[3] Gurlo A. Interplay between O$_2$ and SnO$_2$：Oxygen Ionosorption and Spectroscopic Evidence for Adsorbed Oxygen [J]. Chem Phys Chem，2006，7 2041-2052.
[4] Strassler S，Reis A. Simple models for N-type metal oxide gas sensors [J]. Sensors and Actuators，1983，4：465-472.
[5] Yamazoe N. New approaches for improving semiconductor gas sensors [J]. Sensors and Actuators，1991，5：7-19.
[6] Epifani M，Forleo A，Capone S，et al. Hall effect measurements in gas sensors based on nanosized O$_2$-doped sol-gel derived SnO$_2$ thin films [J]. LEEE Sensors Journal，2003，3：827-834.
[7] Ogawa H，Nishikawa M，Abe A. Hall measurement studies and an electrical conduction model of tin oxide ultrafine particle films [J]. Journal of Applied Physics，1982，53：4448-4455.

[8] Korotcenkov G. The role of morphology and crystallographic structure of metal oxides in response of conductometric-type gas sensors [J]. Materials Science and Engineering：R：Reports，2008，61：1-39.

[9] Rothschild A，Komem Y. The effect of grain size on the sensitivity of nanocrystalline metal-oxide gas sensors [J]. Journal of Applied Physics，2004，95：6374-6380.

[10] Ju D X，Xu H Y，Cao B Q，et al. Direct hydrothermal growth of ZnO nanosheets on electrode for ethanol sensing [J]. Sensors and Actuators B，2014，201：444-451.

[11] 娄正. 金属氧化物半导体复合材料纳米结构的构筑及其气敏性能的研究 [D]. 长春：吉林大学，2014.

[12] Singh N D，Ponzoni A，Guptaa R K，et al. Synthesis of In_2O_3-ZnO core-shell nanowires and their application in gas sensing [J]. Sensors and Actuators B，2011，160：1346-1351.

[13] Tang W，Wang J，Yao P，et al. Hollow hierarchical SnO_2-ZnO composite nanofibers with heterostructure based on electrospinning method for detecting methanol [J]. Sensors and Actuators B，2014，192：543-549.

[14] Xue X，Xing L，Chen Y，et al. Synthesis and H_2S sensing properties of CuO-SnO_2 core/shell PN-junction nanorods [J]. The Journal of Physical Chemistry C，2008，112（32）：12157-12160.

[15] 杨超. 纳米 CuO 及其复合金属氧化物的合成及性能研究 [D]. 乌鲁木齐：新疆大学，2011.

[16] Ju D X，Xu H Y，Qiu Z W，et al. Highly sensitive and selective triethylamine-sensing properties of nanosheets directly grown on ceramic tube by forming NiO/ZnO PN heterojunction [J]. Sensors and Actuators B，2014，200：288-296.

[17] Kim Y S，Rai P，Yu Y T. Microwave assisted hydrothermal synthesis of Au@TiO_2 core-shell nanoparticles for high temperature CO sensing applications [J]. Sensors and Actuators B，2013，186：633-639.

[18] Choi S W，Katoch A，Sun G J，et al. Bimetallic Pd/Pt nanoparticle-functionalized SnO_2 nanowires for fast response and recovery to NO_2 [J]. Sensors and Actuators B，2013，181：446-453.

[19] 贾鹏铜. 酞菁铜-无机氧化物复合半导体气敏材料的制备及其性能研究 [D]. 天津：天津大学，2009.

[20] Itoh T，Matsubara I，Shin W，et al. Preparation and characterization of a layered molybdenum trioxide with poly（o-anisidine）hybrid thin film and its aldehydic gases sensing properties [J]. Bulletin of the Chemical Society of Japan，2007，80（5）：1011-1016.

[21] Siviero F，Copped`e N，Taurino A M，et al. Hybrid titania-zinc phthalocyanine nanostructured multilayers with novel gas sensing properties [J]. Sensors and Actuators B，2008，130：405-410.

[22] Siviero F，Coppede N，Pallaoro A，et al. Hybrid n-TiO_2-CuPc gas sensors sensitive to reducing species，synthesized by cluster and supersonic beam deposition [J]. Sensors and Actuators B，2007，126：214-220.

[23] Chakane S，Gokarna A，Bhoraskar S V. Metallophthalocyanine coated porous silicon gas sensor selective to NO_2 [J]. Sensors and Actuators B，2003，92：1-5.

[24] 欧阳密，白茹，陈擎. 酞菁铜/氧化钛纳米复合薄膜的制备及其光导性能的研究 [J]，功能材料，2008，3（39）：503-506.

[25] Geng L，Zhao Y，Huang X，et al. Characterization and gas sensitivity study of polyaniline/SnO_2 hybrid material prepared by hydrothermal route [J]. Sensors and Actuators B，2007，120：568-572.

[26] Zhang X，Yan G，Ding H，et al. Fabrication and photovoltaic properties of self-assembled sulfonated polyaniline/TiO_2 nanocomposite ultrathin films [J]. Materials Chemistry and Physics，2007，102：249-254.

[27] Xu H Y，Chen X Q，Zhang J，et al. NO_2 gas sensing with SnO_2-ZnO/PANI composite thick film fabricated from porous nanosolid [J]. Sensors and Actuators B，2013，176：166-173.

[28] Zhang X，Yan G，Ding H，et al. Fabrication and photovoltaic properties of self-assembled sulfonated polyaniline/TiO_2 nanocomposite ultrathin films [J]. Materials Chemistry and Physics，2006，98：241-247.

[29] Ram M K，Yavuz O，Lahsangah V，et al. CO gas sensing from ultrathin nano-composite conducting polymer film [J]. Sensors and Actuators B，2005，106：750-757.

[30] Parvatikar N，Jain S，Khasim S，et al. Electrical and humidity sensing properties of polyaniline/WO_3 composites [J]. Sensors and Actuators B，2006，114：599-603.

[31] Sadek A Z，Wlodarski W，Shin K，et al. A layered surface acoustic wave gas sensor based on a polyaniline/In_2O_3 nanofibre composite [J]. Nanotechnology，2006，17：4488-4492.

[32] Tai H，Jiang Y，Xie G，et al. Influence of polymerization temperature on NH_3 response of PANI/TiO_2 thin film gas

sensor [J] . Sensors and Actuators B, 2008, 129: 319-326.

[33] Ma X, Wang M, Li G, et al. Preparation of polyaniline-TiO_2 composite film with in situ polymerization approach and its gas-sensitivity at room temperature [J] . Materials Chemistry and Physics, 2006, 98: 241-247.

[34] Joshi S S, Lokhande C D, Han S H. A room temperature liquefied petroleum gas sensor based on all-electrodeposited n-CdSe/p-polyaniline junction [J] . Sensors and Actuators B, 2007, 123: 240-245.

[35] Park Y H, Kim S J, Lee J Y. Preparation and characterization of electroconductive polypyrrole copolymer Langmuir-Blodgett films [J] . Thin Solid Films, 2003, 425: 233-238.

[36] Waghuley S A, Yenorkar S M, Yawale S S, et al, Application of chemically synthesized conducting olymer-polypyrrole as a carbon dioxide gas sensor [J] . Sensors and Actuators B, 2008, 128: 366-373.

[37] Radhakrishnan S, Paul S. Conducting polypyrrole modified with ferrocene for applications in carbon monoxide sensors [J] . Sensors and Actuators B, 2007, 125: 60-65.

[38] Ram M K, Yavuz O, Aldissi M, NO_2 gas sensing based on ordered ultrathin films of conducting polymer and its nanocomposite [J] . Synthetic Metals, 2005, 151: 77-84.

[39] Geng L, Huang X, Zhao Y. H_2S sensitivity study of polypyrrole/WO_3 materials [J] . Solid-State Electronics, 2006, 50: 723-726.

[40] Tandon R P, Tripathy M R, Arora A K, et al. Gas and humidity response of iron Oxide-Polypyrrole nanocomposites [J] . Sensors and Actuators B, 2006, 114: 768-773.

[41] Su P, Huang L N. Humidity sensors based on TiO_2 nanoparticles/polypyrrole composite thin films [J] . Sensors and Actuators B, 2007, 123: 501-507.

[42] Hosono K, Matsubara I, Murayama N, et al. Synthesis of polypyrrole/MoO_3 hybrid thin films and their volatile organic compound gas-sensing properties [J] . Chemistry of Materials, 2005, 17: 349-354.

第 **11** 章

微纳粉体在能源领域中的应用技术

▶▶▶

随着全球气候变暖，资源缺乏，开发利用新能源已成为世界发展的大趋势，新能源将成为全球能源结构的重要组成部分。尽管短期内新能源仍无法替代传统化石能源，但是在世界范围内缓解了能源供给紧张以及气候变化，为世界环境及经济做出了巨大贡献。近年来，中国也致力于开发新能源。化石能源利用带来的大气污染等问题已经严重影响到周围每个人，这就迫切要求环境推动能源转型。其中，新能源是开发清洁能源中非常重要且具有美好前景的。

在新能源的应用中，粉体材料必不可少。因此，微纳粉体在新能源中的应用技术显得尤为重要。本章主要介绍微纳粉体在锂离子电池、超级电容器和染料敏化太阳能电池中的应用技术。

11.1 锂离子电池

相对于镍氢和铅酸电池等二次电池，锂离子电池具有能量密度和工作电压高、循环性能和安全性能好、绿色环保等优点，被认为是性能最优越的新一代绿色高能电池，并广泛应用于电子信息、空间技术、电动汽车和国防装备等各方面。因此，开发新型锂离子电池材料具有极其重要的意义。

20 世纪 60 年代初，锂一次电池被广泛研究，但是存在不能反复充放电使用、资源浪费和成本过高的缺点。几乎同时，锂二次电池也被广泛关注。最初的锂二次电池以金属锂为负极，但是存在以下不足：金属锂容易使有机电解液发生分解，从而使电池内压升高；锂容易析出形成"枝晶"；"枝晶"能产生"死锂"，甚至能穿过隔膜使正负极短路发生爆炸。这些缺陷使金属锂二次电池循环性能差，并且存在安全隐患。

1980 年阿曼德（Armand）首次提出了"摇椅式电池"的构想——以低插锂的嵌锂化合物作为负极，组成没有金属锂的二次锂电池。1990 年，日本 Sony 公司以 $LiCoO_2$ 为正极，以石油焦为负极，制作了世界上第一个商业化电池，并首次提出了"锂离子电池"这一概念。1995 年，Bellcore 公司成功研制出聚合物锂离子电池（Li-polymer）。

锂离子电池的正负极材料都是典型的粉体物质。由于电极粉体的粒度、比表面积、填充密度与电池的反应速率和能量密度有关，所以粒子的形状、内部结构、表面物性等因素对电池的能量密度、输出特性、循环特性等都有很大影响。由于粉体特性与电池性能有直接联系，故电极材料的设计和加工成为一个重要的课题。

11.1.1 锂离子电池简介

11.1.1.1 锂离子电池的基本组成

锂离子电池由正极、负极、电解液、隔膜和其他附属材料组成，如图 11-1 所示。

11.1.1.2 锂离子电池的工作原理

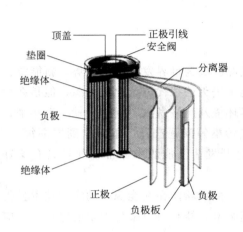

图 11-1 锂离子电池组成

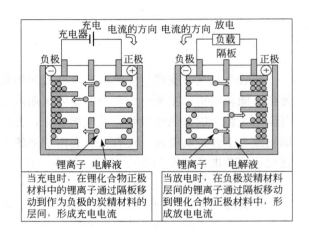

图 11-2 锂离子电池的工作原理

锂离子电池充放电的工作原理如图 11-2 所示。充电时，锂离子从正极化合物中脱出，经过电解液迁移到电池的负极，嵌入到微孔碳层中；放电时，锂离子从负极微孔碳层中脱出，经过电解质溶液再嵌入正极化合物中。

11.1.1.3 锂离子电池的基本特点

与铅酸、Ni-Cd 和 Ni-MH 等二次电池相比，锂离子二次电池的优势主要表现在以下几方面：

① 工作电压高，其工作电压高达 $3.0\sim4.0V$，而铅酸电池为 $2.0V$，Ni-Cd 和 Ni-MH 电池仅为 $1.2V$。

② 比容量大，其能量密度超过 $120W \cdot h/kg$，而铅酸电池、Ni-Cd 电池和 Ni-MH 电池仅仅分别为 $20W \cdot h/kg$、$40W \cdot h/kg$ 和 $80W \cdot h/kg$。

③ 循环寿命长，可循环 1000 次以上，而铅酸、Ni-Cd 电池和 Ni-MH 电池为几百次。

④ 自放电率小，充满电储存 1 个月后，自放电率仅为 10%，远低于 Ni-Cd 的 $25\%\sim30\%$，Ni-MH 的 $30\%\sim35\%$。

⑤ 环境友好，不含镉、铅、汞等对环境有污染的元素。

但是，锂离子电池具有成本较高和大电流性能比较差的缺陷。

11.1.2 微纳粉体作为锂离子电池材料的研究进展

正/负极材料是锂离子电池的核心组成部分，其性能决定着整个电池的性能。

正/负极材料在性质上一般应具备以下条件：

① 正极相对锂的氧化还原电位较高，而负极较低以保证电池工作电位高。

② 有大量嵌入/脱出的锂离子空位，保证高的电池容量。

③ 锂离子的脱嵌可逆性好，材料主体结构没有或很少发生变化，从而确保良好的循环性能和循环寿命。

④ 高的电子和离子电导率，保证好的高倍率充放电性能。

⑤ 不与电解液反应，兼容性好。

⑥ 安全性能好，环境友好，成本低廉。

11.1.2.1　负极材料的研究进展

锂离子电池负极材料按它们的组成分为碳负极材料和非碳负极材料两大类。碳负极材料包括石墨类材料、无定形碳材料等。非碳负极材料包括氮化物、硅基材料、锡基材料、合金材料、锂钛复合氧化物、过渡金属硫化物/氧化物等。

（1）碳负极材料

① 石墨类碳材料　石墨类碳材料主要包括各种石墨以及对石墨进行改性后的材料。这类材料具有规则的结构，导电性好，理论比容量为 $372(\text{mA·h})/\text{g}$，实际比容量大部分在 $300\text{mA·h}/\text{g}$ 以上。这类材料具有层状结构（见图 11-3），层内的碳原子以共价键形成六元环，六元环以共用边扩展成网络结构；层间靠微弱的范德华力结合。锂离子在此类材料中的储锂机理是：锂离子嵌入碳层之间形成 Li_xC_6 层间化合物。石墨类碳材料具有电势低、充放电压平台好、不存在电压滞后现象等优点。其缺点主要是：与有机溶剂相容能力较差，易发生溶剂共嵌入现象。

② 无定形碳材料　无定形碳材料宏观上不显示晶体的性质，其片层结构不如石墨规整有序。无定形碳材料分为软碳和硬碳（见图 11-4）。软碳的优点是对电解液适应性强、耐过充、放电性能好；缺点是体积变化比较大，从而降低电池寿命。硬碳的实际容量高达 $800(\text{mA·h})/\text{g}$，晶面间距比较大，锂离子嵌入时不会引起显著膨胀，具有很好的循环性能。锂在无定形碳材料中的储存机理众说纷纭，其中微孔机理解释了电压滞后、容量衰减等其他机理无法解释的现象，所以被广泛认可。

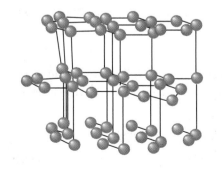

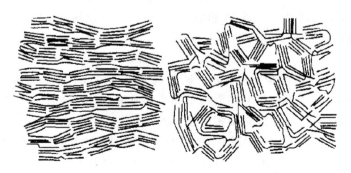

图 11-3　石墨晶体结构　　　　　图 11-4　软碳和硬碳的结构模型

各种碳负极材料在充放电过程中有如下特点：充放电效率通常低于 100%，因为电极表面能发生不可逆的副反应；第一次充放电时都有不可逆容量损失，因为形成了固体电解质膜（SEI）。

（2）非碳负极材料

① 氮化物　Li_3N 是唯一稳定的碱金属氮化物，通常存在有 1%～2% 的锂缺位，有利于锂的扩散与传输，但 Li_3N 的分解电压较低（0.44V），限制了它的应用。但是 $Li_{3-x}M_xN$ 作为锂离子电池负极材料时性能良好，尤其是 $Li_{3-x}Co_xN$ 材料，被认为是最有应用前景的氮化物。

② 硅基材料　硅基材料包括硅、硅复合材料以及硅合金材料。单质硅可以与锂形成 $Li_{22}Si_4$ 等一系列化合物，理论比容量高达 4200(mA·h)/g。但硅负极材料严重的体积效应使其循环性能衰减很快。改善方法有控制形貌和粒径大小，以及制备硅复合/合金材料来减弱材料的体积效应等。

③ 合金材料　金属锂的反应活性很高，但是形成金属间合金化合物如锡基合金、硅基合金等后，电化学性能明显改善。其储锂机制为：合金中的活性组分可逆储锂后发生体积膨胀和收缩，但是合金中活性差的组分能起到缓冲膨胀和收缩应力的作用，从而使材料的结构保持稳定。

④ 锂钛氧化物负极材料　在 Li-Ti-O 体系负极材料中，研究最多的是 $Li_4Ti_5O_{12}$。该材料的优点是：嵌脱锂过程中晶体结构高度稳定，称为"零应变"材料，具有优良的循环性能和平稳的放电平台；锂离子扩散率快，比碳材料大 1 个数量级。其缺点是：电子电导率较低，比容量低；放电电位相对较高（1.56V）。改性手段有低价元素取代、减小颗粒半径和掺杂等。

⑤ 过渡金属氧化物　早在 1987 年，MO、MO_2 型Ⅳ族过渡金属氧化物就被发现具有可逆的充放电能力，但存在电导率低、放电电位高等缺点，开始没有引起人们的重视。

直到 1994 年，非晶态锡基复合氧化物被开发为活性材料，金属氧化物负极材料才重新引起人们的关注。锡氧化物的储锂机制是合金型储锂：以 SnO_2 为例，首次嵌锂时发生不可逆反应，生成活性 Sn 和非活性 Li_2O，随后锡与金属锂发生如下可逆反应：

首次嵌锂：　　　　　　$4Li + SnO_2 \longrightarrow Sn + 2Li_2O$　　　　　　　　　　（11-1）

充放电循环：　　　　　$xLi + Sn \rightleftharpoons Li_xSn \quad (x \leqslant 4.4)$　　　　　　　（11-2）

但是，近来发现具有岩石盐结构的Ⅷ族氧化物 MO（M＝Co、Ni、Fe、Cu 等），嵌锂后形成的 Li_2O 却具有电化学活性。这是一种新的反应机理：金属氧化物 MO 与金属 Li 发生反应，成纳米尺寸的金属 M 和活性 Li_2O，然后金属 M 将 Li_2O 逆向还原为金属 Li，如式（11-3）所示：

$$MO + 2Li \rightleftharpoons Li_2O + M \qquad\qquad (11-3)$$

⑥ 过渡金属硫化物　硫与氧是同一主族元素，过渡金属氧化物作为锂离子电池负极材料得到了系统研究并取得了满意的成果。过渡金属硫化物也是锂离子电池负极材料的重要组成部分，其中探索最多的是 SnS、SnS_2、TiS_2、MoS_2、WS_2 等。

SnS 和 SnS_2 同属于锡基硫化物负极材料，其制备方法有水热法、超声波法、化学共沉淀法等。作为负极材料，锡硫化物具有放电平台电压低和理论比容量高的优点，但是首次不可逆容量高和容量衰减比较快，采用碳包覆等手段可以提高循环稳定性，见图 11-5。其充放电机理与锡氧化物一样也是合金型储锂，但是 SnS 生成 $Li_{3.2}Sn$ 型合金，而 SnS_2 生成 Li_5Sn 型合金。

WS_2、TiS_2、MoS_2 等层状二硫化物也可作锂离子电池负极材料，具有理论比容量高、循环性能好的优点。它们的放电平台电势较高，虽然与 $LiCoO_2$ 等 4V 级正极材料匹配成电池后电压偏低，如 TiS_2 为 2V 左右，不利于高功率电器应用，但是在小功率电器应用方面显

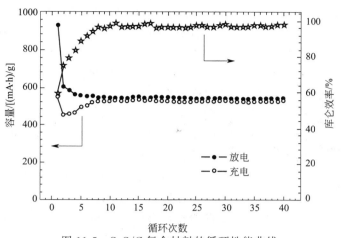

图 11-5　SnS/C 复合材料的循环性能曲线

示了明显的优势，具有广阔的应用空间和很高的研究价值，但是 TiS_2 暴露在空气中能发生剧烈的反应，限制了它的应用。

11.1.2.2　正极材料的研究进展

目前锂离子电池正极材料的研究，主要分为 Li-Co-O、Li-Ni-O、Li-Mn-O、Li-Ni_x-Co_y-Mn_z-O、聚氧阴离子型和硫系正极材料等。

（1）Li-Co-O 化合物　Li-Co-O 化合物主要是层状的 $LiCoO_2$，它是最早商品化的锂离子电池正极材料。$LiCoO_2$ 具有工作电压高、电导率高、循环性能好等优点。虽然其理论容量高达 $274(mA \cdot h)/g$，但实际容量仅为理论容量的一半，并且钴资源匮乏，成本较高，容易对环境造成污染。改善其电化学性能的方法有掺杂和包覆等。

（2）Li-Ni-O 化合物　Li-Ni-O 化合物主要是层状的 $LiNiO_2$。它有两种结构，分属于立方晶系 Fm-$3m$ 空间群和三方晶系 R-$3m$ 空间群，但只有后者有电化学活性。它曾被认为是替代 $LiCoO_2$ 最有前景的材料之一，因为其实际容量高于 $LiCoO_2$，在价格和资源上也有优势。但是研究发现，高温制备 $LiNiO_2$ 时，Ni 能占据 Li 位从而难以控制化学计量比，而且容量衰减比较快，热稳定性能差。

（3）Li-Mn-O 化合物　Li-Mn-O 化合物包含层状的 $LiMnO_2$ 和尖晶石结构的 $LiMn_2O_4$。其优点是：工作电压高，资源丰富，价格便宜，安全性高，环保无污染；缺点是：存在 Mn 的溶解、Jahn-Teller 效应以及充电尽头 Mn^{4+} 的高氧化性等负面现象，而且耐高温性能差。对 Li-Mn-O 正极材料进行掺杂及包覆改性也是研究重点。

（4）Li-Ni_x-Co_y-Mn_z-O 多元化合物　因为单一的 Li-Co-O、Li-Ni-O 和 Li-Mn-O 材料都具各自的优势和不足，所以希望找到一种新型材料，既能保持它们的优点，又能克服它们的缺点。首先研究的是这三种元素的相互取代和掺杂，如 $LiCo_xNi_{1-x}O_2$、$Li(NiMn)_{1/2}O_2$、$LiMn_{1-x}Co_xO_2$ 等，电化学性能都在一定程度上得到了改善。直到 Ohzuku 等首次合成 $Li(NiCoMn)_{1/3}O_2$，材料的电化学性能达到最佳。

$LiNi_{1/3}Co_{1/3}Mn_{1/3}O_2$ 晶体结构图如图 11-6 所示。材料中锰、钴、镍分别为 +4、+3 和 +2 价。在充放电过程中，锰提高安全性并降低成本，保持 +4 价不变；钴减少阳离子混合占位，变化为 $+3 \rightleftharpoons +4$；镍提供高容量，变化为 $+2 \rightleftharpoons +3 \rightleftharpoons +4$。$LiNi_{1/3}$

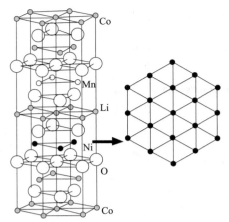

图 11-6　$LiNi_{1/3}Co_{1/3}Mn_{1/3}O_2$ 的晶体结构

$Co_{1/3}Mn_{1/3}O_2$ 材料也存在不足，主要是电化学性能与合成方法关联太大，不同的合成方法得到的材料差别很大。

（5）聚氧阴离子型　聚氧阴离子型正极材料的突出优点有：材料放电电位平台高；强共价键形成了空间三维网络结构，使材料结构很稳定；材料提供高配位离子空隙，利于锂离子脱嵌。近年来开发的聚氧阴离子型正极材料主要有磷酸盐和正硅酸盐。

① 正硅酸盐型　正硅酸盐型聚氧阴离子正极材料主要包括 Li_2FeSiO_4、Li_2MnSiO_4、Li_2CoSiO_4 等。正硅酸盐材料理论上可以允许两个锂离子的可逆嵌脱，具有很高的理论比容量，如 Li_2MnSiO_4 为 333(mA·h)/g，但是第二个锂离子脱嵌比较困难，需要电势很高，如 Li_2CoSiO_4 为 5.0V，而且它们具有非常低的电子传导率和锂离子扩散率，导致很难实际应用。正硅酸盐正极材料的改性方法主要是降低颗粒大小、包覆导电材料等。

② 磷酸盐型　磷酸盐型聚氧阴离子正极材料研究最多的有以下几种：

a. $Li/VOPO_4$ 体系　$VOPO_4$ 体系有 α、β、γ、ε 等多种不同晶型，其中 β-$VOPO_4$ 和 γ-$VOPO_4$ 可以高温固相方法合成，而其他晶型由 $VOPO_4·2H_2O$、$VOHPO_4·0.5H_2O$ 和 $VPO_4·H_2O$ 前驱体经过高温脱水、脱氢或者氧化等过程得到。$VOPO_4$ 体系的理论容量比较高，但是初始容量随晶体结构的不同差别很大，放电电压高于 3.7V，具有较好的研究价值。

$LiVOPO_4$ 体系有 α 和 β 两种晶型，其中 α-$LiVOPO_4$ 为三斜晶系，空间群 $P1$；β-$LiVOPO_4$ 为正交晶系，空间群为 $Pnma$，它们具有工作电压高的优势。

b. $Li_3V_2(PO_4)_3$　$Li_3V_2(PO_4)_3$ 有两种空间结构：一种是菱形 NASICON 结构；另一种是单斜结构。两种结构的区别是 VO_6 正八面体和 PO_4 正四面体连接方式以及 Li 离子存在位置都不同。

菱形结构 $Li_3V_2(PO_4)_3$ 的充放电曲线见图 11-7，充放电电压比较高，但是充放电过程是不可逆的，可能是由充放电过程结构变化引起的。

单斜 $Li_3V_2(PO_4)_3$ 空间群为 $P2_1/n$，它失去一个锂离子后变成 $Li_2V_2(PO_4)_3$，空间结构基本保持不变；失去第二个锂离子后形成 $LiV_2(PO_4)_3$，空间构型也基本保持不变，而且这三种材料的晶格常数仅有微小差别，表明 $Li_3V_2(PO_4)_3$ 材料在充放电过程中是很稳定的，很适合作锂离子电池的正极材料。

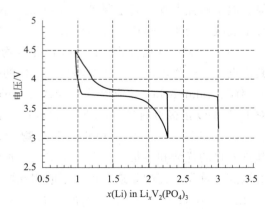

图 11-7　菱形结构 $Li_3V_2(PO_4)_3$ 的充放电曲线

最初认为单斜的 $Li_3V_2(PO_4)_3$ 只有两个锂离子可以嵌入和脱出。但是 Barker 等发现，当充电到 4.8V 时，$Li_3V_2(PO_4)_3$ 第三个锂离子也能可逆地脱嵌（如图 11-8 所示），其理论容量高达 197(mA·h)/g，在已知磷酸盐中最高。

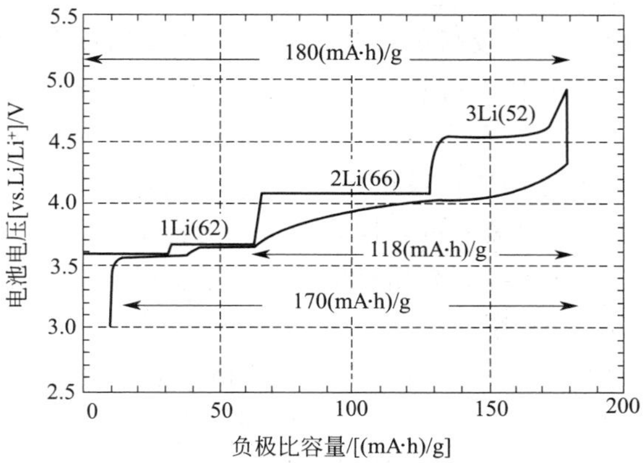

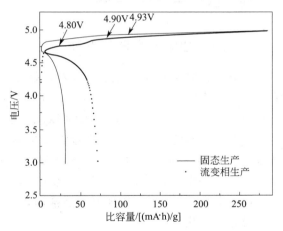

图 11-8　$Li_3V_2(PO_4)_3$ 在 3~4.8 V 的充放电曲线

c. 橄榄石型 $LiMPO_4$　橄榄石型主要包括 $LiFePO_4$、$LiMnPO_4$ 和 $LiCoPO_4$。

$LiMnPO_4$ 的理论电容量为 170(mA·h)/g，其脱嵌锂机理是 Li^+ 从 $LiMnPO_4$ 的晶体结构中脱出变成 $MnPO_4$，充电平台在 4.1 V 左右，放电平台在 4.0 V 左右。但是实际合成的 $LiMnPO_4$ 充放电容量很低，主要原因有电子和离子电导率很低，电池首次极化很强导致相变等。

$LiCoPO_4$ 的理论放电比容量为 167（mA·h）/g，相对锂的电极电势超过 4.8 V，是新一代高工作电压、高容量的正极材料。但是高压时电解液容易分解，导致容量衰减迅速，从而限制了 $LiCoPO_4$ 的应用，见图 11-9。

$LiFePO_4$ 属于正交晶系空间群 *Pnma*，具有理论比容量高、结构稳定、循环性能好、价格低廉、环境友好等优势，被认为是最有希望取代 $LiCoO_2$ 的第二代锂离子电池材料。

（6）硫系正极材料

① 单质 S　单质硫具有来源丰富、成本低、环境友好等优点。硫做正极材料与锂配成二次电池时，理论比容量为 1675(mA·h)/g，存在两个放电平台，其电化学反应包含一系列电子转移和均相化学反应。硫是典型的电子和

图 11-9　材料的首次充放电曲线

离子绝缘体，活化困难，而且锂/硫电池体系产生的多硫化物中间体易溶于电解液，与锂负极发生自放电反应，导致活性物质利用率低和循环性能差。改进方法是把单质硫与电子/离子导体复合等。

② 有机硫化物　有机硫化物作为锂硫电池正极材料，通过 S—S 键的断裂与键合进行释能与储能，具有比能量高、价格低廉、毒性低、活性物质结构可以优化设计等优点。

有机硫系正极材料按分子结构分为有机二硫化物、硫化聚合物和有机多硫化物等。有机二硫化物正极材料优点是离子迁移率高、大电流放电性能好、活性物质利用率高等；缺点是放电过程中被还原的阴离子单体易于向正极/电解液界面迁移，导致正极材料的分解和电解液/电极界面的破坏。有机多硫化物与二硫化物相比，比容量更高并且循环性能

更好。有机二硫和多硫化物材料在充放电过程中，材料骨架都有不同程度的降解，导致循环性能欠佳。硫化聚合物具有较高的储锂容量和较好的循环性能，而且充放电过程中骨架不发生降解，但是该类材料不可逆容量较大，而且现有制备方法难以得到结构规整的材料。

③ 无机硫化物　无机硫化物是硫系正极材料的重要候选材料。此类材料理论比容量和能量密度比较高，导电性好，价廉易得，性质稳定，无污染。虽然无机硫化物材料预示着很大的研究和发展空间，但是其系统研究相对较少。目前文献报道的无机硫化物正极材料主要有 FeS_2、NiS、MoS_2 以及 CuS 等。

FeS_2 作为锂电池正极材料，具有储量丰富、价格低廉的优势。充电电压平台在 1.8V、2.4 V，放电电压平台在 2.1V 和 1.5 V，反应机理 $2Li^+ + 2e^- + FeS_2 \rightleftharpoons Li_2FeS_2$，$2Li^+ + 2e^- + Li_2FeS_2 \rightleftharpoons Fe + 2Li_2S$。$NiS$ 电池材料放电平台 1.5 V，此时 NiS 被还原成 Ni_3S_2，然后进一步被还原成 Ni，同时反应生成 Li_2S。反应过程如下：$3NiS + 2Li^+ + 2e^- \rightleftharpoons Ni_3S_2 + Li_2S$，$Ni_3S_2 + 4Li^+ + 2e^- \rightleftharpoons Ni + 2Li_2S$。加拿大莫里能源公司首先投产 MoS_2/Li 电池，工作电压 1.3～2.4 V，比能量 50 W·h/kg，100％放电可循环 500 次，但是使用中容易发生安全问题。

11.2 超级电容器

11.2.1 超级电容器的发展

超级电容器又称为电化学电容器，是 20 世纪 60 年代发展起来的一种新型能量储存元件，具有功率密度高、循环寿命长、使用温度范围宽及充电效率高等优点，是目前电源研究的热点之一。1957 年，美国的 Becker 申报了第一项超级电容器专利，指出较小的电容器可被用于储能元件，并具有接近于电池的能量密度，从此揭开了超级电容器开发的序幕。1962 年，标准石油公司（SOHIO）研制了一种以碳材料作为电极、工作电压为 6V 的电容器，并将该技术转让给日本电气公司（NEC）电气公司。该公司于 1979 年开始生产"超级电容器"，并将超级电容器推向市场，用于电动车的电池启动系统，实现了超级电容器的商品化。

11.2.1.1 超级电容器的分类及工作原理

按照储能原理的不同，超级电容器又可分为双电层电容器和法拉第赝电容器（又称为法拉第准电容器）。

双电层电容器的工作原理是建立在 19 世纪末 Helmhotz 等提出的界面双电层理论的基础上。在一个电极/电解液体系中，存在两种相互作用：一种是长程性质的相互作用，电极与电解液两相中剩余电荷引起的静电作用；另一种是短程性质的相互作用，电极和电解液中各种离子、溶质分子、溶剂分子之间的范德华力、共价键力等。两种相互作用会使电极和电解液界面出现稳定的、符号相反的两层电荷，即界面双电层，如图 11-10 和图 11-11 所示。双电层电容器与传统静电容器中电介质的储能方式类似，但其紧密层的电荷层间距离仅几个埃米，远远小于传统电容器的介质厚度，因此具有更大的电容量。双电层电容器通常使用高比表面碳材料作电极，主要通过增大电极的比表面积来提高其储能能力。

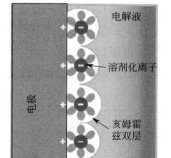

电化学双电层电容

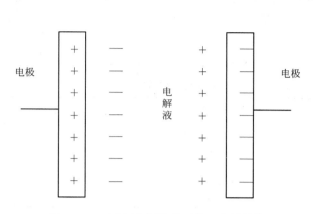

图 11-10　电极/电解液界面的双电层结构

图 11-11　双电层电容器储能机理

　　法拉第赝电容器（也叫氧化还原赝电容器）是继双电层电容器后，又发展起来的一种新型超级电容器（图 11-12）。1991 年，B. E. Conway 提出赝电容的概念：电极表面或体相中的二维或准二维空间上，电活性物质进行欠电位沉积，发生高度可逆的化学吸脱附或氧化还原反应，产生与电极充电电位相关的电容。对于赝电容，其储能过程不仅包括类似于双电层电容的电荷存储，还包括电解液中离子在活性物质中发生氧化还原反应将电荷储存于电极中。放电时活性物质中的离子又会返回到电解液中，因此法拉第赝电容器的工作原理与电池类似，能够将电能转化为化学能，所以法拉第赝电容的容量可以是双电层电容容量的 10～100 倍。在充放电过程中，电极上没有发生控制反应速率与限制电极寿命的电活性物质的相变，因此循环寿命长。目前氧化还原赝电容器的电极材料主要为一些金属氧化物和导电聚合物。

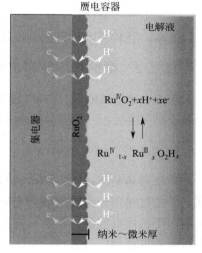

赝电容器

$Ru^{IV}O_2 + xH^+ + xe^-$

$Ru^{IV}_{1-x} Ru^{III}_x O_2H_x$

图 11-12　赝电容器储能机理

11.2.1.2　超级电容器的特点

　　超级电容器作为一种新型的储能器件，与传统电容器及二次电池相比，具有以下优点：

　　① 具有超高的能量密度和功率密度　超级电容器的能量密度高达 1～10W·h/kg，是传统电容器的 10～100 倍；其功率密度可高达到 10000 W/kg，是一般二次电池的 10～100 倍。

　　② 充放电效率高，循环寿命长　超级电容器的充电过程是双电层充电的物理过程或电极活性物质表面快速、可逆的电化学反应过程，因此可以采用大电流密度充电，该过程能在几十秒到几分钟内快速完成。超级电容器的充放电过程一般不会对电极材料的结构产生影响，高速深度循环 1 万～50 万次后，容量和内阻仅降低 10%～20%。

　　③ 放置时间长　长时间放置的超级电容器，其电压会由于自放电而下降，但再次充电可回到原来电位，对其性能并没有影响。

④ 温度范围宽 超级电容器的反应速率受温度影响不大,目前研制的超级电容器工作温度范围可达-40~70℃。

⑤ 免维护、绿色环保 超级电容器的充放电效率高,对过充过放有一定的承受能力,维护工作少;所用电极材料安全且无毒,对环境不产生重金属污染等问题,且循环寿命长,是一种真正绿色环保的新电源。

表 11-1 列出了传统电容器、超级电容器和二次电池的性能对比。

表 11-1 传统电容器、超级电容器和二次电池的性能对比

特性	传统电容器	超级电容器	电池
比能量/(W·h/kg)	<0.1	1~10	10~100
比功率/(W/kg)	>>10000	500~10000	<1000
放电时间	$10^{-6} \sim 10^{-3}$ s	秒至分钟	0.3~3h
充电时间	$10^{-6} \sim 10^{-3}$ s	秒至分钟	1~5h
充放电效率/%	约 100	85~98	70~85
循环寿命	无限次	>500000	约 1000

超级电容器凭借其优越的性能,成功应用于电子行业(计算机、计时器等电子产品的后备电源)、电动汽车及混合动力汽车(与化学电源组成电动汽车混合驱动系统)、太阳能、风能发电装置辅助电源及军事、航空航天领域。目前,美国、日本和俄罗斯在超级电容器产业化方面占据领先地位,几乎控制了整个超级电容器市场。20 世纪 90 年代末,超级电容器在我国起步,目前有大量研究单位及公司开展这方面的工作。

11.2.2 微纳粉体作为超级电容器电极材料的研究进展

超级电容器的电极材料直接影响着它的电化学性能,因此开发性能优异的电极材料是超级电容器研究的核心。目前常用的电极材料有碳基材料、金属氧化物材料和导电聚合物材料等。

11.2.2.1 碳基材料

碳基材料是超级电容器电极材料中研究最早的,其研究始于 1957 年 Beck 发表相关专利,碳基材料用作超级电容器材料的技术已趋于成熟,是目前超级电容器工业化的首选材料,用于超级电容器的碳基材料主要有活性炭、碳纳米管、碳纤维、碳气凝胶等,新型碳材料石墨烯也受到广泛关注。

(1) 活性炭(active carbon,AC) 具有比表面大、导电性良好、价格低廉等优点,是最常用的电容器电极材料。活性炭一般取材于木材、煤、坚果壳等,根据原料的不同,工艺上采用物理活化和化学活化两种方法来制备活性炭。目前制备的活性炭材料的比表面积可高达 3000 m^2/g,但用于超级电容器电极时利用率仅有 30%。因此,目前通常使用的比表面积为 1500 m^2/g 的活性炭电极,在水系电解液中的最高比容量达到 280 F/g,在非水系电解液中达到 120 F/g。虽然活性炭已被用于商业超级电容器电极,但是较低的能量密度和较差的倍率性能将其限制在某些特定市场。

(2) 碳纳米管(arbon nanotubes,CNTs) 于 1991 年被日本的电镜专家 Sumio Iijima 发现,由于具有特殊的孔道结构、高的电子导电率、大的比表面积、良好的机械能和高的热稳定性等优点,碳纳米管被视为超级电容器的理想材料。Niu 等首先将 CNTs 应用于超级电容器,比表面积为 430 m^2/g,获得的比容量为 49~113 F/g,功率密度为 8 kW/kg,体现出良好的性能。但是 CNTs 的卷曲结构不利于离子快速传输,Futaba 等制备了排列整齐的

SWNTs 束，得到高达 35 W·h/kg 的能量密度。研究人员采用 KOH 活化 CNTs 的方法提高其比表面积，进而提高其能量密度；另一种提高其能量密度的方法是用其他活性物质修饰 CNTs 产生法拉第赝电容，这两种方法都取得了良好效果。虽然 CNTs 具有良好的超级电容器性能，但是高成本限制了其实际应用。

（3）碳纤维（active carbon Fiber，ACF）　具有很高的比表面积（3000 m^2/g），易控制孔径分布，以有机纤维为前驱体在低温下进行稳定化处理，然后进行碳化活化（700～1000℃）得到。Xu 等用聚丙烯腈为前驱体制备了碳纤维，在 6 mol/L KOH 溶液中，所得放电比容量最高达 208F/g。碳纤维的放电比容量随活化温度的升高而增加，原因是温度升高后碳纤维的比表面积及孔隙率都增大。

（4）碳气凝胶（carbon aerogels）　是一种新型轻质纳米级多孔性非晶碳素材料，比表面积较大（400～1000 m^2/g），孔径宽（8.9 nm），导电性能良好，是制备高能量、高功率超级电容器的理想材料。多孔碳气凝胶（如图 11-13 所示）一般以间苯二酚和甲醛为原料，以 Na_2CO_3 为催化剂，运用 sol-gel 法，经过常温常压干燥及高温碳化过程制得。作为超级电容器材料，碳气凝胶显示出良好的循环性能和较高的充放电效率。目前，Powerstor 公司将碳气凝胶作为电极材料，采用有机电解液制备了电压为 3.0 V 的双电层电容器，其容量为 7.5 F，能量密度和功率密度分别为 0.4 W·h/kg 和 250 W/kg，实现了碳气凝胶双电层电容器的商品化，但是碳气凝胶的制备工艺复杂、制备时间长及成本高等问题仍然没有彻底解决。

图 11-13　全炭气凝胶的结构示意

（5）石墨烯（graphene）　曼彻斯特大学的 Geim 于 2004 年首次发现的石墨烯是一种新型二维纳米材料，单层石墨烯具有超大的比表面积（2630 m^2/g）、良好的导电导热性、很好的机械性能，是目前研究的热点之一。研究表明，石墨烯作为超级电容器电极材料，体现出较高的放电比容量及良好的循环寿命。另外，石墨烯与金属氧化物或者聚苯胺复合后得到的复合物，放电比容量和功率密度都显著提高。石墨烯被认为是一种很有潜力的新型超级电容器材料。石墨烯使得碳材料的家族进一步壮大。但总体来说，开发具有合适的孔径、合适的比表面积和良好的表面性能的碳材料将是双电层电容器的研究核心。

11.2.2.2　导电聚合物材料

自 20 世纪 70 年代，人们发现导电聚合物可以应用于储能装置以来，导电聚合物成为电容器电极材料研究的又一个热点。导电聚合物具有电导率高、化学及电化学性能稳定等优点，作为电容器电极材料，主要是通过在电极上聚合物中发生快速可逆的 n 型或 p 型元素掺杂和去掺杂氧化还原反应，使聚合物达到很高的储存电荷密度，产生很高的法拉第赝电容而实现电能储存，电解液可采用有机电解质和水电解质。目前常用的导电聚合物有聚噻吩、聚吡咯、聚苯胺、聚对苯、聚乙烯二茂铁和聚并苯等。导电聚合物电极电容器可分为三种：①对称结构：两电极为相同的 p 型掺杂的材料；②不对称结构：两电极为不同的 p 型掺杂的材料；③一个电极是 n 型掺杂聚合物，另一电极是 p 型聚合物。第三类电容器在非水体系电解液中的工作电压可高达 3.1 V。另外，第三类电极在充电过程中两电极同时掺杂，比第一、第二类电极具有更高的导电性，在相同充电电压下，它的放电比能量比第一、第二类高。导电聚合物电容器具有充放电效率高、循环寿命长、工作温度范围宽、无污染等优点，在实际应用中有很大的发展空间。

11.2.2.3 金属氧化物材料

自 1971 年 RuO_2 被报道可作为超级电容器电极材料以来，人们对 RuO_2 电极材料进行了系统研究。进一步研究发现金属氧化物作为电容器电极材料，在电极/电解质界面反应产生的法拉第赝电容是双电层电容的 $10 \sim 100$ 倍，为电容器电极材料的发展提供了更广阔空间。

过渡金属氧化物通常被广泛应用到电催化、能量储存等领域。过渡金属元素往往具有多个价态，在电化学能量储存中，可以利用这些价态之间的氧化还原反应进行能量存储。因此，过渡金属氧化物是一种常用的赝电容器电极材料。与碳材料相比，过渡金属氧化物表现出更高的比电容和能量密度；与导电聚合物相比，过渡金属氧化物又表现出良好的循环稳定性。因此，过渡金属氧化物一直都是超级电容器电极材料研究的重点。目前研究最多的过渡金属氧化物电极材料，主要包括贵金属氧化物和基于 Mn、Fe、Ni、Co 等过渡金属的氧化物，这些过渡金属在元素周期表中的分布如图 11-4 所示。

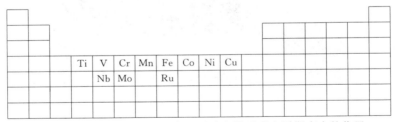

图 11-14 用于赝电容器的主要过渡金属元素在周期表中的位置

（1）贵金属氧化物电极材料　RuO_2 具有极高的电导率（比碳基材料大两个数量级）、在 H_2SO_4 溶液中稳定、放电比容量高、循环性能良好等优点，被认为是超级电容器最理想的氧化物电极材料之一，目前研究集中在制备大比表面积的 RuO_2 方面。与 RuO_2 电极类似，IrO_2 也具有优异的法拉第赝电容特性，但是它们的价格都十分昂贵，且会产生环境污染。因此，寻找各种方法减少贵金属的用量以及寻找廉价易得、性能良好的电极材料意义重大。

（2）廉价金属氧化物电极材料　近来的研究表明，MnO_2、NiO、CoO_x、V_2O_5、MoO_3 等氧化物由于价格比较低廉、性能较好，成为超级电容器电极材料研究的热点。

MnO_2 具有与 RuO_2 相似的优异的电容性能，且资源丰富、成本低廉、环境友好，是最有希望取代 RuO_2 的廉价氧化物，是近几年研究较多的材料之一。其制备方法主要有水热法、溶胶-凝胶法、固相法、电化学沉积法等。从 MnO_2 到 $MnOOH$ 的理论放电比容量约为 1100 F/g。为了改善 MnO_2 电极的实际性能，研究者采用制备 MnO_2 微纳材料、与碳材料复合等方法提高其放电容量，都取得了良好的效果。

镍和钌的电化学性质相似，因此 NiO 和 Ni（OH）$_2$ 的电容器性能也是技术人员研究的重点。最常用的制备方法是液相沉淀法。另外，还有溶胶-凝胶法和电化学沉积法。

（3）金属氧化物复合电极材料　通过对于过渡金属氧化物作为赝电容器电极材料的电化学性能的综述发现，在所有的过渡金属氧化物中，Co$_3$O$_4$ 和 NiO 表现出较好的赝电容性能。然而，NiO 和 Co$_3$O$_4$ 在电化学性能又各有各自的优缺点：Co$_3$O$_4$ 具有较好的倍率性能和循环稳定性，但是比容量比较低；NiO 的放电比容量比较高，但是倍率性能和循环稳定性都比较差。因此，研究者设计了一系列的金属氧化物复合电极材料，并使其兼具单一材料的优点。

11.3　染料敏化太阳能电池

开发利用太阳能是解决目前能源问题的行之有效的手段。目前发展最成熟的太阳能电池是硅基太阳能电池，单晶硅太阳能电池的效率已达到 25% 以上，但是它对材料的纯度要求高、制作工艺复杂、成本昂贵，这极大地限制了它的广泛应用。1991 年，瑞士洛桑高等工业学院的 Gratzel 教授及其小组报道了染料敏化纳米晶太阳能电池（dye-sensitizedsolar cells，DSSC）的光电转化效率为 7.1%，从此由于其简单的制作工艺、相对高的光电转化效率、低廉的成本等优点迅速成为广大科学家及科学工作者的研究热点与重点。

11.3.1　染料敏化太阳能电池概述

11.3.1.1　染料敏化太阳能电池概念

染料敏化太阳电池（dye-sensitized solar cell，DSSC）主要是模仿光合作用原理，研制出来的一种新型太阳电池，其主要优势是：原材料丰富、成本低、工艺技术相对简单，在大面积工业化生产中具有较大优势，同时所有原材料和生产工艺都是无毒、无污染的，部分材料可以得到充分回收，对保护人类环境具有重要的意义。但光电转换效率较低等问题阻碍了其广泛应用。光阳极的性质直接影响 DSSC 光电转换的能力和效率，研究制备高效的光阳极是该领域迫切需要研究的重点问题。

染料敏化纳米晶太阳能电池 DSSCs（namo-crystallion dye-sensitized solar cells），主要由制备在导电玻璃或透明导电聚酯片上的纳米晶半导体薄膜、敏化剂分子、电解质和对电极组成，其中制备在导电玻璃或透明导电聚酯片上的纳米晶半导体薄膜构成光阳极。

完全不同于传统硅系结太阳能电池的装置，染料敏化太阳能电池的光吸收和电荷分离传输分别是由不同物质完成的。光吸收是靠吸附在纳米半导体表面的染料来完成，半导体仅起电荷分离和传输载体的作用，它的载流子不是由半导体产生而是由染料产生的。

11.3.1.2　染料敏化太阳能电池的发展状况

进入 20 世纪以来，伴随着人类工业文明的迅速发展，煤、石油、天然气等矿物资源日益枯竭，由此引发的能源危机和环境污染已成为亟待解决的严重问题，因此人们迫切需要寻找其他新的可替代能源。太阳能具有取之不尽、用之不竭、安全可靠、无污染、不受地理环境制约等诸多优点，越来越受到广泛重视。

自 20 世纪 60 年代起，科学家发现染料吸附在半导体上，在一定条件下能产生电流，这种现象成为光电化学电池的重要基础。20 世纪 70 年代到 90 年代，科学家们大量研究了各种染料敏化剂与半导体纳米晶光敏化作用，研究主要集中在平板电极上，这类电极只有表面吸附单层染料，光电转换效率小于 1%。

直到 1991 年，瑞士洛桑高等工业学院 Gr.tzel 研究小组将高比表面积的纳米晶多孔 TiO₂ 膜作半导体电极引入到染料敏化电极的研究当中，这种高比表面积的纳米晶多孔 TiO₂ 组成了海绵式的多孔网状结构，使得它的总表面积远远大于其几何面积，可以增大约1000～2000 倍，能有效地吸收阳光，使得染料敏化光电池的光电能量转换率有了很大提高，其光电能量转换率可达 7.1%，入射光子电流转换效率大于 80%。

1993 年，Gr.tzel 等再次报道了光电能量转换率达 10% 的染料敏化纳米太阳能电池，1997 年，其光电能量转换率达到了 10%～11%。1998 年，Gr.tzel 等采用固体有机空穴传输材料替代液体电解质的全固态染料敏化纳米晶太阳能电池研制成功，转换效率只有 0.74%，但在单色光下其电转换效率达到 33%，从而引起了全世界的关注。

2004 年，韩国 Jong Hak Kim 等使用复合聚合电解质全固态染料敏化纳米晶太阳能电池，其光电转换效率可达 4.5%。2004 年，日本足立教授领导的研究组用 TiO₂ 纳米管做染料敏化纳米晶太阳能电池电极材料，其光电转换效率可达 5%，随后用 TiO₂ 纳米网络做电极其光电转换效率达到 9.33%。

2004 年，日立制作所试制成功了色素（染料）增感型太阳能电池的大尺寸面板，在实验室内进行的光电转换效率试验中得出的数据为 9.3%。2004 年，染料敏化纳米晶太阳能电池开发商 Peccell Technologies 公司（Peccell）宣布其已开发出电压高达 4V（与锂离子电池电压相当）的染料敏化纳米晶太阳能电池，可作为下一代太阳能电池，有可能逐渐取代基于硅元素的太阳能电池产品。

在产业化方面，染料敏化纳米晶太阳能电池研究取得了较大的进展。据报道，澳大利亚 STA 公司建立了世界上第一个面积为 200 m² 染料敏化纳米晶太阳电池显示屋顶。欧盟 ECN 研究所在面积大于 1 cm² 电池效率方面保持最高纪录：8.18%（2.5 cm²）、5.8%（100 cm²）。在美国马萨诸塞州 Konarka 公司，对以透明导电高分子等柔性薄膜等为衬底和电极的染料敏化纳米晶太阳能电池进行实用化和产业化研究，这种太阳能电池主要应用于电子设备，如笔记本电脑。目前纳米晶体太阳能电池技术在海外已开始商品化，初期效率约 5%。

染料敏化太阳能电池的发展历史显示，这种电池制作工艺简单，成本低廉（预计只有晶体硅太阳能电池成本的 1/10～1/5），引起了各国科研工作者的极大关注，使人们看到了染料敏化太阳能电池的广大应用前景。

11.3.1.3 染料敏化太阳能电池的前景和困难

与传统的硅系太阳能电池相比，染料敏化纳米晶太阳能电池有良好的优势：

① 制备工艺简单，成本低。与硅系太阳能电池相比，染料敏化电池没有复杂的制备工序，也不需要昂贵的原材料，产业链不长，容易实现成本低的商业化应用。据估计 DSSC 太阳能电池的制造成本只有硅系太阳能电池的 1/10～1/5。

② 对环境危害小。在硅电池制造中，所用的原料四氟化碳是有毒且需要高温和高真空，同时这一过程中需要耗费很多的能源；而 DSSC 电池所用的二氧化钛是无毒的，对环境没有

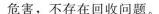

危害，不存在回收问题。

③ 效率转换方面基本上不受温度影响，而传统晶体硅太阳电池的性能随温度升高而下降。

④ 光的利用效率高，对光线的入射角度不敏感，可充分利用折射光和反射光。

DSSC 太阳电池虽然有光明的前景，但对它的研究仍在起步阶段，还有较多难以克服的缺陷使其不能被广泛应用。DSSC 目前研究较有成果的是液态电解质电池，但这种电池存在一系列问题，如容易导致染料的脱附，容易挥发给密封性带来问题；含碘的液态电解质具有腐蚀性，且本身存在不逆反应导致电池寿命缩短。解决这个问题的办法就是研制固态染料敏化电池，但目前这种固态电池的仍处于研究阶段，光电转换效率很低。

11.3.2　染料敏化太阳能电池的结构与原理

染料敏化太阳能电池与传统硅太阳能电池原理不同，TiO_2 属于宽带隙半导体（带隙宽度为 3.2 eV），具有较高的热稳定性和光化学稳定性，不能被可见光激发。但将合适的染料吸附到这种半导体的表面上，借助于染料对可见光的强吸收，可以将宽带隙半导体拓宽到可见区，这种现象称为半导体的敏化作用，载有染料的半导体称为染料敏化半导体电极。

TiO_2 不能被可见光激发，因而要在 TiO_2 表面吸附一层对可见光吸收特性良好的敏化剂。在可见光作用下，敏化剂分子通过吸收光能跃迁到激发态，由于激发态的不稳定性，敏化剂分子与 TiO_2 表面发生相互作用，电子很快跃迁到较低能级 TiO_2 的导带，进入 TiO_2 导带的电子将最终进入导电膜，然后通过外回路，产生光电流。同时，处于氧化态的染料分子被电解质中的碘离子 I^- 还原回到基态，而 I^- 被氧化为 I^{3-}，I^{3-} 很快被从阴极进入的电子还原成 I^- 构成了一个循环。

11.3.2.1　染料敏化太阳能电池结构

染料敏化纳米晶（DSSC）太阳能电池的结构示意如图 11-15 所示。在透明导电玻璃（FTO）上镀一层多孔纳米晶氧化物薄膜（TiO_2），热处理后吸附上起电荷分离作用的单层染料构成光阳极。对电极（阴极）由镀有催化剂（如铂 Pt）的导电玻璃，中间充有具有氧化还原作用的电解液，经过密封剂封装后，从电极引出导线即制成染料敏化纳米晶太阳电池。

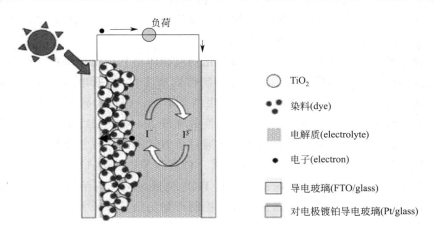

图 11-15　DSSC 太阳能电池结构

从结构上来看 DSSC 就像人工制作的树叶，只是植物中的叶绿素被敏化剂所代替，而纳米多孔半导体膜结构则取代了树叶中的磷酸类酯膜。

染料敏化纳米晶太阳能电池主要由制备在导电玻璃或透明导电聚酯片上的纳米晶半导体薄膜、敏化剂分子、电解质和对电极组成，其中制备在导电玻璃或透明导电聚酯片上的纳米晶半导体薄膜构成光阳极。完全不同于传统硅系结太阳能电池的装置，染料敏化太阳能电池的光吸收和电荷分离传输分别是由不同的物质完成的，光吸收是靠吸附在纳米半导体表面的染料来完成，半导体仅起电荷分离和传输载体的作用，它的载流子不是由半导体产生而是由染料产生的。

11.3.2.2 染料敏化太阳能电池的原理

染料敏化纳米晶（DSSC）电池的工作原理是当入射光照射到电极上时，染料分子（dye）吸收光子跃迁到激发态，由于激发态不稳定，释放的电子快速注入紧邻的 TiO_2 的导带上，进入 TiO_2 导带中的电子最终进入导电膜，然后通过外回路产生光电流。被氧化了的染料分子通过电解液扩散过来的 I^- 还原回到基态，使染料分子得到再生，I^- 被氧化成 I^{3-}；同时电解质中的 I^{3-} 扩散回到对电极被电子还原成 I^-。然后 DSSC 电池在光作用下将进行下一个循环。

11.3.3 微纳粉体作为染料敏化太阳能电池材料的进展

11.3.3.1 光阳极材料

光敏材料敏化的半导体光阳极对该电池的性能起到至关重要的作用，成为目前研究的热点。敏化的 TiO_2 电极是染料敏化太阳能电池的关键部分，可以说其性能直接关系到太阳能电池的总效率。

在染料敏化太阳能电池中，TiO_2 光阳极所用的纳米晶薄膜分为致密 TiO_2 薄层、纳米多孔结构 TiO_2 薄膜，其中致密薄膜是早期染料敏化太阳能电池中 TiO_2 光阳极所采用的，因其吸附染料效率低，后来少被采用。纳米多孔结构 TiO_2 薄膜在目前染料敏化太阳能电池中 TiO_2 光阳极的采用极为广泛。

染料敏化太阳能电池光阳极主要制备方法有溶胶凝胶法、水热合成法、电泳合成法、磁控溅射法等几种方法。光阳极的性质直接影响 DSSC 光电转换的能力和效率，研究制备高效的光阳极是该领域迫切需要研究的重点问题。

（1）溶胶凝胶法 通过水解钛的醇盐或氯化物前驱体得到无定形沉淀，在酸性或碱性环境中胶溶得到溶胶物质，然后经过干燥焙烧后制得纳米 TiO_2 薄膜电极。对 DSSC 而言，传统溶胶凝胶法制得的 TiO_2 电极薄膜与玻璃基底结合牢固，但结构致密、比表面积小，不利于染料吸附和电解质离子的扩散，造成光电转换效率低下，在 DSSC 中的应用受到限制。

（2）水热合成法 是溶胶凝胶法的改进，通过水解钛的醇盐或氯化物前驱体得到无定形沉淀，在酸性或碱性溶液中胶溶得到溶胶物质。将高压釜中水热 Ostwald 熟化后的溶胶涂覆在导电玻璃基片上，经高温煅烧即得到纳米 TiO_2 薄膜电极。与溶胶凝胶法相比，水热合成法加入了在高压釜中进行的水热熟化过程来控制产物的结晶和长大，进而调节晶型、粒径和薄膜孔隙率等以提高光电转换效率。

杜作娟等以 $Ti(SO_4)_2$ 为原料，采用水热法制备了锐钛矿型 TiO_2 纳米粉体，并利用 XRD、激光粒度仪等对所得 TiO_2 粉体的晶相组成、粒径分布等性质进行了表征，探讨了反应温度和反应时间等条件对粉体晶型及粒径的影响。试验结果表明，随着反应温度的增高和反应时间的延长，粉体的结晶更完整；较低的反应温度（<180℃）对粉体粒度分布影响不大；当反应时间在 5 h 以下时，对粉体粒径分布基本没有影响，随着反应时间的进一步延长，粉体粒径趋于增大，分布更均匀。

研究者利用聚苯乙烯小球做造孔剂，用溶胶-凝胶水热法制备了孔径约 200 nm、颗粒均匀的锐钛矿型 TiO_2 纳晶薄膜电极，并探讨了造孔剂对电极光电性能、I^{3-} 极限扩散电流的影响。检测结果表明，该电极具有较好的光漫反射性能，球形大孔的存在提高了凝胶电解质在 TiO_2 薄膜电极中的渗透和 I^{3-} 的扩散性能。与不含大孔的 TiO_2 电极相比，提高短路光电流光电转换效率可提高 0.6%。

（3）电泳沉积法　电泳沉积法作为一种制备具有复杂形状薄膜材料的方法，近年来在 TiO_2 薄膜电极制备方面有较多研究。在直流电压作用下 TiO_2 悬浮液中的带电颗粒移向反向电极，放电而形成沉积层，经高温煅烧即得到纳米 TiO_2 薄膜电极。电泳沉积法的主要优点是可以快速得到相对较厚的沉积膜，界面光滑缺陷小，可以直接制备复杂形状的薄膜电极，具有易吸附染料的多孔结构。但薄膜与导电玻璃基底结合不牢，易脱落，影响电池的性能。

谢冰等研究了 TiO_2 粉末在不同溶剂中的悬浮液稳定性，使用正丁醇作为有机溶剂进行电泳成膜，探讨了电压、时间、浓度和添加聚乙二醇等不同条件对膜沉积量的影响。试验结果表明，基体上的沉积量与外加电压和时间近似成线性关系，随着悬浮液浓度的提高而增大。在添加黏结剂聚乙二醇的情况下，可以增加 TiO_2 薄膜的沉积量。

刘炜华等分别用溶胶凝胶法、电泳法以及溶胶凝胶-电泳复合法制备了 TiO_2 薄膜电极。通过比较发现使用溶胶电泳复合法制得的 TiO_2 薄膜电极既解决了膜脱落的问题，又可吸附较多的染料，综合了溶胶法和电泳法的优点。所制备的薄膜电极用于染料敏化太阳电池，开路电压达 0.7 V，短路电流达 l2.59 mA/cm，填充因子达 0.55，效率达 3.14%，远远高于其他两种方法所制得电池的效率。

（4）磁控溅射法　磁控溅射沉积法是在阴极（金属 Ti 靶）和阳极（导电玻璃）施加正交磁场和电场，在 Ar 和 O_2 氛围下将靶材表面原子溅射出来，沉积到导电玻璃基片上，得到 TiO_2 薄膜电极。虽然可制备连续大面积的纳米 TiO_2 薄膜，但结构致密，比表面积小，不利于染料吸附。

李海玲等采用中频磁控溅射法与弧抑制技术相结合制备出了廉价、大面积并且膜与衬底结合牢固的 TiO_2 薄膜，讨论了衬底材料、薄膜厚度、掺杂类型等参数对光学性能的影响。用此方法制备 TiO_2 薄膜可以大面积连续生产，具有廉价、与衬底结合牢固、方便应用等优点，有利于 DSSC 的产业化发展。

除上述几种主要制备方法外，还有模板法（templating method）、超声辅助法（ultrasonic assistant method）、液相沉积法（liquid phase deposition）、反胶束法（reverse micellar method）等。不同制备方法的分析比较如下：

传统的溶胶凝胶法和电泳沉积法有互补的优点和局限性，溶胶凝胶-电泳复合法综合了两者各自的优点，制得的 TiO_2 薄膜电极既较好地解决了膜脱落问题，又可吸附较多的染料，提高了光电转换效率。

水热合成法对设备要求不高、容易操作，其水热熟化过程还可以控制产物的结晶和长大，因而使纳米 TiO_2 的粒径、分布以及薄膜的孔隙率等成为可控因素，对于提高 DSSC 光电转换性能意义十分重大。其局限性是耗时较长，必须进行高温和高压处理，限制了基底材料的选用。

磁控溅射法由于是直接对原子进行操作，薄膜能够牢固地附着在基底上，TiO_2颗粒的大小及尺寸分布可以通过调整两电极间的电压、电流和气体压力等条件来控制。另一个优点是易于进行大面积均匀镀膜，对DSSC的大面积化和产业化提供了可靠的技术支持。此外，该法便于进行掺杂，这对光阳极的修饰具有非常重要的意义。但是磁控溅射得到的薄膜太致密，低比表面积不利于染料分子的吸附，其广泛应用还受一定限制。

11.3.3.2　光阴极材料

阴极在染料敏化太阳能电池中也发挥着重要的作用。在实际工作中，染料敏化太阳能电池由于有电流通过阴极，产生极化现象，形成超电势，引起电势的损失，降低了电池的性能。因此，阴极的制备一般用导电玻璃片作为基体，采用不同方法镀上石墨、铂或导电聚合物等不同材料，其中镀铂的效果较好。

11.3.3.3　电解质

电解质担负着复原染料，传输电荷，改变TiO_2、染料及氧化还原电对的能级，改变体系的热力学和动力学特性等重要作用。因此，电解质的组成及溶剂配方对太阳能电池的效率有很大影响。为了提高电池的效率，要求电解质中还原剂必须能迅速地还原染料正离子，而自身还原电位要低于电池电位。液态电解质含有易挥发的有机溶剂，对电池的长期稳定性有很不利的影响。解决的方法是使用不挥发、稳定、电导率高的离子液体，或者加入高分子凝胶剂，成准固态的凝胶高分子，这既保持了液体体系的高导电性和高转换效率，又降低了溶剂的挥发和渗漏，从而提高了寿命。全固态染料敏化太阳能电池也是研究的热点。目前，人们主要对p型半导体、导电聚合物和空穴传输有机分子这三大类性能良好的固体电解质进行研究。中科院物理所与日本东京大学合作利用融盐与p型CuI半导体的复合体系组装的固态染料太阳能电池的效率达到了3.8%，Tennakone等用$4CaBr_3S$（C_4H_9）$_2$的聚合物性质优化了接触，提高了电池性能，从一个侧面说明了聚合物电解质的优势，但η最高只有5%左右。

由于液态电解质在封装上的技术困难，人们开发了无机半导体体系的固态电解质、有机空穴传输材料和高分子电解液体系等。与液态电解质相比，固态染料敏化太阳能电池敏化剂的氧化还原电位，可以和空穴导体的工作函数更好地匹配，所以固态染料敏化太阳能电池获得的U_{oc}值很高，可以达到接近1V。以固态电解质取代液态电解液应用于染料敏化太阳能电池，可以提高和改善电池的长期稳定性。

11.3.3.4　敏化剂

敏化剂：敏化剂吸收太阳光产生光致分离，它的性能直接决定太阳能电池的光电性能。新的敏化剂使吸收长波的能力增加，并且具有很高的光学横断面和吸收近红外线的能力。

按其结构中是否含有金属原子或离子，敏化剂分为有机和无机两大类。无机类敏化剂包括钌、锇类的金属多吡啶配合物，金属卟啉、金属酞菁和无机量子点等；有机敏化剂包括天然染料和合成染料。

敏化染料分子的性质是电子生成和注入的关键因素，作为光敏剂的染料须具备以下条件：①对二氧化钛纳米晶结构的半导体电极表面有良好的吸附性，即能够快速达到吸附平衡，而且不易脱落；②在可见光区有较强的、尽量宽的吸收；③染料的氧化态和激发态要有较高的稳定性；④激发态寿命足够长，且具有很高的电荷传输效率，这将延长电子-空穴分离时间，对电子的注入效率有决定性作用；⑤具有足够负的激发态氧化还原电势，以保证染料激发态电子注入二氧化钛带。

11.3.4　几类有潜力的染料敏化太阳能电池

11.3.4.1　染料敏化纳米晶太阳能电池

敏化的纳米晶 TiO_2 电极是染料敏化太阳能电池的关键部分，其性能直接关系到太阳能电池的总效率。在制备技术方面，基于传统的刮涂制膜技术和逐层沉积制备技术，由于操作的复杂性和技术掌握的难度，是光阳极制备的瓶颈问题。丝网印刷技术由于其大面积制备的可操作性，是实现未来工业化不错的手段，但同样存在技术操作复杂的缺点，同时其规模制备所需条件依然需要改进和优化。在染料敏化上，寻找低成本、性能良好的染料成为当前研究的一个热点。

总之，通过光敏化，获得较宽的可见光谱响应范围，快速的电子传输，优越的电子散射系数，增强的光收集效率以及优越的抑制电荷复合性能的多孔膜将是未来 TiO_2 光阳极研究的方向。

11.3.4.2　纤维状无 TCO 染料敏化太阳能电池

纤维状无 TCO 染料敏化太阳能电池（fiber-type TCO-less dye sensitized solar cell），这种太阳能电池是将染料敏化太阳能电池层，环绕着一根长 3.5cm、直径 9mm 玻璃纤维所组成。

其研究人员将一层氧化钛一层敏化颜料，以及一层多孔钛（porous Ti）作为电极（正极）；一层包含碘等电解质的多孔层，以及一层铂（Pt）与钛作为另一端电极（负极）。

将上述两种电极顺序环绕着玻璃纤维；而除了该玻璃纤维的两端，整个太阳能电池都以钛覆盖着。将光线从玻璃纤维的一端透进去，光就会被太阳能电池中的染料所吸收，并转换成电力；而若使该纤维稍有倾斜，在光线从另一端出去之前，就不会在表面下的玻璃造成完全反射。

目前该种太阳能电池所展现的转换效率，在使用某种染料的情况下仅稍高于 1%，该数字稍低了些，且由于该种电池使用的玻璃纤维有 9 mm 直径，长度却只有 1.5cm 左右，因此大约有 90% 从纤维的一端入射，从另一端出去的光线并没有被转换。

预计未来该种太阳能电池的净转换率（net conversion efficiency）可望达到 10%，被浪费的光线问题能透过增加光纤的长度或是减少纤维直径来克服。

该种新型太阳能电池与标准染料敏化太阳能电池的一个最大差异，是新电池并不使用透明电极（透明导电氧化物薄膜 TCO），研究人员计划利用尚未被现有染料敏化太阳能电池所使用的近红外线（near-infrared）能源，来产生电力。

11.3.4.3　利用有机物来提高转换效率

通常用于涂料之类的有机染料，含有金属复合体，一接收到太阳光，便会释出电子。利用这项特点，将染料与电解液置放在导电板两侧，可从中产生电力。制造的原理很简单，但是要选择何种染料与电解液结合，却令人伤透脑筋，因为光电转换效率的好坏，与选材的关系密切，研究人员必须反复测试不同材料的组合，以求提高光电转换效率。

利用此方法不但降低了成本，而且 2009 年夏普公司成功制造出每 $25km^2$ 光电转换效率达 8.2% 的 DSSC，目前为全球该尺寸最高光电转换率的 DSSC。随着深度的研究将推出商业化的 DSSC。因为目前主流的单晶硅太阳能电池，其模块充电转换效率才达约 15%。

11.4 结语

染料敏化太阳能电池经过 20 年的发展，它的阳极材料、敏化染料、电解质都得到逐步地完善，结合实验室研究并展望未来的染料敏化太阳能电池发展，还需从以下几个方面获得突破。

（1）光阳极膜性能的提高　制备电子传导率高、抑制电荷复合的高性能多孔半导体膜，并优化膜的性能；改进制膜的方法，使其工艺更简单、成本更低；寻找其他可代替 TiO_2 的氧化物半导体。

（2）染料敏化效果的提高　设计、合成高性能的染料分子，并改善分子结构，提高电荷分离效率，使染料具有更优异的吸收性能和光谱吸收范围；充分利用多种染料的特征吸收光谱的不同，研究染料的协同敏化，拓宽染料对太阳光的吸收光谱。

（3）电解质的研究　解决液态电解质封装的问题，同时寻找合适的固态电解质来代替液态电解质，制备高效率全固态的染料敏化太阳能电池是今后重要的研究方向。相信染料敏化太阳能电池将会具有非常广阔的应用前景。

参 考 文 献

[1] 唐致远，刘春燕，徐国祥. 锂离子电池的产品现状及其发展前景 [J]. 河北化工，2001 (1)：6-7.
[2] Takehara Z，Kanamura K. Historical development of rechargeable lithium batteries in Japan [J]. Electrochim Acta，1993，38：1169-1177.
[3] Armand M//Murphy D W，Broadhead J，Steele B C H. Materials for Advanced Batteries，eds. [M] New York：Plenum Press，1980.
[4] Nagaura T，Tozawa K. Lithium ion rechargeable battery [J]. Prog Batteries Sol Cells，1990，9：209-217.
[5] Tarascon J M，Gozdz A S，Schmutz C，et al. Performance of Bellcore's plastic rechargeable Li-ion batteries [J]. Solid State Ionics，1996，49-54：36-88.
[6] Megahed S，Bscrosati. Lithium ion batteries [J]. J Power Sources，1994，52：79-104.
[7] 钟俊辉. 锂离子电池及其材料 [J]. 电池，1996，26：91-95.
[8] 周向阳，胡国荣，刘业翔等. 锂离子电池碳负极材料的研究进展 [J]. 电池，2001，31 (3)：146-149.
[9] Ohzuku T，Makimura Y. Layered lithium insertion material of $LiCo_{1/3}Ni_{1/3}Mn_{1/3}O_2$ for lithium-ion batteries [J]. Chem Lett，2001，30：642-643.
[10] Dompablo Arroyo-de M E，Armand M，Tarascon J M，et al. On-demand design of polyoxianionic cathode materials based on electronegativity correlations：An exploration of the Li_2MSiO_4 system（M = Fe，Mn，Co，Ni）[J]. Electrochem Commun，2006，8 (8)：1292-1298.
[11] Dominko R，Bele M，Kokalj A，et al. Li_2MnSiO_4 as a potential Li-battery cathode material [J]. J Power Sources，2007，174：457-461.
[12] Wu S Q，Zhang J H，Zhu Z Z，et al. Structural and electronic properties of the Li-ion battery cathode material $Li_x CoSiO_4$ [J]. Curr Appl Phys，2007，7：611-616.
[13] Ren M M，Zhou Z，Gao X P，et al. $LiVOPO_4$ Hollow Microspheres：One-Pot Hydrothermal Synthesis with Reactants as Self-Sacrifice Templates and Lithium Intercalation Performances [J]. J Phys Chem C，2008，112：

13043-13046.

[14] Shim J，Striebel K A，Cairns E J. The lithium/sulfur rechargeable cell [J] . J Electrochem Soc，2002，149（10）：1321-1325 .

[15] Choi Y J，Kim K W，Ahn H J，et al. Improvement of cycle property of sulfur electrode for lithium/sulfur battery [J] . J Alloys Compd，2008，449（1-2）：313-316 .

[16] Visco S，Jonghe L C. Ionic Conductivity of organ Sulfur Metals Advanced Storage Electrodes [J] . J Electrochem Soc，1988，135（12）：2905-2910 .

[17] Li Y，Zhan H，Kong L，et al. Electrochemical properties of PABTH as cathode materials for rechargeable lithium battery [J] . Electrochem Commun，2007，9（5）：1217-1221.

[18] 杨裕生，王维冲，范克国等. 锂电池正极材料有机多硫化物的展望 [J] . 电池，2002，32（S1）：1-5.

[19] Wang J L，Yang J，Xie J Y，et al. A novel conductive polymer-sulfur composite cathode material for rechargeable lithium batteries [J] . Adv Mater，2002，14（13-14）：963-965 .

[20] Yufit V，Freedman K，Nathan M，et al. Thin-film iron sulfide cathodes for lithium and Li-ion/polymer electrolyte microbatteries [J] . Electrochim Acta，2004，50：417-420.

[21] Wang J，Chew S Y，Wexler D，et al. Nanostructured nickel sulfide synthesized via a polyol route as a cathode material for the rechargeable lithium battery [J] . Electrochem Commun，2007，9：1877-1880.

[22] 王晓峰，孔祥华. 新型化学储氢器件——电化学电容器 [J] . 电子元器应用，2001，3（8）：15-18.

[23] Ko¨tz R，Carlen M. Principles and applications of electrochemical capacitors [J] . Electrochim，Acta，2000，45（15-16）：2483-2498.

[24] Sarangapani S，Forchione J，Griffith A，et al. Some recent studies with the solid-ionomer electrochemical capacitor [J] . J Power Sources，1991，36（3）：341-361.

[25] 南俊民，杨勇，林祖康. 电化学电容器及其研究进展 [J] . 电源技术，1996，20（4）：152-164.

[26] 刘小军，卢永周. 超级电容器综述. 西安文理学院学报：自然科学版，2011，14（2）：69-73.

[27] 王晓峰，解晶莹，孔祥华等. "超电容"电化学电容器研究进展 [J] . 电源技术，2001，25（s1）：166-170.

[28] Lewandowski A，Zajder M，Frąckowiak E，et al. Supercapacitor based on activated carbon and polyethylene oxide-KOH-H_2O polymer electrolyte [J] . Electrochim Acta，2001，46（18）：2777-2880.

[29] Pandolfo A G，Hollenkamp A F. Carbon properties and their role in supercapacitors [J] . J Power Sources，2006，157（1）：11-27.

[30] 陈英放，李媛媛，邓梅根. 超级电容器的原理及应用 [J] . 电子元件与材料，2008，27（4）：6-9.

[31] Nishino A. Capacitors：operating principles，current market and technical trends [J] . J Power Sources，1996，60（2）：137-147.

[32] 张秀清，李艳红，张超. 太阳能电池研究进展 [J] . 中国材料进展，2014，33（7）：436-440.

[33] 魏静，赵清，李恒等. 钙钛矿太阳能电池：光伏领域的新希望 [J] . 中国科学：技术科学，2014，44（8）：801-821.

[34] 李荣荣，赵晋津，司华燕等. 柔性薄膜太阳能电池的研究进展 [J] . 硅酸盐学报，2014，42（7）：878-885.

[35] 李靖，孙明轩，张晓艳等. 染料敏化太阳能电池对电极 [J] . 物理化学学报，2011，27（10）：2255-2268.

[36] 孙旭辉，包塔娜，张凌云等. 染料敏化太阳能电池的研究进展 [J] . 化工进展，2012，31（1）：47-52.

第 **12** 章 Chapter >> **12**

微纳粉体的危害处理以及防治措施

12.1 粉尘的来源

工业生产、交通运输和农业活动中会产生大量粉尘。据统计，农业粉尘约占粉尘总量的14%，大量粉尘来源于工业生产和交通运输，如物料的破碎、粉磨；粉状物料的混合、筛分、运输和包装；燃料的燃烧；汽车废气中的溴化铅和有机物组成的颗粒；金属离子的凝结、氧化等。其中，以建材、冶金、化工工业生产过程中以及民用锅炉等产生的粉尘最为严重。

此外，风和人类地面活动会产生土壤尘，其粒径一般大于 $1~\mu m$，容易沉降但又不断随风飘起。

12.1.1 粉尘的危害机理

12.1.1.1 粉尘在呼吸道的沉积

粉尘可随呼吸进入呼吸道，进入呼吸道内的粉尘并不全部进入肺泡，可以沉积在从鼻腔到肺泡的呼吸道内。影响粉尘在呼吸道不同部位沉积的主要因素是尘粒的物理特性（如尘粒的大小、形状及密度等）以及与呼吸有关的空气动力学条件（如流向、流速等）。不同粒径的粉尘在呼吸道不同部位沉积的比例也不同，尘粒在呼吸道内的沉积机理主要有以下几种。

（1）截留 主要发生在不规则形的粉尘（如云母片状尘粒）或纤维状粉尘（如石棉、玻璃棉等），它们可沿气流的方向前进，被接触表面截留。

（2）惯性冲击 当人体吸入粉尘时，尘粒按一定方向在呼吸道内运动，由于鼻咽腔结构和气道分叉等解剖学特点，当含尘气流的方向突然改变时，尘粒可冲击并沉积在呼吸道黏膜上，这种作用与气流的速度、尘粒的空气动力径有关。冲击作用是较大尘粒沉积在鼻腔、咽部、气管和支气管黏膜上的主要原因。在这些部位上沉积下来的粉尘如不及时被机体清除，长期慢性作用就可以引起慢性炎症病变。

（3）沉降作用 尘粒可受重力作用而沉降，沉降速率与粉尘的密度和粒径有关。粒径或密度大的粉尘沉降速率快，当吸入粉尘时，首先沉降的是粒径较大的粉尘。

（4）扩散作用 粉尘粒子可受周围气体分子的碰撞而形成不规则的运动，并引起在肺内的沉积。受到扩散作用的尘粒一般是指 $0.5~\mu m$ 以下的尘粒，特别是小于 $0.1~\mu m$ 的尘粒。

尘粒在呼吸系统的沉积可分为三个区域：① 上呼吸道区（包括鼻、口、咽和喉部）；② 气管、支气管区；③ 肺泡区（无纤毛的细支气管及肺泡）。一般认为，空气动力径在 10 μm 以上的尘粒大部分沉积在鼻咽部，10 μm 以下的尘粒可进入呼吸道的深部。而在肺泡内沉积的粉尘大部分是 5 μm 以下的尘粒，特别是 2 μm 以下的尘粒。进入肺泡内粉尘空气动力径的上限是 10 μm，这部分进入到肺泡内的尘粒具有重要的生物学作用，因为只有进入肺泡内的粉尘才有可能引起肺尘埃沉着病。

目前对于沉积在呼吸系统不同区域的粉尘有不同的定义，常见的有以下几种：

① 吸入性粉尘：是指从鼻、口吸入到整个呼吸道内的全部粉尘，这些粉尘可引起整个呼吸系统的疾病；

② 可吸入性粉尘：是指从喉部进入到气管、支气管及肺泡区的粉尘，此类粉尘除有可能引起肺尘埃沉着病外，还能引起气管和支气管的疾病；

③ 呼吸性粉尘：是指能进入肺泡区的粉尘，是引发肺尘埃沉着病的病因。

12.1.1.2　粉尘从肺内的排出

肺脏有排出吸入尘粒的自净能力，在吸入粉尘后，沉着在有纤毛气管内的粉尘能很快地被排出，但进入到肺泡内的微细尘粒则排出较慢，前者称为气管排出，主要是借助于呼吸道黏液纤毛组织，纤毛摆动时，不仅可阻留在气道壁黏液中的尘粒，而且也能将吞噬粉尘的尘细胞向上推出。而黏附在肺泡腔表面的尘粒，除被巨噬细胞吞噬，并通过巨噬细胞本身的阿米巴样运动及肺泡的缩张转移至纤毛上皮表面，通过纤毛运动而清除排出，绝大部分粉尘通过这种方式排除。后者称为肺清除，主要是由肺泡中的巨噬细胞，将粉尘吞噬，成为尘细胞，使其受损、坏死、崩解、尘粒游离，再被吞噬，然后运至细支管的末端，经呼吸道随痰排出体外。纤维粉尘（如石棉尘）还可穿透脏层胸膜进入胸腔。人体通过各种清除功能，可使进入呼吸道的 97%～99% 的粉尘排出体外，只有约 1%～3% 的尘粒沉积在体内。长期吸入粉尘可使人体防御功能失去平衡，清除功能受损，而使过量粉尘沉积，酿成肺组织损伤，形成疾病。

关于粉尘在肺内的清除速率，有人用放射性气溶胶进行过研究，发现吸入的尘粒大部分在 24h 内清除。粉尘从肺内的排出速度与尘粒的大小和沉着的部位有关。

12.1.2　粉尘对人体的致病作用

生产性粉尘由于种类和性质不同，对机体引起的危害也不同，一般常引起的疾病主要包括以下几个方面。

（1）呼吸系统疾病　肺尘埃沉着病是指由于吸入较高浓度的生产性粉尘而引起的以肺组织弥漫性纤维化病变为主的全身性疾病。

由吸入粉尘引起肺尘埃沉着病是无疑的，但不是所有的粉尘都可引起肺尘埃沉着病。目前，确认能引起肺尘埃沉着病的粉尘有硅尘、硅酸盐尘（如石棉尘、云母尘、滑石尘等）、炭粉尘（如煤尘、炭黑尘、石墨尘、活性炭尘等）、金属尘（如铝尘）。硅尘是生物学活性最强、对人体危害最严重的粉尘。一些粉尘吸入后并不引起肺尘埃沉着病，如铁尘、锡尘、钡尘等引起的是粉尘沉着症，木尘、谷物尘、动物蛋白尘等有机粉尘可引起支气管哮喘，发霉干草、蘑菇孢子、甘蔗等粉尘则引起过敏性肺泡炎。致肺尘埃沉着病的粉尘引起肺尘埃沉着病还与粉尘粒径大小、浓度、形态和表面活性等有关，且粉尘浓度与疾病发生有明确的量效关系。

在我国，肺尘埃沉着病是危害接尘作业工人健康的最主要疾病，为国家法定职业病。据国际劳工组织（ILO）的资料，印度肺尘埃沉着病患病率为55%，拉美国家37%，美国100多万接尘工人中约10万人可能患肺尘埃沉着病。目前，我国接尘工人超过600万，累计检出肺尘埃沉着病病人近56万例，已死亡13多万例，病死率为23.90%；另外，有可疑肺尘埃沉着病者60多万人，每年新发生肺尘埃沉着病1.5万～2万例。肺尘埃沉着病人数占我国职业病总病例数的79.55%，由肺尘埃沉着病造成的死亡人数已超过工伤死亡数，造成了巨大的社会影响和经济损失，影响到劳动力资源和国家建设的持续发展。因此，做好肺尘埃沉着病的防治工作刻不容缓。

我国法定肺尘埃沉着病名单：根据卫生部、劳动和社会保障部2002年4月18日颁发的《关于印发〈职业病目录〉的通知》中列出的肺尘埃沉着病有：硅沉着病、煤工肺尘埃沉着病、石墨肺尘埃沉着病、炭黑肺尘埃沉着病、石棉肺、滑石肺尘埃沉着病、水泥肺尘埃沉着病、云母肺尘埃沉着病、陶工肺尘埃沉着病、铝肺尘埃沉着病、电焊工肺尘埃沉着病、铸工肺尘埃沉着病、根据《尘肺病诊断标准》和《肺尘埃沉着病病理诊断标准》可诊断的其他肺尘埃沉着病。

肺尘埃沉着病发病机制：机体吸入粉尘后为什么能发生肺尘埃沉着病，即肺尘埃沉着病的发病机制，曾提出过多种学说，但至今仍不完全清楚。一般认为粉尘被吸入后，巨噬细胞吞噬粉尘，吞噬细胞成为尘细胞，由于粉尘的毒性作用，在酶的参与下，细胞本身消化死亡，细胞内的粉尘游离出来为一巨噬吞噬，继而又死亡，如此循环往复，导致大量巨噬细胞死亡，并释放出多种细胞因子，如肿瘤坏死因子、成纤维细胞生长因子、白细胞介素、表皮细胞因子等，最终形成肺组织纤维化。

由于粉尘的种类和性质的不同，吸入后对肺组织引起的病理改变也有很大的差异。常见肺尘埃沉着病按其病因可分为以下几种。

① 硅沉着病（又称硅肺） 硅沉着病是肺尘埃沉着病中最严重的一种职业病，它是由于吸入含结晶形游离二氧化硅粉尘所引起的一种肺尘埃沉着病。

② 硅酸盐肺 硅酸盐肺是由于长期吸入含有结合二氧化硅（即硅酸盐）粉尘所引起的肺尘埃沉着病。其中最常见的有石棉肺、滑石肺、云母肺尘埃沉着病、水泥肺尘埃沉着病等。

③ 炭素系肺尘埃沉着病 长期吸入含炭粉尘所致。包括煤肺尘埃沉着病、石墨肺尘埃沉着病、炭黑肺尘埃沉着病及活性炭肺尘埃沉着病。

④ 金属肺尘埃沉着病 长期吸入某些金属性粉尘也可引起肺尘埃沉着病，如铝肺尘埃沉着病。

（2）肺粉尘沉着症 有些粉尘，特别是金属性粉尘，如钡、铁和锡等粉尘，长期吸入后可沉积在肺组织中，主要产生一般的异物反应，也可继发轻微的纤维化病变，对人体的危害比硅沉着病和硅酸盐肺小，在脱离粉尘作业后，有些病人的病变可有逐渐减轻的趋势。但也有人研究认为，某些金属粉尘也可引起肺尘埃沉着病。

（3）有机粉尘引起的肺部其他疾患 许多有机性粉尘吸入肺泡后可引起过敏反应，如吸入棉尘、亚麻或大麻粉尘后可引起棉尘病。也有些粉尘可引起外源性过敏性肺泡炎。如反复吸入带有芽孢霉菌的发霉的植物性粉尘，可引起农民肺、蔗渣肺尘埃沉着病等。又如吸入禽类排泄物的粉尘可引起禽类饲养工肺等。

有机性粉尘的成分复杂，有些粉尘可被各种微生物污染，也常混有一定含量的游离二氧化硅及无机杂质等，所以各种有机粉尘对人体的生物学作用是不同的。如长期吸入木、茶、枯草、麻、咖啡、骨、羽毛、皮毛等粉尘可引起支气管哮喘。

有些有机性粉尘中常混有砂土及其他无机性杂质，如烟草、茶叶、皮毛、棉花等粉尘中常混有这些杂质，长期吸入这种粉尘可以引起肺组织的间质纤维化，叫作混合性肺尘埃沉着病。

（4）其他系统疾病　接触生产性粉尘除可引起上述呼吸系统的疾病外，还可引起眼睛及皮肤的病变。如在阳光下接触煤焦油、沥青粉尘时可引起眼睑水肿和结膜炎。粉尘落在皮肤上可堵塞皮脂腺而引起皮肤干燥，继发感染时可形成毛囊炎、脓皮病等。有些纤维状结构的矿物性粉尘，如玻璃纤维和矿渣棉粉尘，长期作用于皮肤可引起皮炎。也有一些腐蚀性和刺激性的粉尘，如砷、铬、石灰等粉尘，作用于皮肤可引起某些皮肤病变和溃疡性皮炎。

12.2　粉尘危害的防治措施

对于比较常见的由粉尘引起的职业病——肺尘埃沉着病，应该采取一系列的措施，尽可能减小危害的发生。

12.2.1　技术革新

改革工艺设备和工艺操作方法、采用新技术是一项彻底消除粉尘污染、搞好防尘工作的技术措施。在工艺改革中首先应当使生产过程不产生粉尘危害的治本措施，其次才是产生粉尘以后通过治理消除或减少其危害的措施。

12.2.2　消除或减弱粉尘发生源

在工艺和物料方面选用不产生粉尘的工艺，选用无危害或少危害的物料，是消除或减弱粉尘危害的根本途径，即通过工艺和物料选用消除粉尘发生源。例如，用树脂砂代替铸造型砂，用湿法生产工艺代替干法生产工艺（如水磨代替干磨、水力清理、电液压清理代替机械清理、使用水雾电弧焊刨等），这是一项简便、经济、有效的防尘措施。粉尘遇水后很容易吸收、凝聚、增重，这样可大大减少粉尘的产生及扩散，改善作业环境的空气质量。

12.2.3　限制、抑制粉尘和粉尘扩散

将尘源有效地封闭，是防止粉尘外逸的一项有效的技术措施，它常与通风除尘技术措施配合使用。采取密闭管道输送、密闭设备加工，或在不妨碍操作的条件下，也可采取半封闭、屏蔽、隔离设施，防止粉尘外逸或将粉尘限制在局部范围内减少扩散；降低物料落差，减少扬尘；对亲水性、弱黏性物料和粉尘应尽量采取增湿、喷雾、喷蒸汽等措施，减少在运输、碾碎、筛分、混合和清理过程中粉尘扩散。

12.2.4　通风除尘

通风除尘是目前工业生产中应用最为普遍、效果最好的一种技术措施。通风除尘就是用通风的方法使粉尘源得到有效的控制，并将含尘气体抽出，经除尘器净化后排入大气，使作

业区空气含尘浓度达到卫生标准的要求，并使尾气达到排放标准的要求。通风除尘依据作业场所及环境状况分全面机械通风和局部机械通风。通风换气是把清洁新鲜空气不断地送入工作场所，将空气中的粉尘浓度进行稀释，并将污染的空气排出室外，使作业场所的有害粉尘稀释到相应的最高容许浓度。在通风排气过程中，含有有害物质的气流不应通过作业人员的呼吸带。

12.2.5 增设吸尘净化设备

依据粉尘的性质、浓度、分散度和发生量，采用相应的除尘、净化设备消除和净化空气中的粉尘，并防止二次扬尘。

12.2.6 个人防护

依据粉尘对人体的危害方式和伤害途径，进行有针对性的个人防护。粉尘（或毒物）对人体伤害途径有三种：一是吸入，通过呼吸道进入体内；二是通过人体表面皮汗腺、皮脂腺、毛囊进入体内；三是食入，通过消化道进入体内。那么针对伤害途径，个人防护对策：一是切断粉尘进入呼吸系统的途径。依据不同性质的粉尘，配载不同类型的防尘口罩、呼吸器（对某些有毒粉尘还应佩戴防毒面具），佩戴复合式口罩等，而且要及时更换滤棉滤纸；有条件时使用正压送风式头盔效果最好；二是阻隔粉尘对皮肤的接触。正确穿戴工作服（有的还需要穿连裤、连帽的工作服）、头盔（人体头部是汗腺、皮脂肪和毛囊较集中的部位）、眼镜等；三是禁止在粉尘作业现场进食、抽烟、饮水等；养成良好的卫生习惯，勤换衣服和洗手，工作结束马上换掉带灰尘的工作服，清洗粘在身上的粉尘。按规定参加职业性体检，及时了解身体状况，有禁忌证时及时脱离接触粉尘的作业岗位。

参 考 文 献

[1] 卢寿慈. 粉体加工技术 [M]. 北京：中国轻工业出版社，1999.
[2] 张书林. 粉尘的危害及环境健康效应 [J]. 佛山陶瓷，2003，(4)：37-38.
[3] 冯启明，董发勤. 万朴等. 非金属矿物粉尘表面电性及其生物学危害作用探讨 [J]. 中国环境科学，2000，20 (2)：190-192.
[4] 王希鼎. 粉尘及其危害 [J]. 玻璃，2002，24 (2)：38-40.
[5] 李勇军. 环境性尘肺病的监督检查防治 [J]. 华北科技学院学报，2004，1 (3)：14-16.
[6] 董树屏. 石棉粉尘的危害防治与环境保护 [J]. 中国建材，2004，(6)：55-56.
[7] 余剑明，李丽. 火电厂粉尘危害及其防治对策 [J]. 广东电力，1999，12 (5)：32-34.
[8] 李延鸿. 粉尘爆炸的基本特征 [J]. 科技情报开发与经济，2005，15 (14)：14.16.
[9] 张自强，邵傅. 产生粉尘爆炸的条件及其预防措施 [J]. 四川有色金属，1995，(4)：38-41.
[10] 张超光，蒋军成. 对粉尘爆炸影响因素及防护措施的初步探讨 [J]. 煤化工，2005，(2)：8-11.
[11] 伍作鹏，吴丽琼. 粉尘爆炸的特性与预防措施 [J]. 消防科技，1994，(4)：5-14.
[12] 李运芝，袁俊明，王保民. 粉尘爆炸研究进展 [J]. 太原师范学院学报，2004，3 (2)：79-82.